陈泮洁 主编
贾鸿莉 于淼 刘强 副主编

自动控制工程设计入门

ZIDONG KONGZHI GONGCHENG SHEJI RUMEN

化学工业出版社
·北京·

图书在版编目（CIP）数据

自动控制工程设计入门/陈泮洁主编. —北京：化学工业出版社，2015.6
ISBN 978-7-122-23826-9

Ⅰ.①自… Ⅱ.①陈… Ⅲ.①自动控制工程学
Ⅳ.①TP13

中国版本图书馆 CIP 数据核字（2015）第 088097 号

责任编辑：高墨荣　　文字编辑：徐卿华
责任校对：王素芹　　装帧设计：史利平

出版发行：化学工业出版社（北京市东城区青年湖南街 13 号　邮政编码 100011）
印　　装：高教社（天津）印务有限公司
787mm×1092mm　1/16　印张 15½　字数 380 千字　2015 年 8 月北京第 1 版第 1 次印刷

购书咨询：010-64518888（传真：010-64519686）　售后服务：010-64518899
网　　址：http://www.cip.com.cn
凡购买本书，如有缺损质量问题，本社销售中心负责调换。

定　　价：49.00 元

自控工程设计是为了实现生产过程自动化，用图纸、表格和文字文件的形式表达出来的全部工作。对于生产过程自动化专业的人员，自控工程设计能力是必须具备的基本功。为满足广大自动化专业人员的需求，我们组织编写了本书。

本书以自控设计最基本的内容为主线，介绍了自控工程设计过程中主要环节的设计原则和方法，内容包括自控工程设计的基础知识，仪表选型、控制室设计、信号报警和联锁系统的设计，仪表供电和供气的设计，仪表配管和配线的设计以及仪表的接地、伴热、绝热、隔离、吹洗设计等各项具体工作。

本书共分十三章。第一章主要介绍了自控工程设计的任务和程序，阐述了在自控工程设计过程中自控专业与其他各个专业之间的关系，并且引出了自控设计中常用的标准和规范；第二章主要介绍了自控设计常用图例符号说明和常用字母代号，并引出了仪表位号表示方法；第三章介绍了从哪几方面确定控制方案，最后绘制控制工艺流程图；第四章主要介绍了仪表选型的原则，引出温度、压力、流量和物位等仪表选型的基本原则，最后介绍仪表设计表格、仪表技术说明书和仪表请购单的编制；第五章主要介绍控制室的设计，包括仪表盘的设计和分散控制系统的设计；第六章主要介绍仪表接线图的绘制方法，而后介绍仪表盘背面电、气接线图的绘制方法；第七章阐述了信号、联锁系统设计的基本原则，信号报警系统和联锁系统设计的方法；第八章主要介绍了仪表供电供气系统的设计；第九章阐述仪表配管和配线设计与选择的方法；第十章介绍了仪表设备防护的方法，其中包括仪表隔离与吹洗设计、仪表接地设计和仪表防爆设计；第十一章介绍了节流装置选型及计算方法，并举例说明；第十二章介绍了调节阀选型及口径计算，并举例说明；第十三章举例说明自控专业工程设计用典型表格。

本书编者结合多年来化工自控设计领域的实践经验，并征求了有关设计、施工、生产、制造等方面的意见，对其中主要问题进行了多次讨论，最后经审查定稿。本书注重系统性和逻辑性，不仅具有理论严谨、系统性强的特点，而且突出工程概念、实用性强，便于读者自学。

本书由陈泮洁主编，贾鸿莉、于淼、刘强副主编。第一、三、十一章由于淼编写，第二、十二章由刘强编写，第四、五、七章由陈泮洁编写，第六、九章由赵萍编写，第八章由魏艳波编写，第十、十三章由贾鸿莉编写。本书在编写过程中，得到了董德发教授的悉心指导，并认真审阅了全文，提出了修改意见，在此表示感谢。

由于编者水平有限，书中不妥之处在所难免，恳请读者批评指正。

编　者

目录
CONTENTS

自控工程设计是为了实现生产过程自动化，用图纸、表格和文字文件的形式表达出来的全部工作。对于生产过程自动化专业的人员，自控工程设计能力是必须具备的基本功。

所谓工程设计，一般有新建目的的工程设计，老厂的改造扩建工程设计，国外项目的工程设计和引进项目的配套工程设计等几类，此外还有工程设计开发和有关试验装置的设计等。

工程设计工作是国家基本建设的一个重要环节。国家计划建设的工程项目，首先要用设计文件和设计图纸体现出来。设计资料一方面可以供给上级机关对该建设项目的审批，另一方面可以作为工程公司施工安装和生产单位指挥生产的依据。

在工程设计中，必须严格地贯彻执行一系列国家技术标准和规定，根据现有同类型工厂或试验装置的生产经验及技术资料，使设计建立在可靠的基础上，并对工程的情况、国内外自动化水平，仪表的制造质量和供应情况，当前生产中的一些技术革新情况等内容进行调查研究，从实践中取得第一手资料，才能作出正确、合理、规范的设计。设计中应加强经济观念，对自动化的确定要适合国情，注意提高经济效益。

1998 年 6 月 22 日国家石油和化学工业局发布了《化工装置自控工程设计规定》（以下简称《规定》），并自 1999 年 1 月 1 日起实施。该《规定》总结了国内外自控工程设计经验，与国际通用设计体制和方法接轨。

所谓“新体制”，即是国际通用设计体制。国际通用设计体制是 20 世纪科学技术和经济发展的产物，已成为当今世界范围内通用的国际工程公司模式。按国际通用设计体制，有利于工程公司的工程建设项目总承包，对项目实施“三大控制”（进度控制、质量控制和费用控制），也是工程公司参与国际合作和国际竞争进入国际市场的必备条件。

《规定》中包括 4 项化工行业标准：《自控专业设计管理规定》（HG/T 20636）、《自控专业工程设计文件的编制规定》（HG/T 206367）、《自控专业工程设计文件深度的规定》（HG/T 20638）和《自控专业工程设计用典型图表及标准目录》（HG/T 20639）。

《化工装置自控工程设计规定》将工程设计工作中涉及的设计程序、设计方法、设计内容、设计管理等方面的规定，以及工程设计所需用的图表、标准规范等都作了标准化、规格化。全面地反映了“新体制”具有严密的设计分工、科学的工作程序、详尽而规范化的设计文件、严格的设计管理、优良的工作质量和设计质量等特点。

“新体制”的贯彻执行，使自控工程设计发生重大变化，从设计思想到设计方法将改变以往的传统设计模式。工程设计文件以A版到G版完成，逐步深入，工作量是很大的，完全由人工画图，制表是不行的，非得用计算机辅助设计不可。其次，一个很大的转变是除控制流程图之外，大部分设计思想要以表格的形式表达，而表格是规范化的专用表格。这也给我们提出了真正在专业上应用计算机的问题，解决工程设计中CAD的问题。

本书将以《规定》为基础，结合现行的其他国家标准和规定，培养读者正确使用设计标准和规定，提高自控工程设计能力。

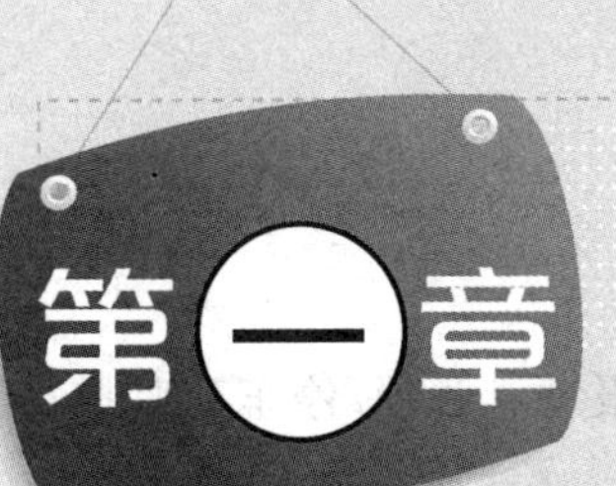

Chapter 01

自控工程设计的任务和程序

自控工程设计的基本任务是负责工艺生产装置与公用工程、辅助工程系统的控制、检测仪表、在线分析仪表和控制及管理等系统的设计及有关的程序控制、信号报警和联锁系统的设计、计算机控制DCS系统设计。在完成这些基本任务中，尚需考虑自控所用的辅助设备及附件、电气设备材料、安装材料的选型设计；自控的安全技术措施和防干扰、安全设施的设计；以及控制室、仪表车间与分析器室的设计。

第一节　自控工程设计的任务

一、工程设计的分阶段

过去国内对工程设计阶段的划分，一般分为两个阶段，即初步设计和施工图设计，对于采用新技术和复杂的尚未成熟的工程设计，有时可分为三个阶段，即初步设计、扩大初步设计和施工图设计。

在国际上通常把全部设计过程划分为由专利商承担的工艺设计（基础设计）和由工程公司承担的工程设计两大阶段；工程设计则再划分为基础工程设计和详细工程设计两个阶段。

在我国现行设计体制的程序中，工程公司在开始基础工程设计工作前，需要将专利商的工艺设计（基础设计）形成向有关部门和用户报告、供审批的初步设计，因此在《规定》中对工程设计有关内容中，保留有初步设计的名词，称基础设计/初步设计。

工程设计要分阶段进行，便于有关部门的审核，使设计工作逐步向深度展开；有利于经过多次审核、把关，及早发现问题，随时纠正，尽量避免施工中的返工现象；给各专业之间互相协调与配合创造有利条件。

二、自控专业设计在不同设计阶段的任务

在不同的设计阶段自控专业的任务也是不同的。在基础设计/初步设计阶段，自控专业负责的设计工作如下：

① 完成基础设计/初步设计说明书，拟定控制系统、联锁系统的技术方案、仪表选型规定以及电源、气源的供给方案等；

② 完成初步的仪表清单、控制室平面布置和仪表盘正面布置方案，开展初步的询价工作；

③ 完成工艺控制流程图（PCD）；

④ 提出 DCS 的系统配置方案；

⑤ 配合工艺系统专业完成初版管道仪表流程图（P&ID）；

⑥ 向有关专业提出设计条件。

在工程设计阶段，自控专业负责的设计工作如下：

① 负责生产装置、辅助工程和公用工程系统的检测、控制、报警、联锁/停车和监控/管理计算机系统的设计；

② 负责检测仪表、控制系统及其辅助设备和安装材料的选型设计；

③ 负责检测仪表和控制系统的安装设计；

④ 负责 DCS、PLC、ESD 和上位计算机（监控、管理）的系统配置、功能要求和设备选型，并负责或参加软件的编制工作；

⑤ 负责现场仪表的环境防护措施的设计；

⑥ 接受工艺、系统和其他主导专业的设计条件，提出设备、管道、电气、土建、暖通和给排水等专业的设计条件；

⑦ 负责控制室、分析器室以及仪表修理车间的设计；

⑧ 负责工厂生产过程计量系统的设计。

按照国家石油和化学工业局推行的“新体制”，即国际通用设计体制和方法的要求，自控专业工程设计阶段的工作可归纳为以下 6 个方面的内容：

① 根据工艺专业提出的监控条件绘制工艺控制图（PCD）；

② 配合系统专业绘制各版管道仪表流程图（P&ID）；

③ 征集研究用户对 P&ID 及仪表设计规定的意见；

④ 编制仪表请购单，配合采购部门开展仪表和材料的采购工作；

⑤ 确定仪表制造商的有关图纸，按仪表制造商返回的技术文件提交仪表接口条件，并开展有关设计工作；

⑥ 编（绘）制最终自控工程设计文件。

三、专业设计文件划分成版次

工程设计是在基础设计/初步设计的基础上开展的。生产控制方案和仪表选型在基础设计/初步设计阶段已基本确定，如果基础设计/初步设计审核会对控制方案和仪表选型没有提出修改意见，工程设计中可按确定的方案和仪表选型开展设计工作。

在工程设计两个阶段期间，专业的设计文件将划分成各个版次，在内容上由浅入深地发表。

对于系统专业/管道专业，一般需要完成七版设计。这 7 个版次如下所述。

基础工程设计阶段编制四版：

① 初版（P&ID　A 版）；

② 内部审查版（P&ID　B 版）；

③ 用户审查版（P&ID　C 版）；

④ 确认版（P&ID　D 版）。

详细工程设计阶段编制三版：

① 详 1 版（或称研究版，简称 P&ID　E 版）；

② 详 2 版（或称设计版，简称 P&ID　F 版）；

③ 施工版（简称 P&ID　G 版）。

自控专业工程设计与总体工程设计也分为两个阶段：基础工程设计阶段和详细工程设计阶段，应出P&ID A～G版，共7版本。基础工程设计阶段P&ID A～D版4版，详细工程设计阶段P&ID E～G版3版。根据具体情况可少于7版。

基础工程设计阶段的进程及关系可概括如下。

① 在系统专业提交的P&ID A版原图上，自控专业审查主要检测、控制、联锁系统的设置是否合理、可行，仪表功能代号是否准确，完成P&ID A版（初版）。

② P&ID A版用于有关专业作设备布置、管道走向、特殊管道和管架研究，它是自控专业及其他专业开展基础工程设计的主要依据之一。

③ 在系统专业提交的P&ID B版原图上，自控专业审查全部检测、控制、联锁系统的设置是否齐全，并编制仪表回路位号，完成P&ID B版（内审版）。

④ 在系统专业根据内审会的修改意见完成P&ID C版原图上，自控专业详细标注仪表回路的组成、仪表的形式等，完成P&ID C版（用户版）。P&ID C版应有95%的完整性和准确性，以便用于用户审查。

⑤ 根据用户组织的设计审查会提出的审查意见，系统专业对P&ID C版修改后形成D版原图，经自控专业审查确认以后完成P&ID D版（确认版）。

详细工程设计阶段的进程及关系可概括如下。

① 配合系统专业完成的P&ID E版（详1版），是在D版的基础上根据制造厂商提供的最终版资料，以及管道、自控专业的变动和修改意见绘制的，用于管道和设备布置图的详2版（设计版）绘图。

② P&ID F版（详2版），可根据需要发表，即管道、仪表、机泵等制造厂商的资料修改较大时才绘制。

③ P&ID G版（施工版）是最终版，它是施工、安装、编制工艺操作手册以及开车、生产、事故处理的依据。

四、设计文件清单

（一）基础工程设计阶段的设计文件

① 仪表索引；
② 仪表数据表；
③ 仪表盘布置图；
④ 控制室布置图；
⑤ DCS系统配置图（初步）；
⑥ 仪表回路图；
⑦ 联锁系统逻辑图或时序图；
⑧ 仪表供电系统图；
⑨ 仪表电缆桥架布置总图；
⑩ DCS-I/O表；
⑪ 主要仪表技术说明书；
⑫ DCS技术规格书；
⑬ 仪表请购单；

（二）详细工程设计阶段设计文件

1. 采用常规仪表的工程项目完成的设计文件

（1）文字、表格类文件

① 仪表设计规定；
② 仪表索引；
③ 仪表数据表；
④ 报警联锁设定值表；
⑤ 电缆表（管缆表）；
⑥ 铭牌表；

⑦ 仪表绝热伴热表；
⑧ 仪表空气分配器表；
⑨ 控制室内电缆表；
⑩ 电缆分盘表；
⑪ 仪表安装材料表；
⑫ 仪表技术说明书（主要仪表）；
⑬ 仪表施工安装要求。

(2) 图纸类文件

① 联锁系统逻辑图；
② 顺序控制系统时序图；
③ 继电器联锁原理图；
④ 仪表回路图；
⑤ 控制室布置图；
⑥ 仪表盘（操作台）布置图；
⑦ 闪光报警器灯屏布置图；
⑧ 半模拟盘流程图及接线图；
⑨ 继电器箱布置图；
⑩ 端子配线图；
⑪ 仪表供电系统图（供电箱接线图）；
⑫ 仪表穿板接头图；
⑬ 控制室电缆（管缆）布置图；
⑭ 仪表位置图；
⑮ 仪表电缆桥架布置总图；
⑯ 仪表电缆（管缆）及桥架布置图；
⑰ 现场仪表配线图；
⑱ 仪表空气管道平面图（系统图）；
⑲ 仪表接地系统图；
⑳ 仪表安装图。

2. 采用 DCS 的工程项目完成的设计文件

(1) 按常规仪表工程的要求完成与现场仪表相关的工程设计文件

(2) 完成与 DCS 相关的设计文件

① 设计文件目录；
② DCS 技术规格书；
③ DCS-I/O 表；
④ 联锁系统逻辑图；
⑤ 仪表回路图；
⑥ 控制室布置图；
⑦ 端子配线图；
⑧ 控制室电缆布置图
⑨ 仪表接地系统图；
⑩ DCS 系统配置图
⑪ DCS 监控数据表
⑫ 端子（安全栅）柜布置图。

(3) 在设计部门承担应用软件组态工作时，要完成的设计文件

① 工艺流程显示图；
② 各种显示画面编制（包括总貌、分组、回路、报警、趋势以及流程画面等）；
③ 重要工艺操作数据储存要求；
④ 外部通信连接要求；
⑤ 各类报表格式（包括小时、班、日、周、旬、月等报表）；
⑥ 其他必需文件。

整个自控专业工程设计文件分为文字、表格和图纸类。本篇内容在编写时不是按设计阶段进行分类的，而是按两个设计阶段所涉及设计文件的种类、性质进行分别讲述的。“新体制”中需要的文字、表格、图纸量很大，而且从 A 版到 G 版，虽说各版都有倾重的内容，但 7 个版下来整个的文字、表格、图纸工作量还是很大的。这反映了设计过程的严谨、规范，同时也说明不使用计算机从事工程设计，靠手工完成将是十分困难的。

第二节 自控工程设计的程序

自控工程设计的程序如图 1-1 所示，工作程序图反映自控专业在各版 P&ID 期间所要开展的各项设计工作。

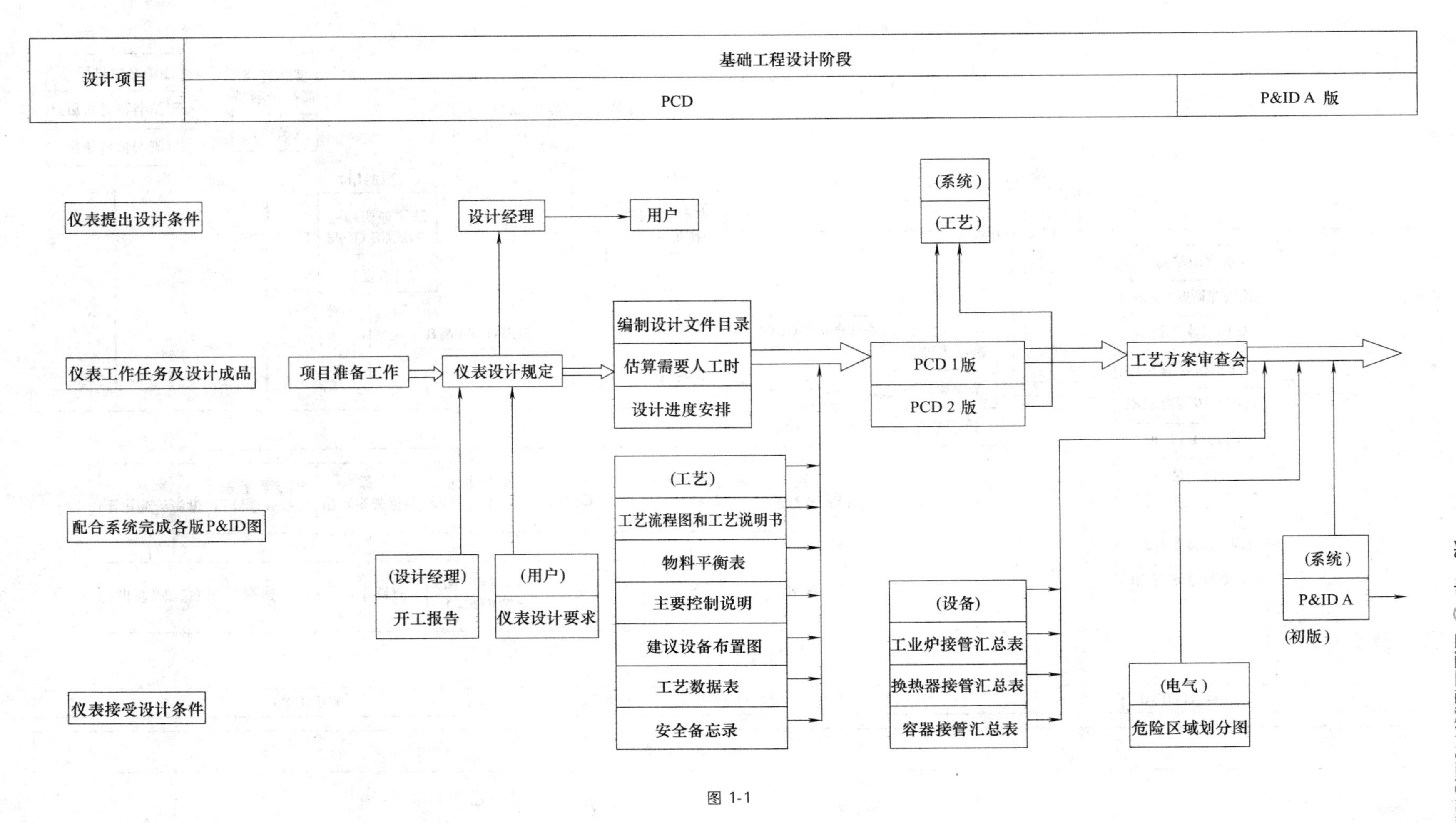
设计项目
基础工程设计阶段
PCD
P&ID A 版
仪表提出设计条件
仪表工作任务及设计成品
配合系统完成各版P&ID图
仪表接受设计条件
设计经理
用户
项目准备工作
仪表设计规定
(设计经理)
开工报告
(用户)
仪表设计要求
编制设计文件目录
估算需要人工时
设计进度安排
(工艺)
工艺流程图和工艺说明书
物料平衡表
主要控制说明
建议设备布置图
工艺数据表
安全备忘录
(系统)
(工艺)
PCD 1版
PCD 2 版
工艺方案审查会
(设备)
工业炉接管汇总表
换热器接管汇总表
容器接管汇总表
(电气)
危险区域划分图
(系统)
P&ID A
(初版)

图 1-1

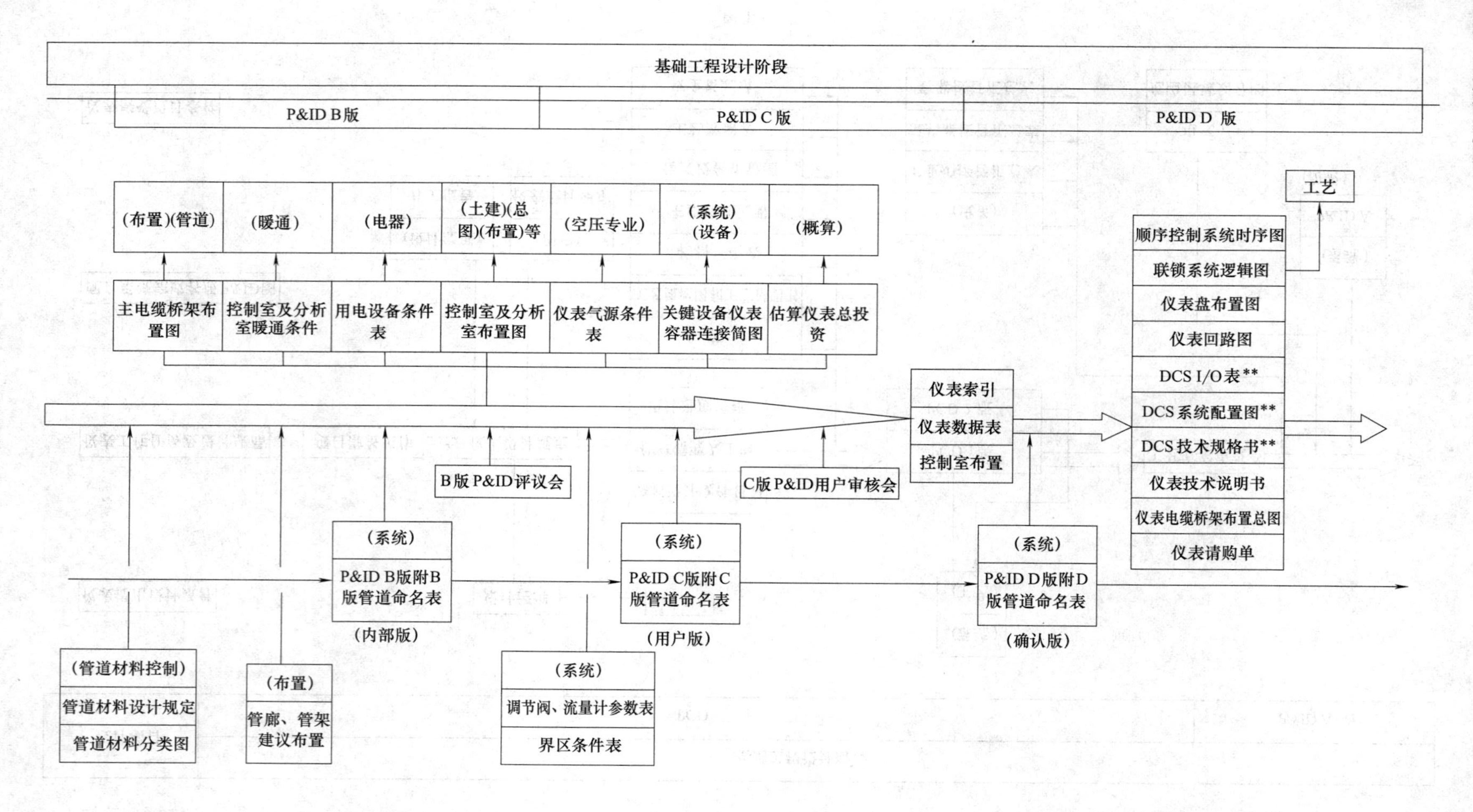
基础工程设计阶段
P&ID B版
P&ID C版
P&ID D 版
(布置)(管道)
(暖通)
(电器)
(土建)(总图)(布置)等
(空压专业)
(系统)(设备)
(概算)
主电缆桥架布置图
控制室及分析室暖通条件
用电设备条件表
控制室及分析室布置图
仪表气源条件表
关键设备仪表容器连接简图
估算仪表总投资
仪表索引
仪表数据表
控制室布置
工艺
顺序控制系统时序图
联锁系统逻辑图
仪表盘布置图
仪表回路图
DCS I/O表**
DCS系统配置图**
DCS技术规格书**
仪表技术说明书
仪表电缆桥架布置总图
仪表请购单
B版P&ID评议会
C版P&ID用户审核会
(系统)
P&ID B版附B版管道命名表
(内部版)
(系统)
P&ID C版附C版管道命名表
(用户版)
(系统)
P&ID D版附D版管道命名表
(确认版)
(管道材料控制)
管道材料设计规定
管道材料分类图
(布置)
管廊、管架建议布置
(系统)
调节阀、流量计参数表
界区条件表

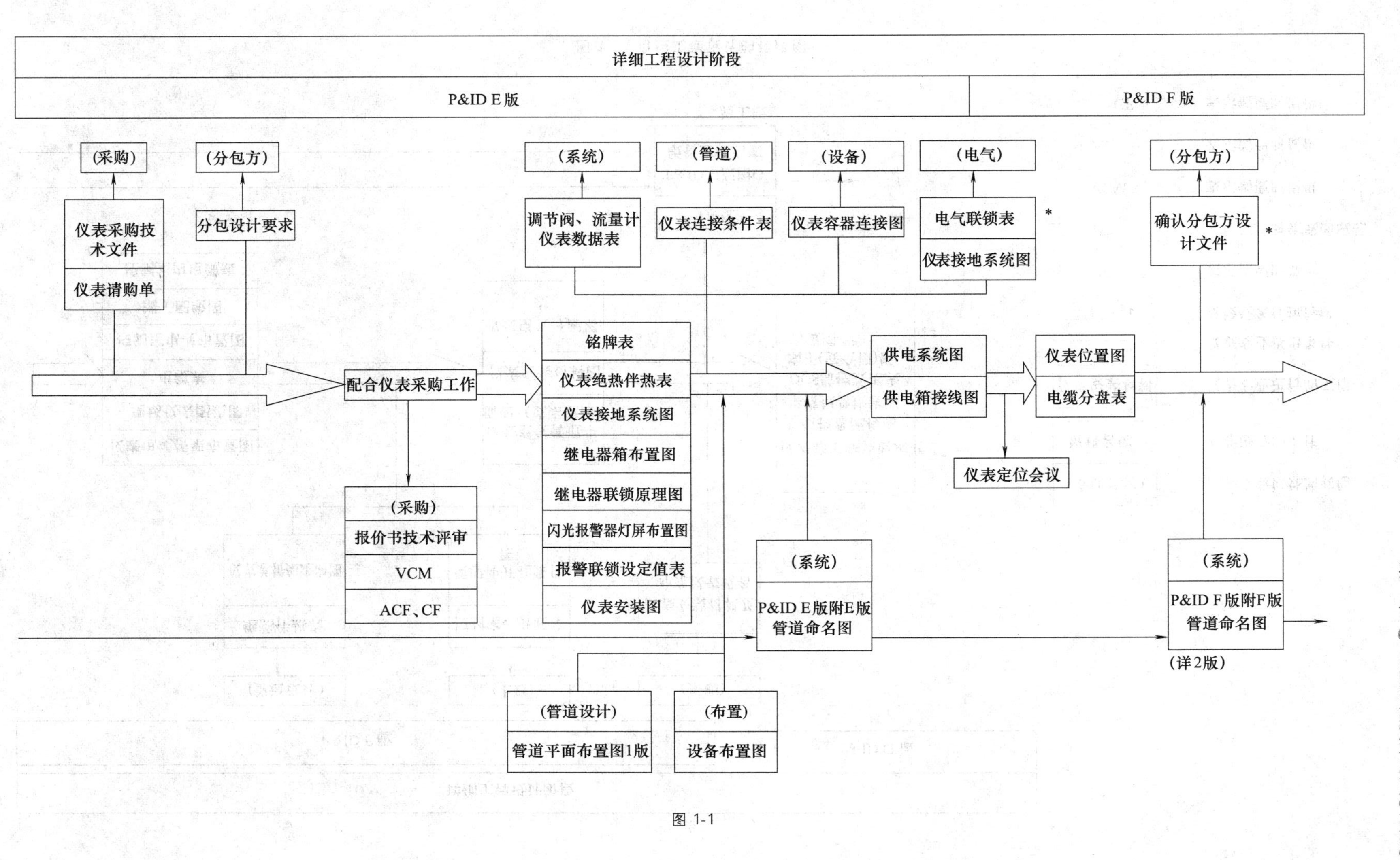

详细工程设计阶段
P&ID E版
P&ID F版
(采购)
(分包方)
(系统)
(管道)
(设备)
(电气)
(分包方)
仪表采购技术文件
仪表请购单
分包设计要求
调节阀、流量计仪表数据表
仪表连接条件表
仪表容器连接图
电气联锁表 *
仪表接地系统图
确认分包方设计文件 *
铭牌表
仪表绝热伴热表
仪表接地系统图
继电器箱布置图
继电器联锁原理图
闪光报警器灯屏布置图
报警联锁设定值表
仪表安装图
配合仪表采购工作
供电系统图
供电箱接线图
仪表位置图
电缆分盘表
仪表定位会议
(采购)
报价书技术评审
VCM
ACF、CF
(系统)
P&ID E版附E版管道命名图
(系统)
P&ID F版附F版管道命名图
(详2版)
(管道设计)
管道平面布置图1版
(布置)
设备布置图

图 1-1

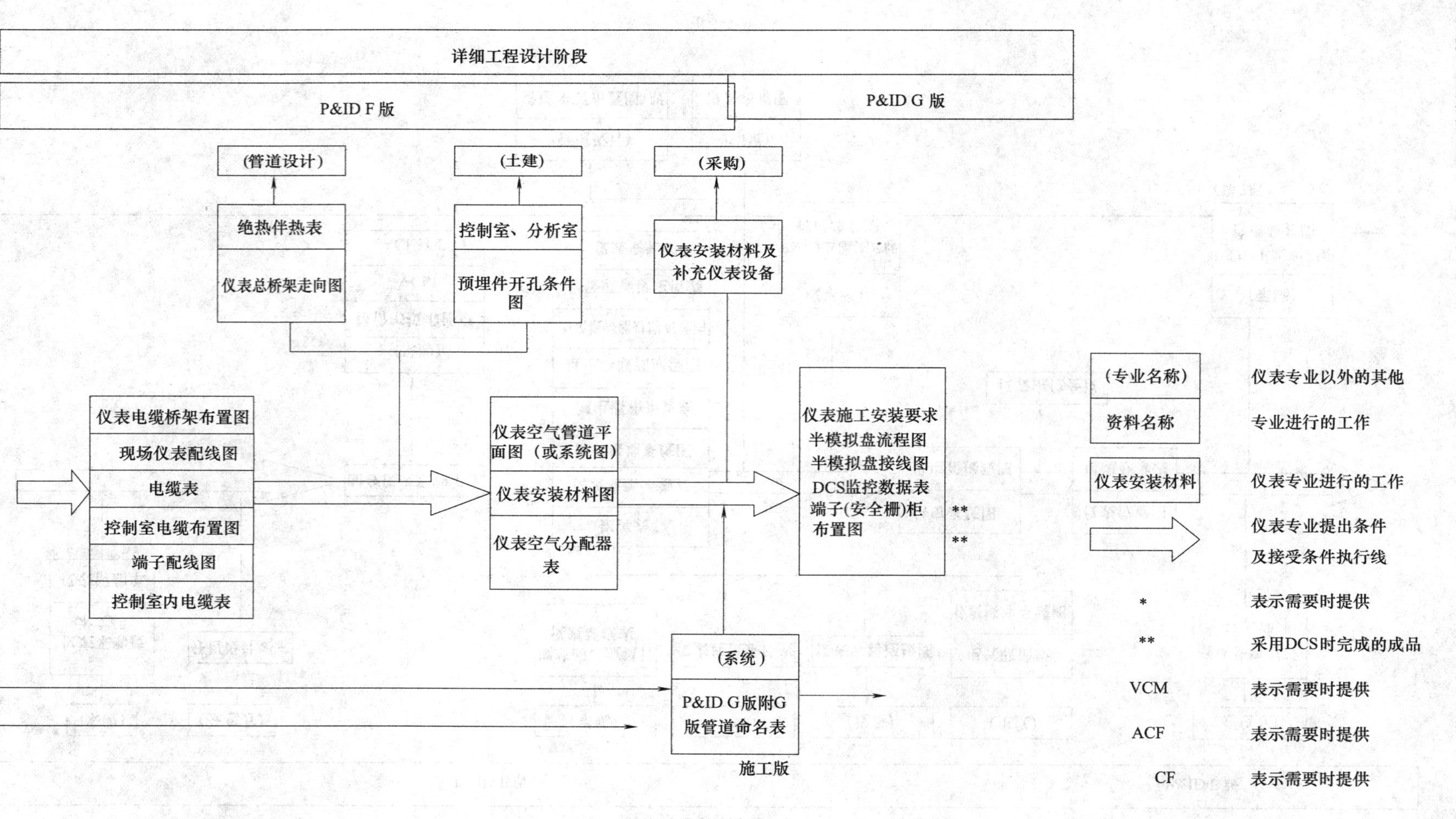

图 1-1 自控工程设计的程序图

工作程序图说明如下。

① 图中各版P&ID期间所列的各种设计文件是表示开始编（绘）制的时间，有些设计文件在该期间可以完成，有些设计文件则要延续到设计后期才能完成，如仪表索引、仪表回路图等。

② 图中所列的设计文件对于某个具体工程项目并不一定都要完成，可以根据需要编（绘）制有关的设计文件。若设计选用气动仪表时，则设计文件应增绘相关图，本程序中未列入。

③ 化工工艺专业提交的自控设计条件有两种形式：一种为工艺流程图和工艺说明、物料平衡表、主要控制说明等设计资料；一种为“仪表条件表”。两种形式自控专业都可以接受。

④ 仪表采购的配合工作在基础工程设计阶段就开始了，如向采购部门提供“仪表设计规定”，推荐和评估仪表，询价厂商等。

⑤ 仪表定位会议一般与模型审核会（设备、配管模型）一起召开。对于不开展模型设计的工程项目，仪表定位会议往往不正式召开。而仪表的定位是通过自控专业与管道等专业往返设计图、表以及相互协商来确定。

⑥ 程序图中未包括DCS应用组态所需的设计文件。这类设计文件在工程设计完成后根据需要编（绘）制。

在《规定》中还编入了《仪表采购程序》、《自控专业工程设计质量保证程序》（HG/T 20636.8—98）、《自控专业工程设计文件的校审提要》（HG/T 20636.9—98）、《自控专业工程设计文件的控制程序》（HG/T 20636.10—98）等，这些文件所规定内容详尽，十分细致，给出了具体的程序表等，可操作性很强。使设计工作中各项具体工作都有章可循，各类人员（设计人、校核人、审核人、专业负责人、专业室主任或主任工程师等）的职责都有明文规定，确保了工程设计质量，确保了工程设计文件质量，提高了设计效率。

第三节 工程总体设计中的自控专业与其他专业的关系

自控专业的设计内容是工程总体设计的一部分。设计工作的各部分具有密切的有机联系，是完整统一的整体。因此，自控专业设计人员除了应该精通本专业设计业务知识以外，还必须加强与外专业的联系，互相合作，密切配合，只有这样，才能做好设计，才能真正反映设计人员集体劳动的成果。

《自控专业设计管理规定》中以较大的篇幅，对自控专业与其他专业的关系作了相应的规定。条文规定的分工、责任十分明确，避免相互推诿，而影响整个工程设计进度。

一、自控专业与工艺专业的设计条件关系

（一）自控专业与工艺专业的设计条件关系

自控专业与工艺专业有着十分密切的关系，在设计工作中应该加强联系，加强合作。

自控专业接受的设计条件，应包括下列内容：

① 工艺流程图（PFD）、工艺说明书和物性参数表；

② 物料平衡表；

③ 工艺数据表（包括容器、塔器、换热器、工业炉和特殊设备）和设备简图；

④ 主要控制系统和特殊检测要求（包括联锁条件）和条件表；

⑤ 安全备忘录；

⑥ 建议的设备布置图。

自控专业提出的条件，应包括下列内容：

① 工艺控制流程图（PCD）；

② 联锁系统逻辑框图（需要时）；

③ 程控系统逻辑框图时（顺）序表（需要时）。

（二）自控专业与系统专业的设计条件关系

自控专业接受的设计条件，应包括下列内容：

① 各版管道仪表流程图（P&ID）和管道命名表；

② 换热器、容（塔）器、工业炉及特殊设备接管汇总表；

③ 控制阀、流量计、安全阀和泄压阀数据表；

④ 界区条件表；

⑤ 系统专业对装置内公用工程测量控制系统的特殊要求的说明；

⑥ 系统专业提出的噪声控制设计规定（需要时）。

自控专业提出的条件，应包括下列内容：

① 工艺控制流程图（PCD）；

② 控制阀、流量计的仪表数据表；

③ 仪表在各类设备上的接口条件；

④ 配合系统专业完成各版管道仪表流程图（P&ID）；

⑤ 成套（配套）设备或装置的随机仪表的设计要求。

二、自控专业与管道专业的设计分工

（一）现场仪表取源及连接部件

自控专业与管道专业的设计分工原则是，在仪表安装之前，管道应为一个封闭系统，一般情况下，封闭系统以内的材料由管道专业负责，封闭系统以外的材料由自控专业负责。

自控专业与管道专业在现场仪表的取源及连接部件上的设计分工分为下述四种情况。

① 仪表和安装部件的采购和安装全部由自控专业负责。

② 只有仪表部分的采购由自控专业负责，安装部件的采购、仪表及其部件的安装由管道专业负责。

③ 仪表及其安装部件的采购和安装的分工按具体情况确定。

④ 仪表和安装部件的采购与安装不由自控专业负责。

《规定》中给出了分工表16张以明确分工，现从中节选10张以供参考（图1-2～图1-11）。

（二）现场仪表在管道平面图上的位置

在管道上安装的检测元件、变送器、控制阀、取源点以及就地仪表盘（柜）和仪表箱等，其安装位置由管道专业根据自控专业提供的仪表安装条件或者召开仪表定位会议来确定。管道专业在管道平面图、空视图或模型上标注仪表安装位置。

（三）仪表主电缆桥架在管廊上的位置

各类仪表在管廊上的位置分工详见图 1-2～图 1-11。

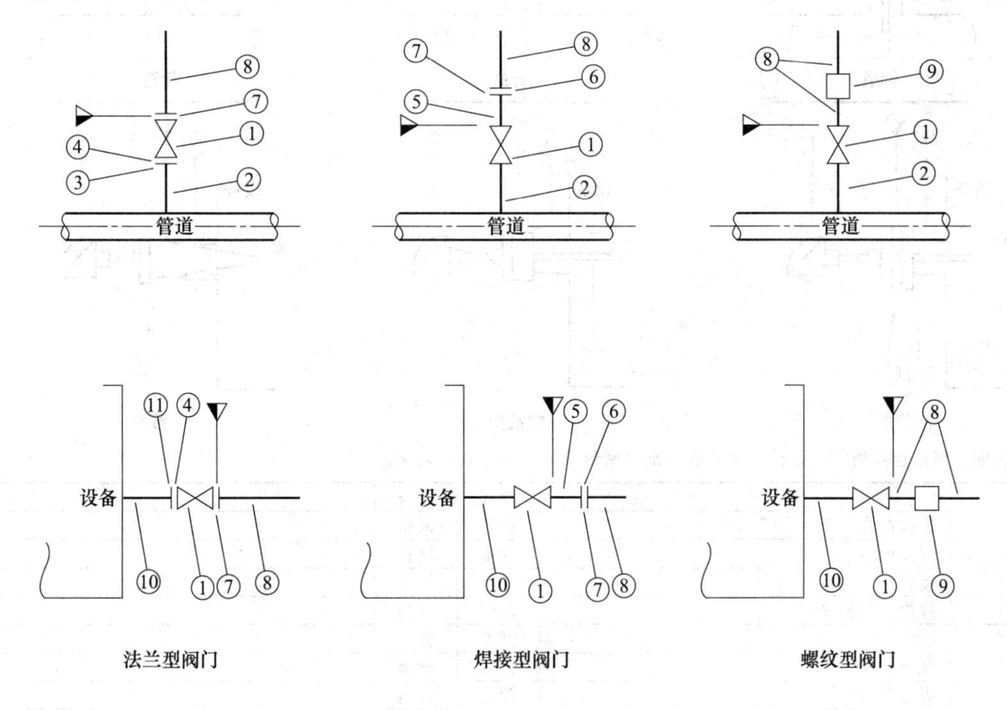

（自控）

说明：1. 符号▶——表示自控与其他专业的分工界限。

2. 螺纹连接所需的附件（例如胶黏剂、密封带等）由安装方采购。

序号	名称	分工：采购	分工：安装	备注
11	法兰	设备	设备	
10	接管	设备	设备	
9	活接头	自控	自控	
8	仪表管线	自控	自控	
7	螺栓、螺母、垫片	自控	自控	
6	法兰	自控	自控	
5	接管	自控	自控	
4	螺栓、螺母、垫片	管道	管道	
3	法兰	管道	管道	
2	接管	管道	管道	
1	截止阀	管道	管道	

图 1-2 取源管件在管廊上的位置分工

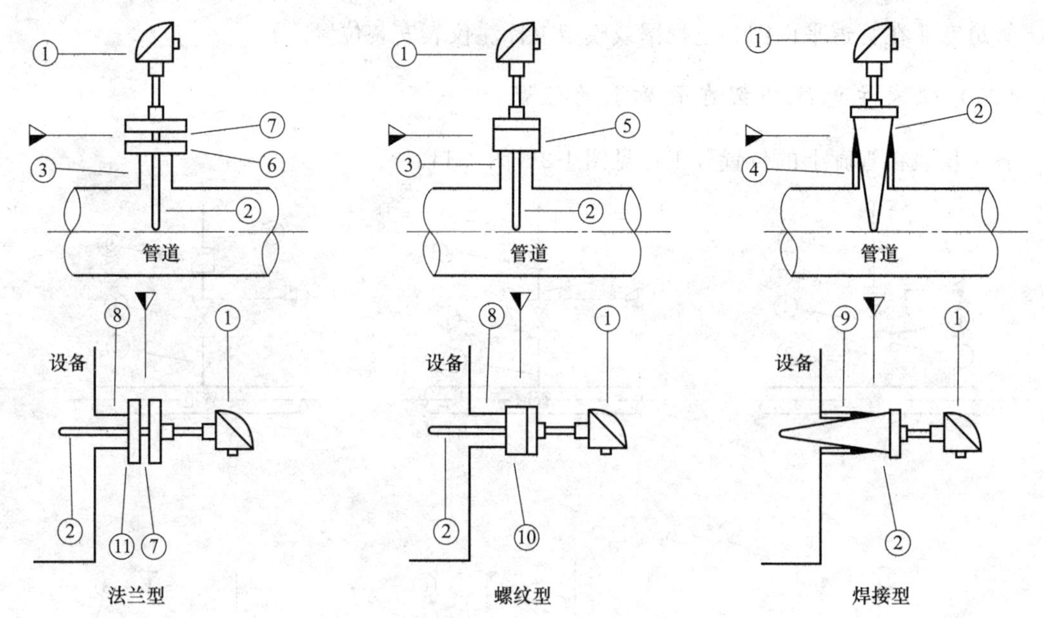

说明：螺纹连接所需的附件（例如胶黏剂、密封带等）由安装方采购。

序号	名称	分工 采购	分工 安装	备注
11	法兰	设备	设备	
10	螺纹凸台	设备	设备	
9	焊接凸台	设备	设备	
8	接管	设备	设备	
7	螺栓、螺母、垫片	自控	自控	
6	法兰	管道	管道	
5	螺纹凸台	管道	管道	
4	焊接凸台	管道	管道	
3	接管	管道	管道	
2	温度计保护套管	自控	管道	
1	温度计	自控	自控	

图 1-3　温度计在管廊上的位置分工

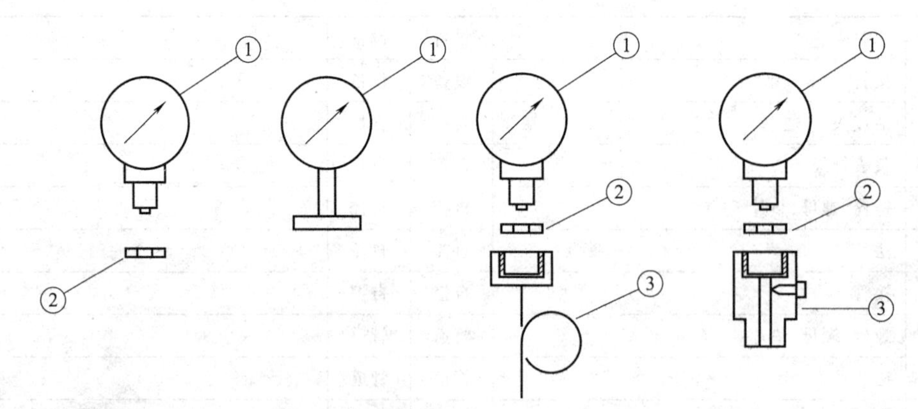

说明：自控专业仅采购①、②、③项，安装由管道专业负责。

序号	名称	分工 采购	分工 安装	备注
3	压力表附件	自控	管道	虹吸管，阻尼器
2	仪表填料	自控	管道	
1	压力表	自控	管道	

图 1-4　压力表在管廊上的位置分工

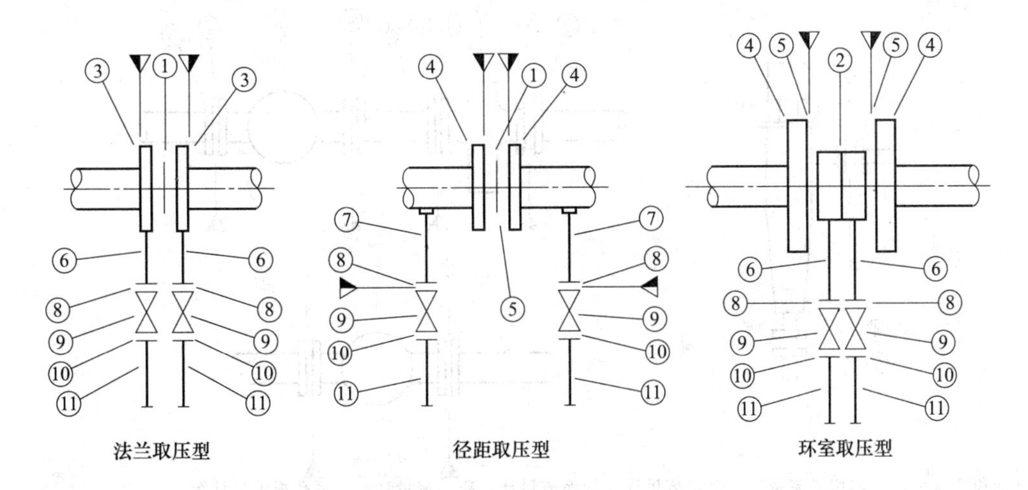

说明：1. 如果截止阀采用螺纹连接，则应如下表示，且不需要⑧、⑩项。

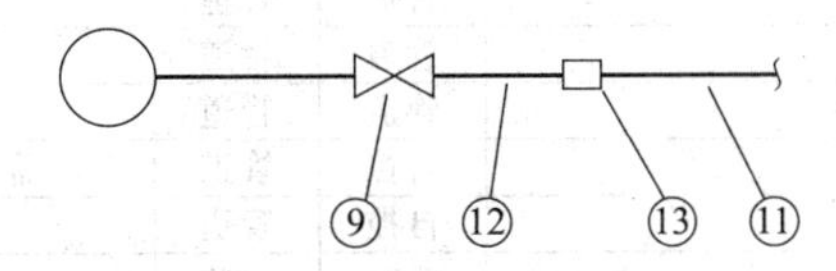

2. 如果截止阀采用焊接连接，则应如下表示，且不需要⑤、⑦项。

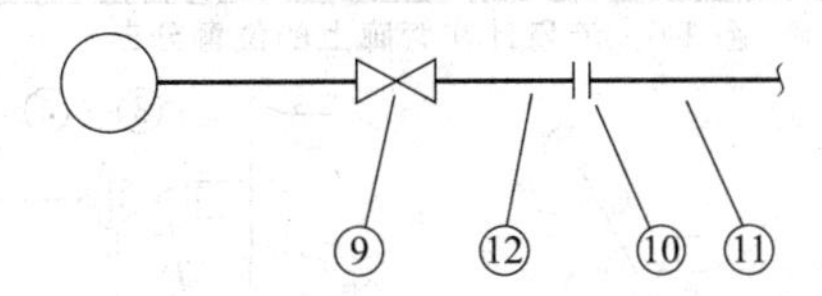

3. 螺栓、螺母、垫片，随制造厂成套供货（环室、法兰取压）。

序号	名称	分工		备注
		采购	安装	
13	活接头	自控	自控	
12	接管	自控	自控	带法兰或加工螺纹
11	仪表管线	自控	自控	带法兰或加工螺纹
10	螺栓、螺母、垫片、法兰	自控	自控	
9	截止阀	自控	自控	径距取压时由管道负责
8	螺栓、螺母、垫片、法兰	管道	管道	环室、法兰取压时由自控负责
7	取压凸台，接管	管道	管道	带加工螺纹或焊接
6	接管	自控	自控	带加工螺纹或焊接
5	螺栓、螺母、垫片	管道	管道	
4	法兰	管道	管道	
3	孔板法兰	自控	管道	
2	取压环室	自控	管道	包括螺栓、螺母、垫片
1	孔板	自控	管道	

图 1-5 孔板在管廊上的位置分工

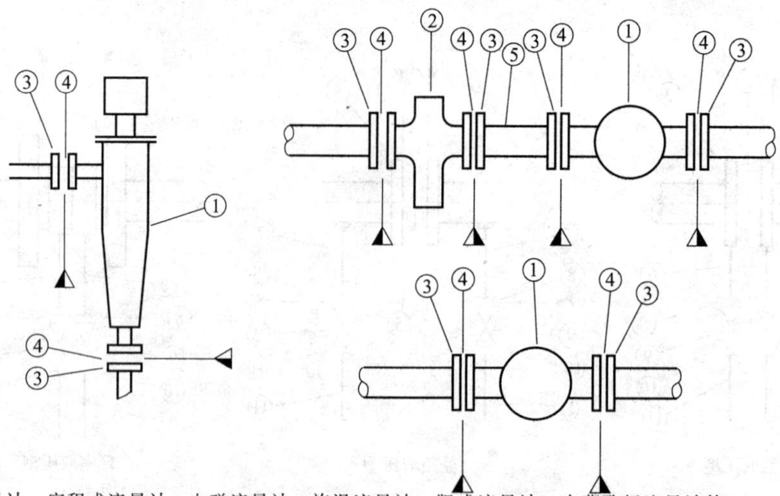

（面积式流量计、容积式流量计、电磁流量计、旋涡流量计、靶式流量计、内藏孔板流量计等）。

说明：如果流量计采用螺纹连接，则不需要③、④项。

序号	名称	分工：采购	分工：安装	备注
5	冲洗管	管道	管道	
4	螺栓、螺母、垫片	管道	管道	
3	法兰	管道	管道	
2	流量计附件	自控	管道	整流器等
1	流量计	自控	管道	

图 1-6　流量计在管廊上的位置分工

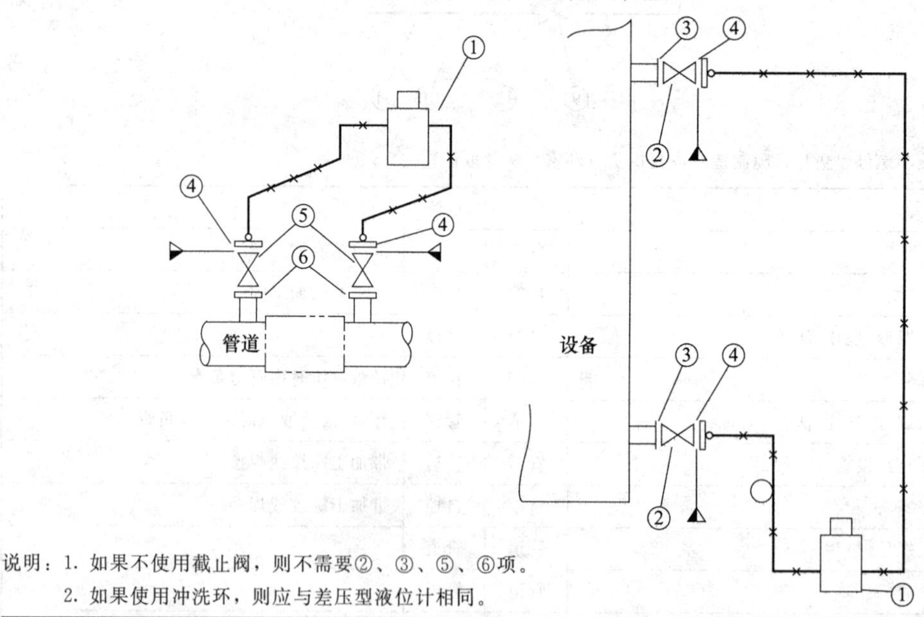

说明：1. 如果不使用截止阀，则不需要②、③、⑤、⑥项。

2. 如果使用冲洗环，则应与差压型液位计相同。

序号	名称	分工：采购	分工：安装	备注
6	螺栓、螺母、垫片	管道	管道	
5	截止阀	管道	管道	
4	螺栓、螺母、垫片	自控	自控	
3	螺栓、螺母、垫片	管道	管道	
2	截止阀	管道	管道	
1	仪表	自控	自控	

图 1-7　差压型液位计（双法兰式）在管廊上的位置分工

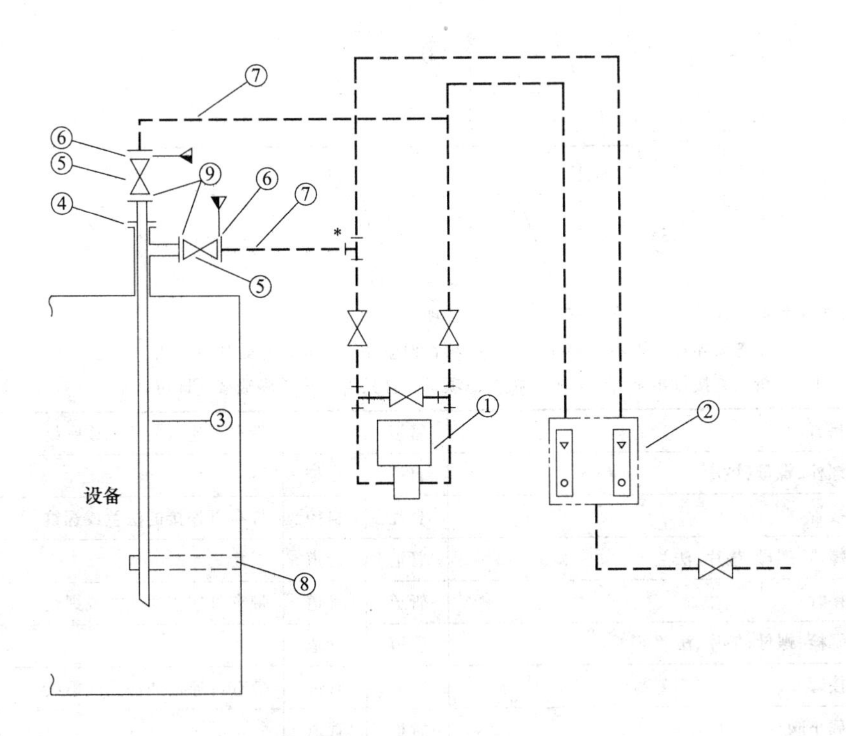

说明：1. 如果设备为常压式（上部通大气），则带＊号的管线不需要。

2. 如果截止阀采用螺纹连接，则应如下表示，且不需要⑥、⑨项。

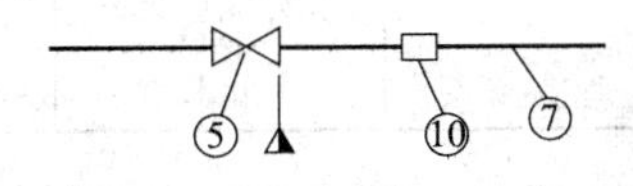

10	活接头	自控	自控	
9	螺栓、螺母、垫片、法兰	管道	管道	
8	支撑	设备	设备	
7	仪表管线	自控	自控	
6	螺栓、螺母、垫片、法兰	自控	自控	
5	截止阀	管道	管道	
4	螺栓、螺母、垫片、法兰	设备	设备	
3	气泡管	设备	设备	
2	吹洗装置	自控	自控	
1	仪表	自控	自控	
序号	名　　称	采购	安装	备　　注
		分工		

图 1-8　吹洗型液位计在管廊上的位置分工

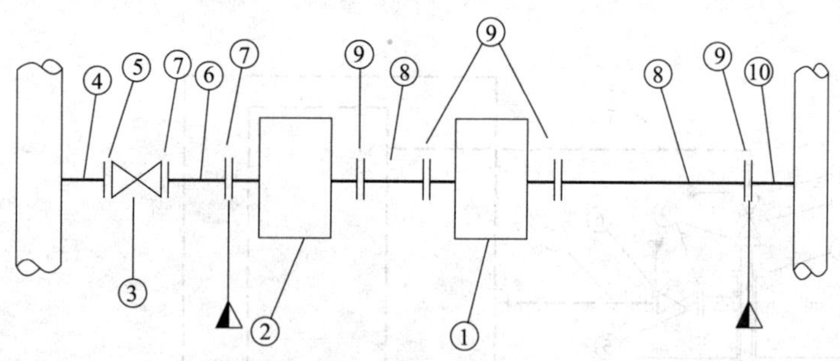

说明：1. 如果没有采样冷却器，则不需要②、⑥、⑦项。

2. 如果采用螺纹连接，则不需要⑤、⑦、⑨项，但应在管线⑥、⑧处加活接头。

3. 如果分析仪直接排出至大气，则不需要⑩项，并且只需在管道终端截断即可。

序号	名称	分工		备注
		采购	安装	
10	接管	管道	管道	带有可连接的法兰或螺纹
9	螺栓、螺母、垫片	自控	自控	
8	接管	自控	自控	带有可连接的法兰或螺纹
7	螺栓、螺母、垫片、法兰	管道	管道	
6	接管	管道	管道	带有可连接的法兰或螺纹
5	螺栓、螺母、垫片、法兰	管道	管道	
4	接管	管道	管道	带有可连接的法兰或螺纹
3	截止阀	管道	管道	
2	采样冷却器	自控	自控	
1	分析仪	自控	自控	

图 1-9　分析仪在管廊上的位置分工

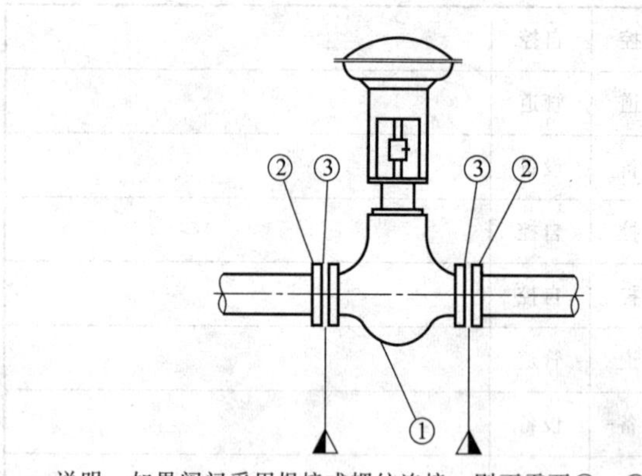

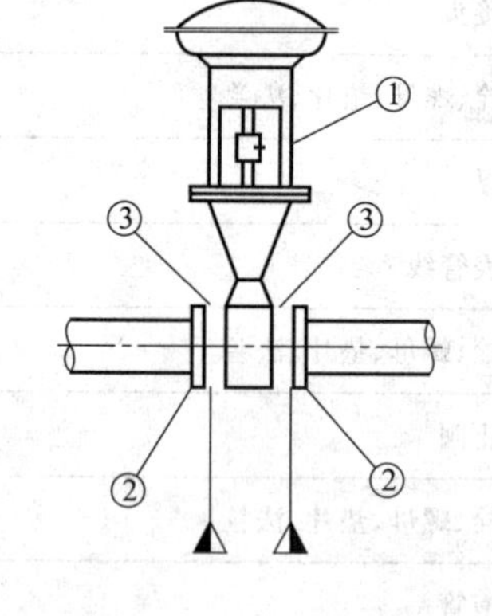

说明：如果阀门采用焊接或螺纹连接，则不需要②、③项。

序号	名称	分工		备注
		采购	安装	
3	螺栓、螺母、垫片	管道	管道	
2	法兰	管道	管道	
1	控制阀	自控	管道	

图 1-10　控制阀在管廊上的位置分工

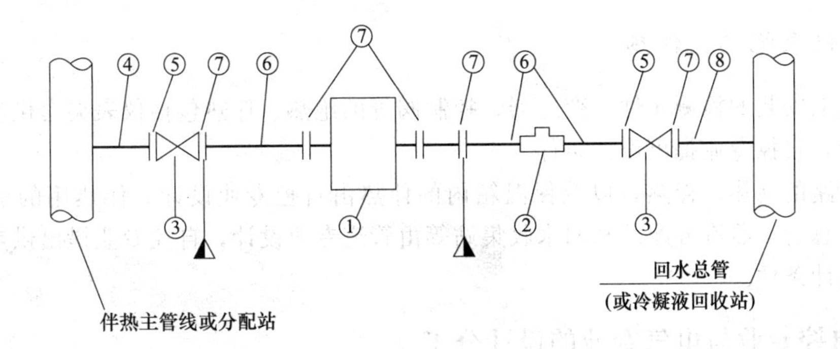

如果采用螺纹连接

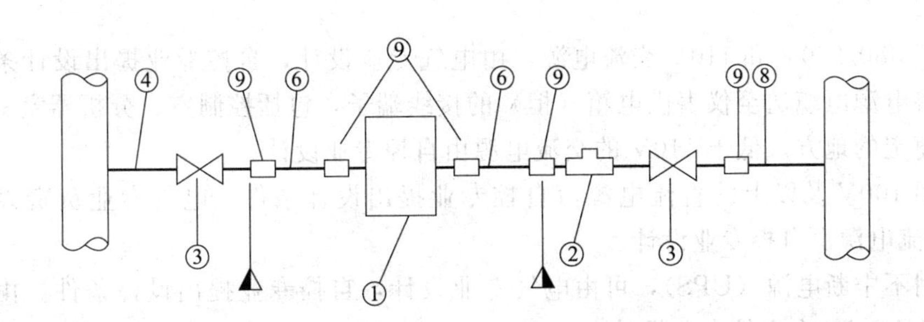

说明：1. 如果使用铜管作伴热管⑥，则与①、②的连接应为螺纹连接。

2. 如果回水直接经排水池排大气时，则⑧不需要，且伴热管的终端只需截断即可。

3. 如果使用热水或蒸汽伴热，且铜管终端被夹紧时，则②项不需要。

序号	名称	分工：采购	分工：安装	备注
9	活接头	自控	自控	
8	接管	管道	管道	带有连接用的法兰或螺纹
7	螺栓、螺母、垫片	自控	自控	
6	伴热管线	自控	自控	带有连接用的法兰或螺纹
5	螺栓、螺母、垫片	管道	管道	
4	接管	管道	管道	带有与截止阀连接的法兰或螺纹
3	截止阀	管道	管道	
2	蒸汽疏水器	管道	管道	
1	保温箱(仪表伴热夹套、盘管等)	自控	自控	仪在需要的时候

图 1-11 伴热管线在管廊上的位置分工

仪表主电缆在管廊上的安装位置，由自控专业向管道专业提出设计条件（包括桥架的规格、截面尺寸、重量、走向和标高等），管道专业将电缆桥架的安装位置标注在管道平面图上。

（四）仪表空气管线

仪表空气总管或支干管及取源阀由管道专业负责设计。从取源阀以后到就地用气仪表之间的支管由自控专业负责设计。取源阀的位置由自控专业提出条件。采用空气分配器时，从仪表空气总管到空气分配器之间的支干管由自控专业提出条件，管道专业设计。空气分配器到就地仪表之间的支管由自控专业设计，空气分配器的位置由双方负责人协商确定。

（五）仪表绝热、伴热

在管道上安装的检测元件、变送器、控制阀等的绝热、伴热包括仪表夹套供汽管，由管道专业设计，自控专业提出设计条件。

测量管路的绝热、伴热，以及保温箱内的伴热由自控专业设计。伴热用的蒸汽（或热水、热油）总管，蒸汽分配站和回水收集站等由管道专业设计，自控专业提出供热点的位置和数量的设计条件。

三、自控专业与电气专业的设计分工

（一）仪表电源

仪表用380/220V和110V交流电源，由电气专业设计，自控专业提出设计条件。电气专业负责将电源电缆送至仪表供电箱（柜）的接线端子，包括控制室、分析器室、就地仪表盘或双方商定的地方。低于110V的交流电源由自控专业设计。

仪表用100V及以上的直流电源由自控专业提出设计条件，电气专业负责设计。低于100V的直流电源由自控专业设计。

仪表用不中断电源（UPS），可由电气专业设计，自控专业提出设计条件。由仪表系统成套带来的UPS，由自控专业设计。

（二）联锁系统

联锁系统的发信端是工艺参数（流量、液位、压力、温度、组分等），执行端是仪表设备（控制阀等）时，则联锁系统由自控专业设计。

联锁系统的发信端是电气参数（电压、电流、功率、功率因数、电机运行状态、电源状态等），执行端是电气设备（如电机）时，则联锁系统由电气专业设计。

联锁系统的发信端是电气参数，执行端是仪表设备时，则联锁系统由自控专业设计。电气专业提供无源接点，其容量和通断状态应满足自控专业要求。

联锁系统的发信端是工艺参数，执行端是电气设备时，则联锁系统由自控专业设计，自控专业向电气专业提供无源接点，其容量和通断状态应满足电气专业要求。高于220V的电压串入自控专业的接点时，电气专业应提供隔离继电器。

自控专业与电气专业之间用于联锁系统的电缆，原则上采用“发送制”，即由提供接点的一方负责电缆的设计、采购和敷设，将电缆送至接收方的端子箱，并提供电缆编号，接收方则提供端子编号。

控制室与马达控制中心（MCC）之间的联锁系统电缆，考虑到设计的合理性和经济性，全部电缆由电气专业负责设计、采购和敷设，并将电缆送至控制室内I/O端子柜或编组柜。电缆在控制室内的敷设路径，电气专业应与自控专业协商。

（三）仪表接地系统

现场仪表（包括用电仪表、接线箱、电缆桥架、电缆保护管、铠装电缆等）的保护接地，其接地体和接地网干线由电气专业设计。现场仪表到就近的接地网之间的接地线由自控专业设计。控制室（包括分析器室）的保护接地，由自控专业提出接地板位置及接地干线入口位置，电气专业将接地干线引至保护接地板。

工作接地包括屏蔽接地、本安接地、DCS和计算机的系统接地。工作接地的接地体和接地干线由电气专业设计，自控专业提出设计条件，包括接地体的设置（即单独设置还是合并设置）以及对接地电阻的要求等。

（四）共用操作盘（台）

当电气设备和仪表设置混合安装在共用的操作盘（台）上时，应视其设备的多少以多的一方为主，另一方应向为主的一方提出盘上设备、器件的型号、外形尺寸、开孔尺寸、原理图和接线草图，由为主的一方负责盘面布置和背面接线，并负责共用盘的采购和安装，共用盘的电缆由盘上安装设备的各方分别设计、供货和敷设（以端子为界）。

当电气盘和仪表盘同室安装时，双方应协调盘的尺寸、涂色和排列方式，使其保持相同的风格。

（五）信号转换与照明、伴热电源

凡需要送往控制室由自控专业负责进行监视的电气参数（电压、电流、功率等），必须由电气专业采用电量变送器将其转换为标准信号（如4～20mA）后送往控制室。

现场仪表、就地盘等需要局部照明时，必须由自控专业向电气专业提出设计条件，电气专业负责设计。

当仪表采用电伴热时，仪表保温箱和测量管路的电伴热由自控专业设计，并向电气专业提出伴热的供电要求。伴热电源由电气专业设计，电气专业将电源电缆送至自控专业的现场供电箱。

四、自控专业与电信、机泵及安全（消防）专业的设计分工

（一）自控专业与电信专业的设计分工

当在控制室内安装通信设备、火警设备时，电信专业应向自控专业提出设计条件，并经自控专业确认，由自控专业统一负责控制室的布置设计，并负责向土建专业提出设计条件。通信设备、火警设备的设计、采购和安装由电信专业负责。

当需要在仪表电缆桥架内敷设通信电缆时，电信专业应向自控专业提出设计条件，自控专业应在相应的电缆汇线槽内预留空间。通信电缆的设计、采购和敷设由电信专业负责。

用于监视生产操作和安全的工业电视系统由自控专业负责设计；用于生产调度和厂区警卫任务的闭路电视系统由电信专业负责设计。

监督控制和数据采集系统（SCADA）的监测控制部分由自控专业负责，数据的无线传输部分由电信专业负责。

自控专业的有关通信要求应向电信专业提出设计，由电信专业负责设计。

（二）自控专业与机泵专业的设计分工

在机泵设备询价阶段，自控专业应向机泵专业提出机泵的总体控制要求和仪表选型意见，机泵专业向自控专业提出机泵内部的检测/控制要求，包括轴振动、轴位移、轴温、转速、抗喘振、吸入罐液位以及各油路系统和动力系统，自控专业对各测量仪表的技术要求进

行确认，并在自控专业工程设计中作出说明。

（三）自控专业与安全（消防）专业的设计分工

消防系统用的检测仪表、控制阀和联锁系统由自控专业负责设计。安全专业应向自控专业提出设计条件。

消防系统设备如需要放在控制室时，则安全（消防）专业需向自控专业提出设计条件，消防系统的电缆如果需要在自控专业的电缆汇线槽内敷设时，需向自控专业提出设计条件，由自控专业在相应的电缆汇线槽内预留空间。

自控专业应向安全（消防）专业提出控制室内设备的消防要求，由安全（消防）专业负责设计。

气体检测器的设置要求、数量和布置图由安全（消防）或工艺专业负责。检测器的选型、采购和安装设计由自控专业负责。

第四节　自控设计中常用标准和规定

自控工程设计中，有如下一些常用标准和规定，在设计时可参照执行。

① 自控专业施工图设计内容深度规定（HG 20506）；

② 化工装置自控工程设计规定（HG/T 20636～20639）；

③ 过程检测和控制流程图用符号和文字代号（GB 2625）；

④ 过程检测和控制系统用文字代号和图形符号（HG 20505）；

⑤ 流量测量节流装置用孔板、喷嘴和文丘里测量充满圆管的流体流量（GB/T 2624—93）；

⑥ 自动化仪表选型规定（HG 20507）；

⑦ 控制室设计规定（HG 20508）；

⑧ 仪表供电设计规定（HG 20509）；

⑨ 仪表供气设计规定（HG 20510）；

⑩ 信号报警联锁系统设计规定（HG 20511）；

⑪ 仪表配管配线设计规定（HG 20512）；

⑫ 仪表系统接地设计规定（HG 20513）；

⑬ 仪表及管线伴热和绝热保温设计规定（HG 20514）；

⑭ 仪表隔离和吹洗设计规定（HG 20515）；

⑮ 自动分析器室设计规定（HG 20516）；

⑯ 分散控制系统工程设计规定（HG/T 20573）；

⑰ 调节阀口径计算（美国国家标准协会 ANSI FCI62-1）；

⑱ 自控安装图册（HG/T 21581）；

⑲ 钢制管法兰国家标准汇编（GB 9112～9128）；

⑳ 工业自动化仪表工程施工及验收规范（GBJ 93）；

㉑ 自动化仪表安装工程质量检验标准（GBJ 131）；

㉒ 石油化工仪表工程施工技术规程（中石化工程建设标准 SHJ 521）；

㉓ 工业控制计算机系统验收大纲（JB/T 5234）。

第二章 自控设计常用图例符号使用说明

为了便于读图和简化文字叙述，工程上需用到一系列工程语言即所谓设计代号，在设计中要统一使用这些设计代号来绘图。下面介绍 1993 年 9 月 1 日起施行的化工部标准 HG 20505—92《过程检测和控制系统用文字代号和图形符号》中的部分内容，以供消化该标准，并参照使用。

第一节 工艺控制流程图中的图形符号

过程检测和控制系统的图形符号，一般来说，由检测点、连接线（引线、信号线）和仪表图形符号三部分组成。

一、检测点（包括检测元件、取样点）的图形符号

检测点是由过程设备或管道符号引到仪表圆圈的两连接线的起点，一般无特定的图形符号，如图 2-1（a）、（b）所示。必要时，检测元件或检测仪表也可以用象形或图形符号表示，如图 2-2 所列图形符号。

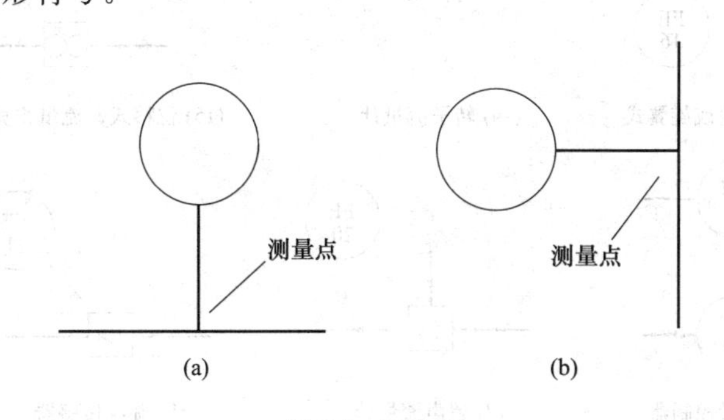

图 2-1 检测点

二、连接线的图形符号

1. 信号连接线

① 在控制流程图中，通用的仪表信号线和能源线，仪表圆圈与过程检测点的连接引线用符号细实线表示，如图 2-3 所示。

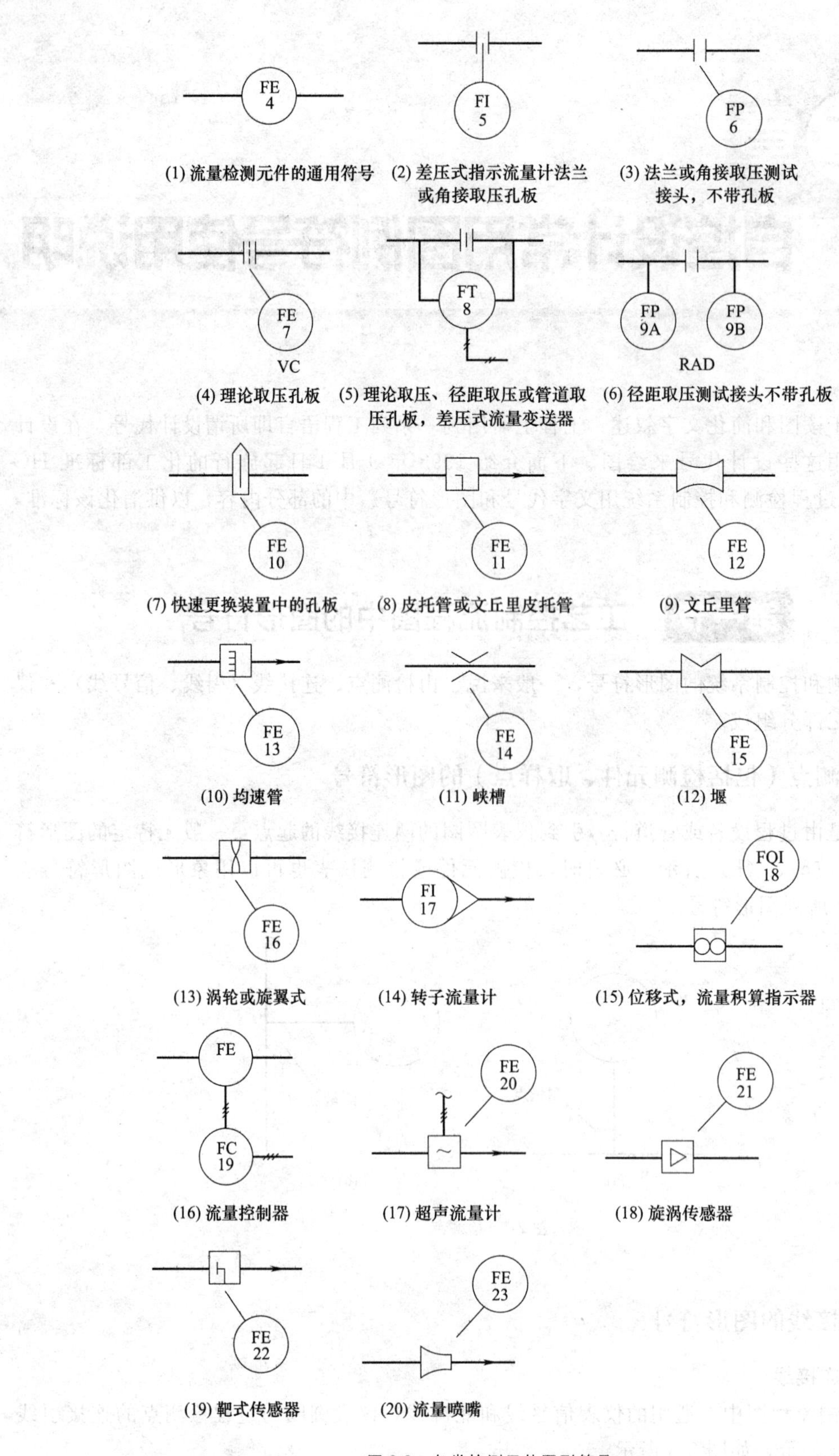

(1) 流量检测元件的通用符号　(2) 差压式指示流量计法兰或角接取压孔板　(3) 法兰或角接取压测试接头，不带孔板

(4) 理论取压孔板　(5) 理论取压、径距取压或管道取压孔板，差压式流量变送器　(6) 径距取压测试接头不带孔板

(7) 快速更换装置中的孔板　(8) 皮托管或文丘里皮托管　(9) 文丘里管

(10) 均速管　(11) 峡槽　(12) 堰

(13) 涡轮或旋翼式　(14) 转子流量计　(15) 位移式，流量积算指示器

(16) 流量控制器　(17) 超声流量计　(18) 旋涡传感器

(19) 靶式传感器　(20) 流量喷嘴

图 2-2　各类检测元件图形符号

② 当需要标注信号的能源类别时，可采用相应的缩写字母标注在能源线符号之上，例如：AS-0.14 为 0.14MPa 的空气源，ES-24DC 为 24V 的直流电源。

③ 当通用的仪表信号线为细实线可能造成混淆时，为区分信号线的类别，可采用表 2-1 所列的图形符号。

[线宽(0.25～0.3)*b*] (*b*—主线条宽度)

图 2-3 连接线的符号

表 2-1 仪表信号线

序号	信号线类别	图形符号	备注
1	气压信号线	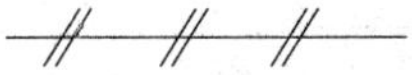	短划线与细实线成 45°角，下同
2	电信号线	 或 	
3	导压毛细管		
4	液压信号线	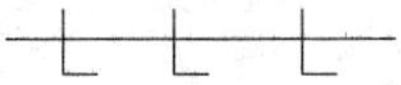	
5	电磁、辐射、热、光、声波等信号线（有导向）	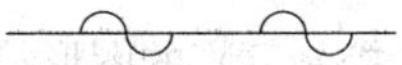	
6	电磁、辐射、热、光、声波等信号线（无导向）	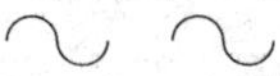	
7	内部系统链（软件或数据链）		
8	机械链		
9	二进制电信号	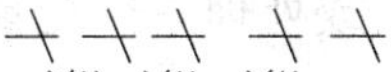 或 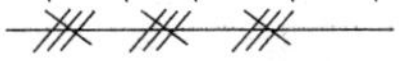	
10	二进制气信号		

2. **信号线的方向**

在复杂调节系统中，有时需要表明信号的流动方向，这时可在信号线符号上标注箭头，以通用信号线为例，如图 2-4 所示。

图 2-4 信号线的方向标注

3. **信号连接线的交叉连接线**

信号连接线的交叉连接线的交叉符号可有两种方式，但是在同一工程中，只能选其中一种表示。

① 连接线的交叉为断线；连接线相接不打点，如图 2-5（a）、(b) 所示。

② 连接线的交叉不断线；连接线相接则需打点，如图 2-6（a）、(b) 所示。

图 2-5　连接线交叉为断线的表示方式

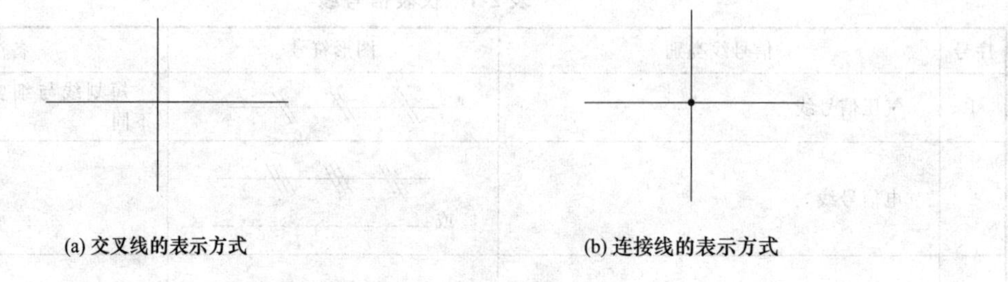

图 2-6　连接线的交叉不断线的表示方式

三、仪表图形符号

1. 常规仪表图形符号

① 仪表（包括检测、显示、控制等）的图形符号是一个细实线圈，直径为 12mm（或 10mm）。需要时允许圆圈断开，如图 2-7 所示。

图 2-7　常规仪表图形符号

② 处理两个或多个变量，或处理一个变量但有多个功能的复式仪表，可用相切的仪表圆圈表示，如图 2-8 所示。

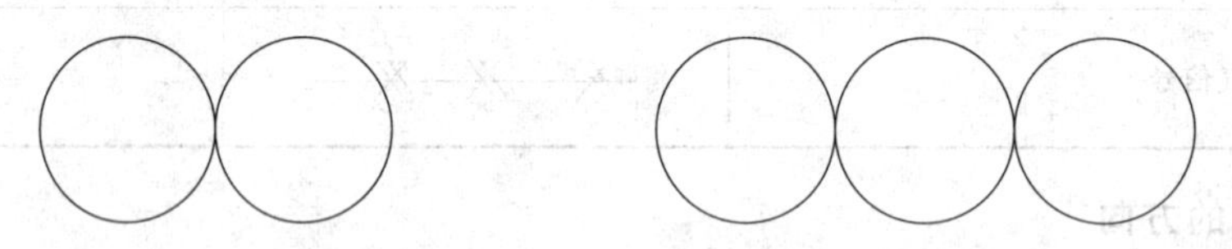

图 2-8　复式仪表的图形符号

③ 当两个检测点引到一台复式仪表上，而两个检测点在图纸上相距较远或不在同一图纸上时，可分别用两个相切的实线圆圈和虚线圆圈表示，如图 2-9 所示。

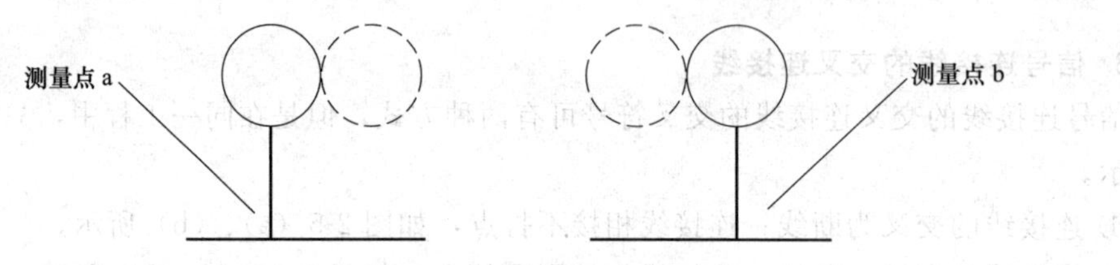

图 2-9　两个检测点共用一台复式仪表的图形符号

2. **集散系统仪表图形符号**

① 集散系统仪表的图形符号是用直径为12mm（或10mm）的细实线圆圈，外加与圆圈相切的细实线方框表示，如图2-10所示。

② 集散系统的一个部件具有计算机功能的图形符号，可用对角线长为12mm（或10mm）的细实线六边形表示，如图2-11所示。

③ 集散系统内部连接的可编程逻辑控制器的功能图形符号用边长为12mm的（或10mm）外四方形，内接各边中点相连的正方形表示，如图2-12所示。

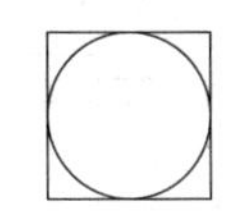

图2-10 集散系统仪表的图形符号

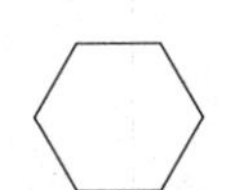

图2-11 集散系统的一个部件具有计算机功能的图形符号

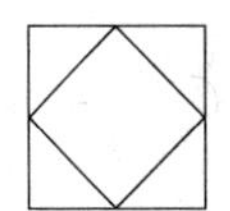

图2-12 可编程控制器的图形符号

四、仪表安装位置的图形符号

表示仪表安装位置的图形符号如表2-2所示。

表2-2 仪表安装位置的图形符号

项目	主要位置 ＊＊＊操作员监视用	现场安装 正常情况下，操作员不监视	辅助位置 操作员监视用
离散仪表	(1) [1＊]＊＊	(2)	(3)
共用显示 共用控制	(4)	(5)	(6)
计算机功能	(7)	(8)	(9)
可编程逻辑控制功能	(10)	(11)	(12)

注：＊—图形符号的尺寸根据使用者的需要可以改变，在较大的图纸文件中推荐应用表中的实际尺寸。
＊＊—在需要时标注仪表盘号或操作台。
＊＊＊—正常情况下操作员不监视，或盘后安装的仪表设备或功能，仪表图形符号可表示为：

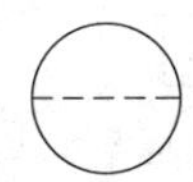
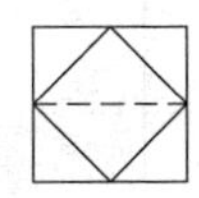
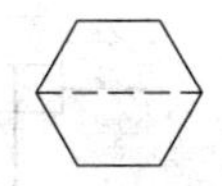

五、调节阀阀体、风门的图形符号

调节阀阀体、风门的图形符号如表2-3所示。

表 2-3　调节阀阀体、风门的图形符号

(1)	(2)	(3)	(4)
截止阀	角阀	三通阀	四通阀
(5)	(6)	(7)	(8) X
球阀	蝶阀	旋塞阀	其他型式的阀(X代表什么型的阀)
(9)	(10)	(11)	(12)
隔膜阀		风门或百叶窗	
(13)			
闸阀			

六、执行机构的图形符号

执行机构的图形符号如表 2-4 所示。

表 2-4　执行机构的图形符号

(1)	(2)	(3) M	(4) D
带弹簧的薄膜执行机构	不带弹簧的薄膜执行机构	电动执行机构	数字执行机构
(5)	(6)	(7) S	(8)
活塞执行机构单作用	活塞执行机构双作用	电磁执行机构	带手轮的气动薄膜执行机构

续表

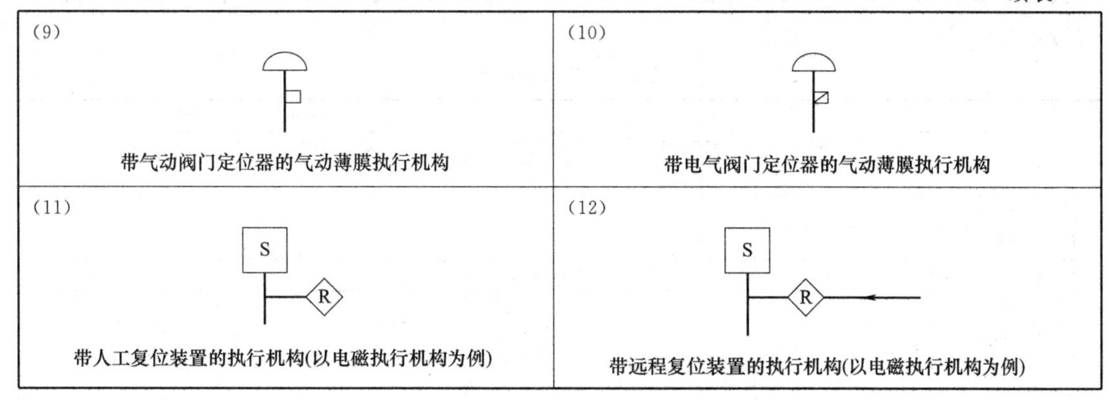

七、执行机构能源中断时调节阀位置的图形符号

执行机构能源中断时，调节阀位置的表示方法可见表 2-5 图形符号所示。

表 2-5 执行机构能源中断时调节阀位置的图形符号

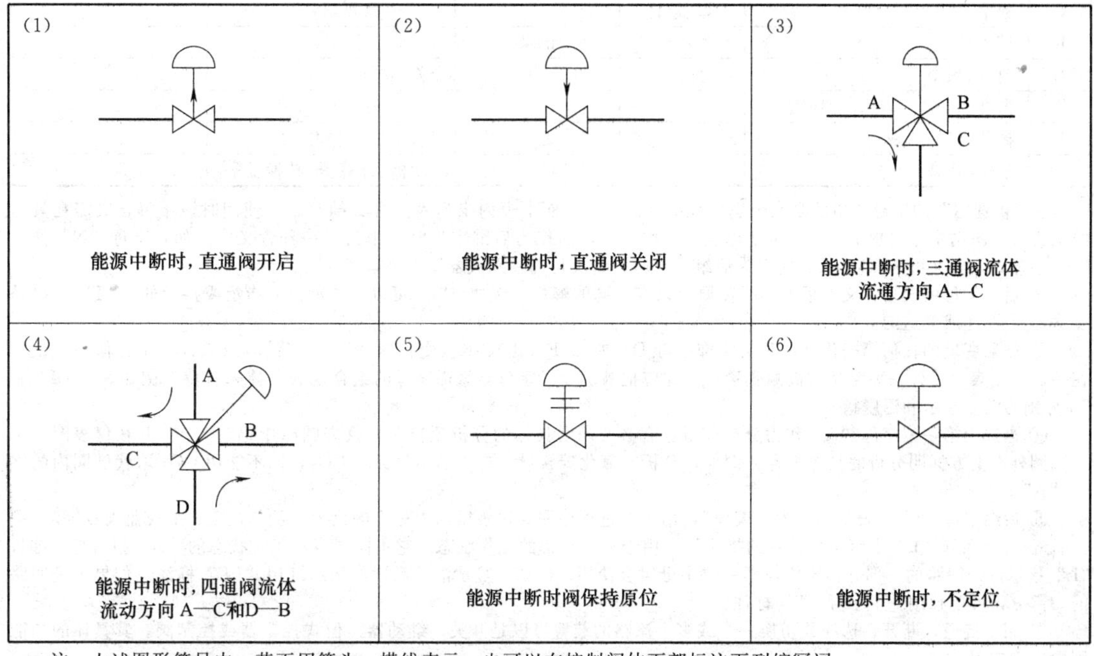

注：上述图形符号中，若不用箭头、横线表示，也可以在控制阀体下部标注下列缩写词。
FO—能源中断时阀开启；
FC—能源中断时阀关闭；
FL—能源中断时阀保持原位；
FI—能源中断时任意位置。

第二节 常用字母代号

一、仪表位号中表示被测变量和仪表功能的字母代号

在工艺控制流程图的仪表图形符号或技术文件中，填写仪表位号时，需要用一些英文字

母去表示被测的变量和仪表的功能，以简化文字叙述。表示被测变量和仪表功能的常见字母代号，见表 2-6。

表 2-6　常见字母代号

字母代号	第一位字母		后继字母		
	被测变量或引发变量	修饰词	读出功能	输出功能	修饰词
A	分析④		报警		
C	电导率			控制⑦	
D	密度	差③			
E	电压(电动势)		检测元件		
F	流量	比(分数)③			
G	供选用①		视镜、观察⑤		
H	手动				高⑪
I	电流		指示		
K	时间、时间程序	变化速率③		操作器⑧	
L	物位		灯⑥		低⑪
N	供选用①		供选用①	供选用①	供选用①
O	供选用①		节流孔		
P	压力、真空		测试点		
Q	数量	计算、累计③			
R	核辐射		记录		
S	速度、频率	安全⑨		开关、联锁	
T	温度			变送	
V	振动、机械监视			阀、风门、百叶窗⑦	
Y	事件、状态			继动器、计算器、转换器⑦⑩	

①“供选用”的字母，指的是在个别设计中反复使用，而本表内未列入其含义的字母，使用时该字母含义需在具体的工程设计图例中作出规定，第一位字母表示一种含义，而作为后继字母时，则为另一种含义。例如，字母“N”作为第一字母时，含义可为“应力”；而作为后继字母时，含义可为“示波器”。

② 后继字母的确切含义，根据实际需要可以有不同的解释。例如，“I”可以是指示仪、指示或指示的；“T”可以是变送器、变送或变送的。

③ 被测变量的任何第一位字母若与修饰字母 D（差）、F（比）、K（变化速率）、Q（计算或累计）中任何一个组合在一起，则表示另外一种含义的被测变量。因此应把被测变量字母与修饰字母的组合视为一体来看待。例如，“TDI”和 TI 分别为温差指示和温度指示。

④ 当选用第一位字母“A”作为分析变量且有必要表明具体的分析项目时，仪表圆圈中仍写“A”并在仪表图形符号圆圈外右上方标明分析的具体内容。例如，分析二氧化碳含量，应在圆圈外标注 CO_2，而不能用 CO_2 取代圆圈内的字母“A”。

⑤ 后继字母“G”，表示功能为“玻璃”，用于对过程检测直接观察而无标度的仪表，例如视镜、电视监视器等。

⑥ 后继字母“L”表示单独设置的指示灯，用于显示正常的工作状态。它不同于表示正常状态的“A”报警灯。如果“L”指示灯是回路的一部分，则应与第一位字母组合使用。例如，显示液位高度的指示灯用“LL”标注。如果不是回路的一部分，可单独用一个字母“L”标注。

⑦ 用于接通、断开、选择或切换一个或多个流路的装置可以是开关、继动器、位式控制器或控制阀。其具体的功能则取决于应用。

用于控制流体的装置，如果不是手动操纵的切断阀，则将其标注为控制阀，自力式控制阀应使用后继字母 CV 标注，以区别一般控制阀。

用于非流体的场合，如果它是自动的，并且在回路中是检测装置，其中用于报警、指示灯、选择或联锁的，则使用术语“开关”；而用于正常操作控制的则通常使用术语“位式控制器”；若用于非流体的场合，且是自动的，但是在回路中不是检测装置，其动作是由开关或位式控制器带动的，则使用术语“继动器”（或继电器）。

⑧ 后继字母“K”表示设备在调节回路内的自动-手动操作器。例如，流量调节回路的自动-手动操作器为“FK”，它区别于 HC——手动操作器。

⑨ 修饰字母“S”表示“安全”，仅用于检测元件检测仪表和终端控制元件的紧急保护。例如，“PSV”表示非正常状态下联锁动作的压力泄放阀和切断阀。

⑩ 用后继字母“Y”表示继动器（包括继电器）或计算功能时，应在仪表图形符号圆圈外（一般在右上方）标注它的具体功能。但是，如果功能明显时，也可以不加标注。例如，执行机构信号线上的电磁阀就无需附加标注。

⑪ 当字母“H”、“M”、“L”表示被测量值的“高”、“中”、“低”值时，应分别标注在仪表圆圈外的右上方。这时，H、M、L 只与被测量值相对应，而并非与仪表输出的信号值相对应；当使用字母“H”、“L”表示阀或其他通、断设备的开关位置时，规定如下：“H”表示阀在全开或接近全开位置；“L”表示阀在全关或接近全关位置。

二、继动器和计算器功能的附加符号

继动器和计算器的功能字母为“Y”，为了进一步表示继动器和计算器具体的功能，可以在仪表圆圈外右上方标注表 2-7 所示符号。

表 2-7 继动器和计算器功能的附加符号

序号	符号	功 能
1	Σ	加或总计(加或减)：输出等于输入信号的代数和
2	Σ/n	平均值：输出等于输入信号的代数和除以输入信号的数目
3	Δ	差值：输出等于输入信号的代数差
4	X 1:1 1:2	比例：输出与输入成正比
5	∫	积分：输出随输入信号的幅度和持续时间而变化，输出与输入信号的时间积分成正比
6	$\mathrm{d}/\mathrm{d}t$	微分：输出与输入信号的变化率成比例
7	×	乘法：输出等于两个输入信号的乘积
8	÷	除法：输出等于两个输入信号的商
9	$\sqrt[x]{\ }$	方根：输出等于输入信号的平方根、三次方根、3/2 次方根等

续表

序号	符号	功　能
10	>	高选：输出等于几个输入信号中的最大值
11	<	低选：输出等于几个输入信号中的最小值
12	≯	上限：输出等于输入（$X \leqslant H$ 时）或输出等于上限值（$X \geqslant H$ 时）
13	≮	下限：输出等于输入（$X \geqslant H$ 时）或输出等于下限值（$X \leqslant H$ 时）
14	*/*	表示输入/输出，字母对应关系如下：E—电压；I—电流；H—液压；P—气压；A—模拟；D—数字

第三节　仪表位号表示方法

① 仪表位号的表示方法和编制时应遵循的主要规定和原则如下。

在检测、控制调节系统中，构成一个回路的每一台仪表（或元件）都有自己应有的仪表位号，以作为所在位置的标识。仪表位号由字母代号组合和由阿拉伯数字构成的回路编号组成。仪表位号中的第一位字母表示被测变量，后继字母表示仪表的功能；回路的数字编号包括装置的工序号和回路的顺序号，一般用 3～5 位阿拉伯数字表示，举例如下：

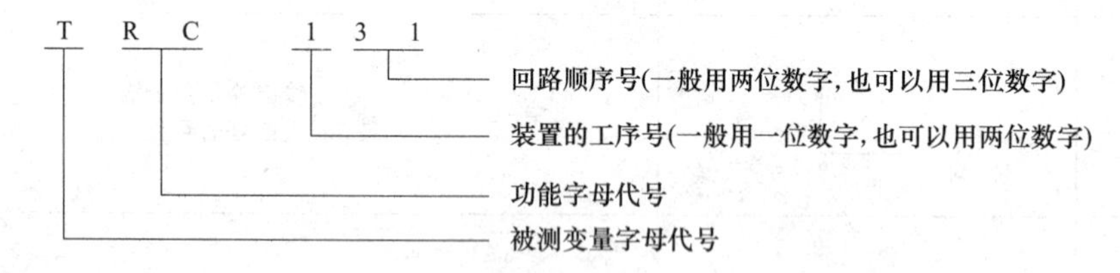

② 在带控制点的工艺流程图和仪表系统图上，仪表位号的标注方法是：字母代号填写在仪表圆圈的上半圆中；回路编号填写在下半圆中，示例如图 2-13 所示。

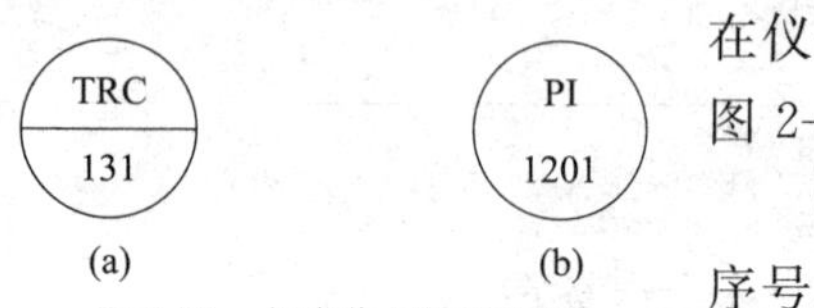

图 2-13　仪表位号标注示例

③ 同一个装置的同类被测变量的仪表位号中的回路顺序号应是连续的，但允许中间有空号；不同被测变量的回路顺序号不能连续编号。这就是说，仪表位号应按被测变量的不同进行分类。如温度参数的仪表位号可编为：

TRC-101；TRC-102；TRC-103；…

流量参数的仪表位号可编写为：

FRC-101；FRC-102；FRC-103；…

但以下编号是不允许的，如：TRC-101；FRC-102；FRC-103；TRC-104；…

④ 多机组的仪表位号一般按顺序编制，而不用相同位号加尾缀的方法。

⑤ 如果同一个仪表回路中，有两个以上具有相同功能的仪表，可用仪表位号后附加尾缀（大写英文字母）的方法加以区别。例如：TT-201A、TT-201B 表示同一回路内的两台温度变送器；FV-101A、FV-101B 表示同一回路内的两个流量调节阀。

⑥ 当属于不同装置或工段的多个检测元件共用一台显示仪表时，显示仪表位号在回路编号中，不编写工序号，只编制顺序号；在显示仪表回路编号后可加阿拉伯数字顺序号尾缀的方法表示检测元件的仪表位号。例如：多点温度指示仪的仪表位号为 TI-1，相应的检测元件仪表位号为 TE-1-1，TE-1-2，…。

⑦ 当一台仪表由两个或多个回路共用时，各回路的仪表位号都应标注。例如：一台双笔记录仪记录流量和压力时，仪表位号为 FR-121/PR-131；若用于记录两个回路的压力时，仪表位号应为 PR-123/PR-124 或 PR-123/124。

⑧ 仪表位号的第一位字母代号（或是被测变量与修饰字母的组合）只能按被测（或被控）变量来选用，而不是按照仪表的结构或调节变量来选用。例如：当被测变量为流量时，差压式记录仪应标注 FR，而不是 PDR，调节阀应标注 FV；当被测变量为差压时，差压式记录仪标注 PDR，调节阀应标注 PDV。

⑨ 多功能仪表后继字母应按 IRCTQSA 的顺序标注（一般，仪表位号的字母代号最好不要超过 4 个字母）。当一台仪表具有指示、记录功能时，仪表位号的功能字母代号只标注字母“R”，而不用标注“I”；若一台仪表具有开关、报警功能时，只标注字母代号“A”，而不标注“S”，但如果出现字母“SA”时，则表示这台仪表具有联锁和报警功能。

⑩ 在允许简化的设计文件中，构成一个仪表回路的一组仪表，可以用主要仪表的仪表位号来表示。例如：T-131 可以代表一个温度检测回路；FRC-120 可以代表一个流量调节回路。

以上介绍的是仪表位号的表示方法和编制时应遵循的主要规定和原则，必要时还可参阅化工部部颁标准 HG 20505—92 的其他有关规定。

第四节 仪表图形符号在工艺控制流程图中的常用画法举例

一、温度

温度参数的检测、控制（调节）回路的常用画法，见表 2-8 示例。

表 2-8 温度参数的检测、控制（调节）回路的常用画法

内容	方法一	方法二
(1)自力式温度控制阀	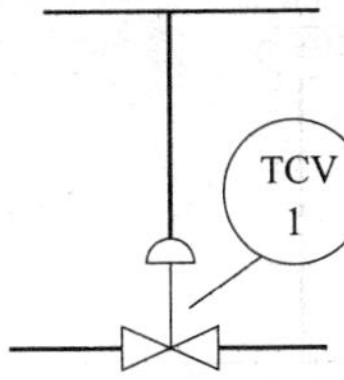 TCV 1	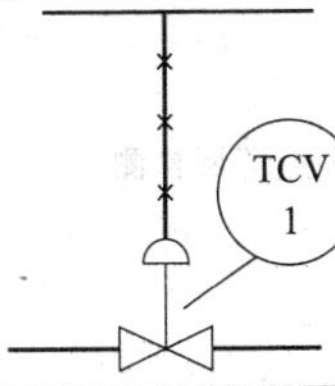 TCV 1

续表

内容	方法一	方法二
(2)带测温套管的测试接头	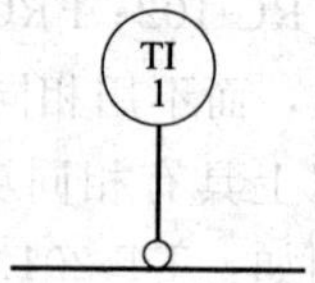 TI 1	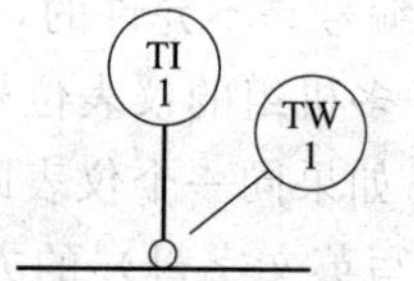 TI 1, TW 1
(3)表面安装的温度元件	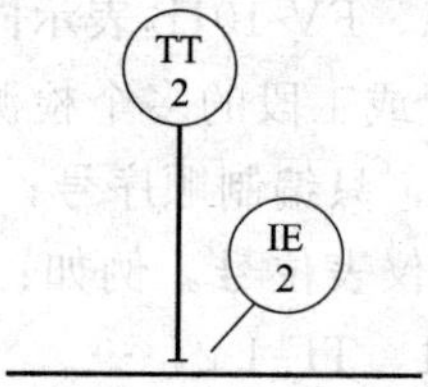 TT 2, IE 2	
(4)温度指示、报警(方法一中，表示被测变量上、中、下限报警点的 H、M、L 可不表示，下同)	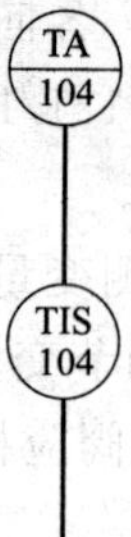 TA 104, TIS 104	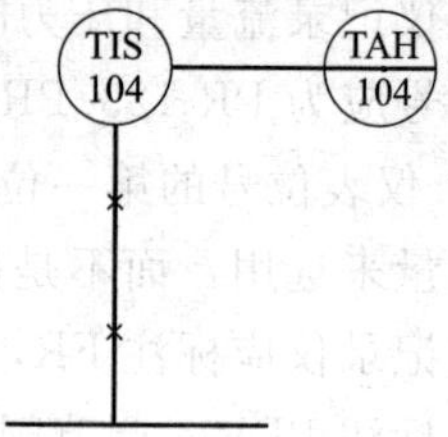 TIS 104, TAH 104
(5)温度指示(热辐射式)	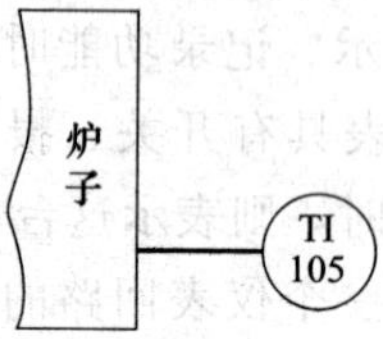 炉子, TI 105	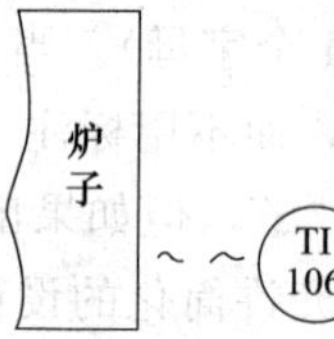 炉子, TI 106
(6)温度记录(热辐射式)	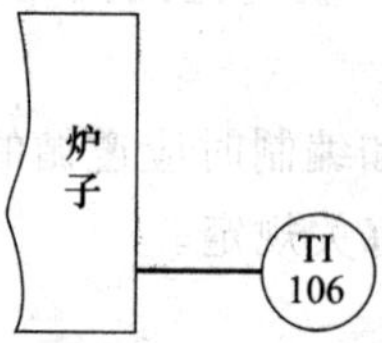 炉子, TI 106	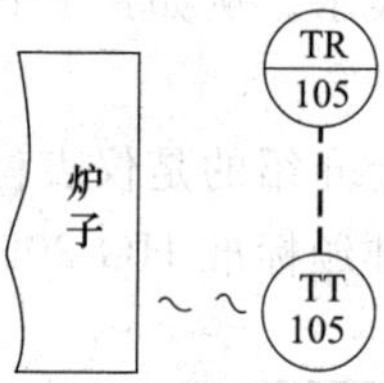 炉子, TR 105, TT 105
(7)温度指示(带手动多点切换开关，位号 TS-107)	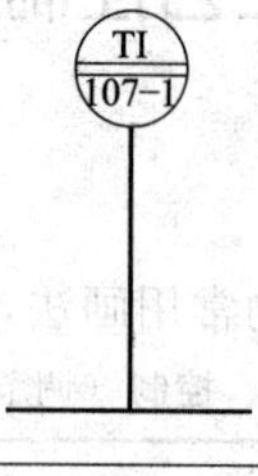 TI 107-1	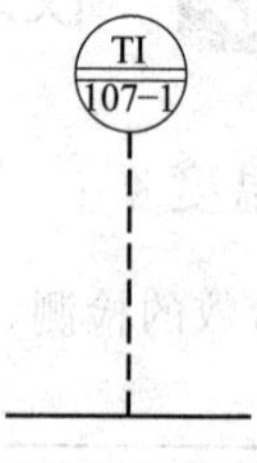 TI 107-1
(8)温度多点巡回检测	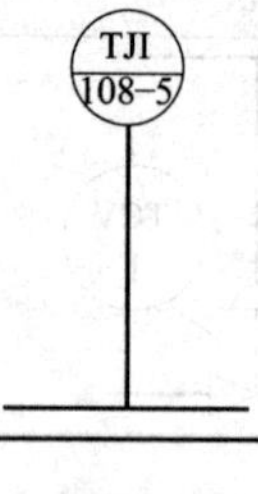 TJI 108-5	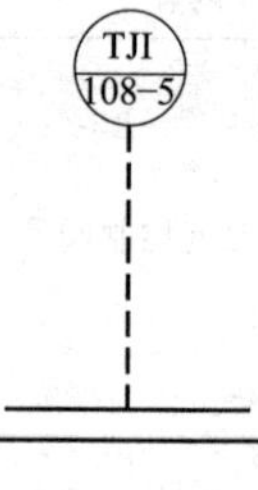 TJI 108-5

续表

内容	方法一	方法二
(9)温度指示和记录(并联接线测温元件位号:TE-1-15/109-3)	TI 1-15; TJR 109-3	TI 1-15; TJR 109-3
(10)温度指示和记录、联锁、报警(双支测温元件位号:TE-110-4/111)	TIR 110-4; TISA 111	至联锁系统; TIR 110-4; TIS 111; TA 111
(11)多点温度记录(在设备上一个套管内的不同高度处安装三个测温元件)	TJR 112-1-3; 设备	TE 112-1-3; TJR 112; 设备
(12)多点温度巡回指示、联锁、报警	TJIA 113-7; 压缩机	至联锁系统; TAHH 113-7; TJIS 113-7; TAH 113-7; 压缩机
(13)温度指示和记录(2×3点式测温元件)	TI 1-32-34; TIR 114-4-3; TIR 114-4-6; TI 1-33-37; 设备	TIR 114; TI 1; TE 114-1-3; TE 1-32-34; TS 1; TE 1-35-37; TE 114-4-6; 设备

续表

内容	方法一	方法二
(14)温度指示记录、报警(多个双支测温元件)	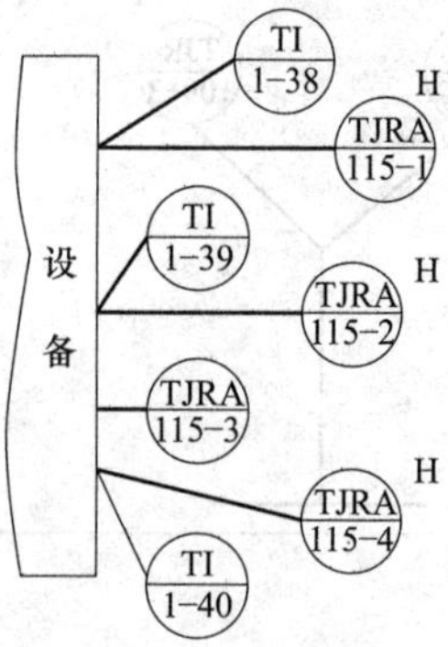 设备 TI 1−38 TJRA 115−1 H TI 1−39 TJRA 115−2 H TJRA 115−3 TJRA 115−4 H TI 1−40	设备 TI 1−38 TJRS 115−1 TAH 115−1 TI 1−39 TJRS 115−2 TAH 115−2 TJRS 115−3 TAH 115−3 TJRS 115−4 TAH 115−4 TI 1−40
(15)温差指示、报警	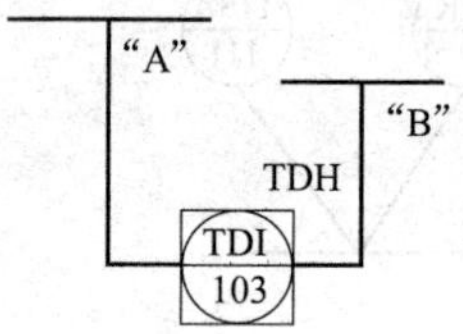 "A" "B" TDH TDI 103	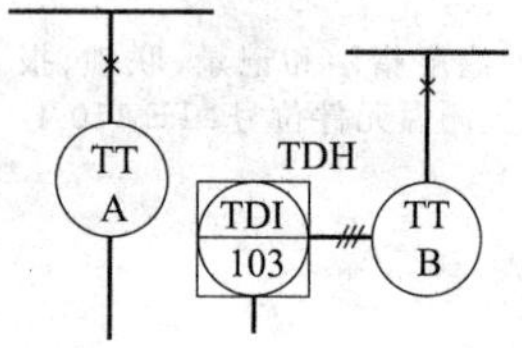 TT A TDH TDI 103 TT B
(16)温度指示、报警和记录控制系统	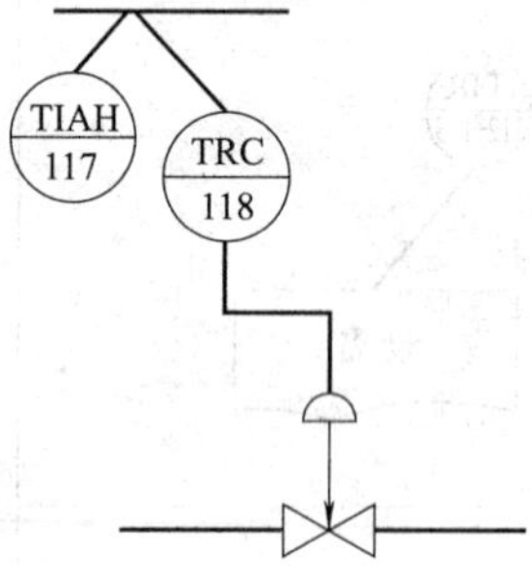 TIAH 117 TRC 118	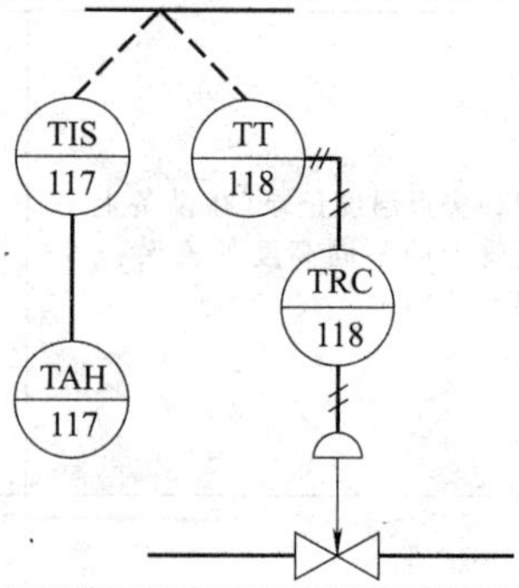 TIS 117 TT 118 TRC 118 TAH 117
(17)带手动切换的温度指示控制系统	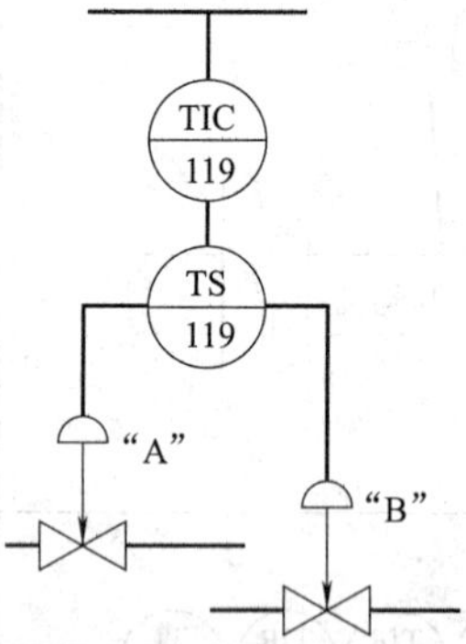 TIC 119 TS 119 "A" "B"	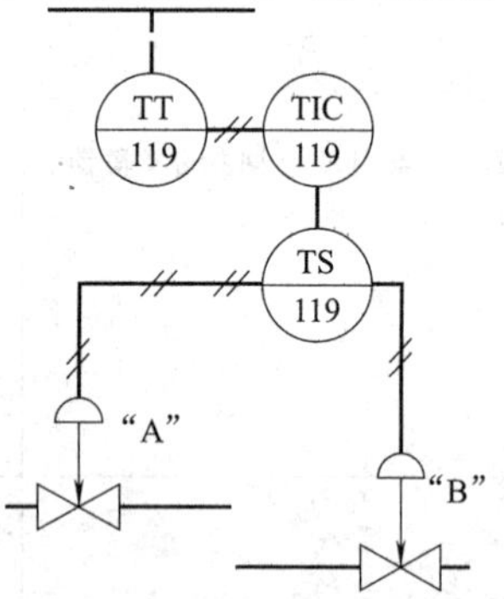 TT 119 TIC 119 TS 119 "A" "B"
(18)带远距离手动设定的温度指示控制系统	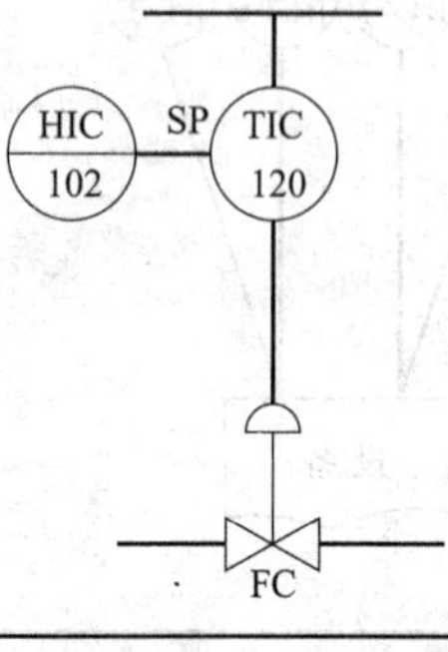 HIC 102 SP TIC 120 FC	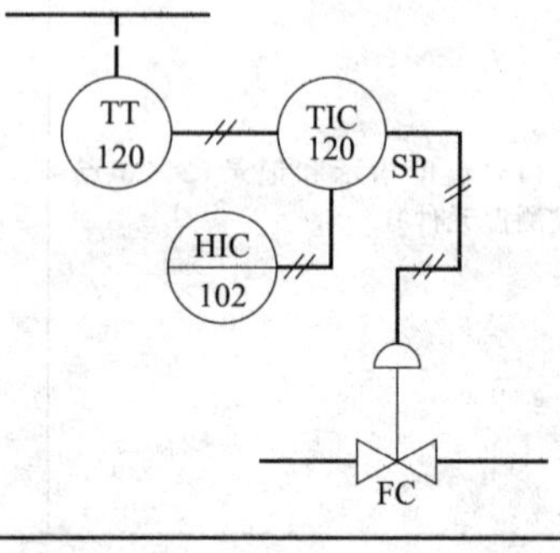 TT 120 TIC 120 SP HIC 102 FC

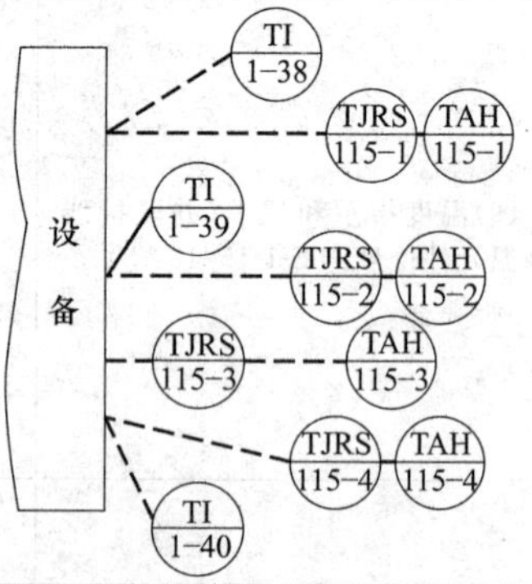

续表

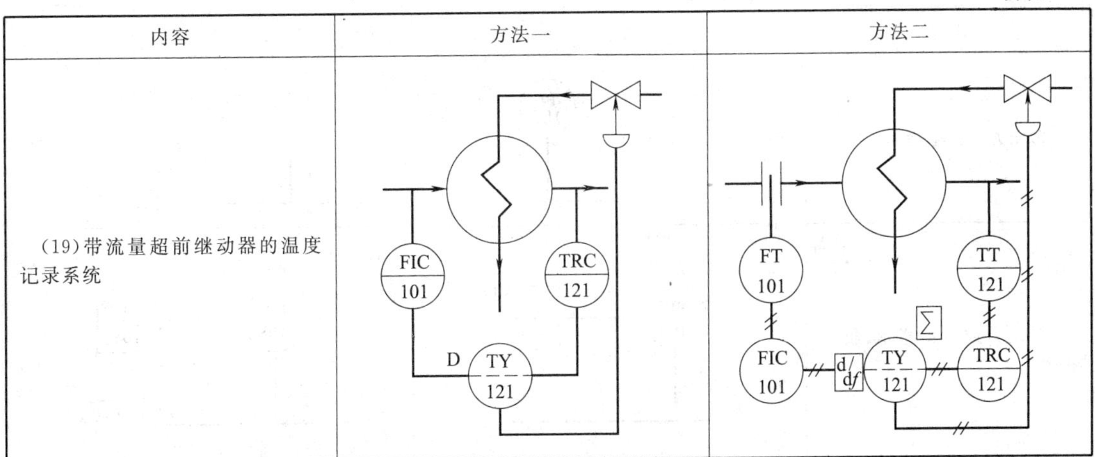

内容	方法一	方法二
(19)带流量超前继动器的温度记录系统	FIC 101, TRC 121, D, TY 121	FT 101, TT 121, ∑, FIC 101, d/df, TY 121, TRC 121

二、压力(或真空)

压力(或真空)参数的检测、控制(调节)回路的常用画法见表2-9示例。

表2-9 压力(或真空)参数的检测、控制(调节)回路的常用画法

内容	方法一	方法二
(1)带阀内取压的自力式阀后(或阀前)压力控制阀	PCV 1	PCV 2
(2)外部取压的自力式阀后(或阀前)压力控制阀	PCV 3	PCV 4
(3)带内部取压和外部取压的自力式差压控制阀	PDCV 5	
(4)氮封阀	PCV 6	
(5)压力或真空测试接头	PP 106	

续表

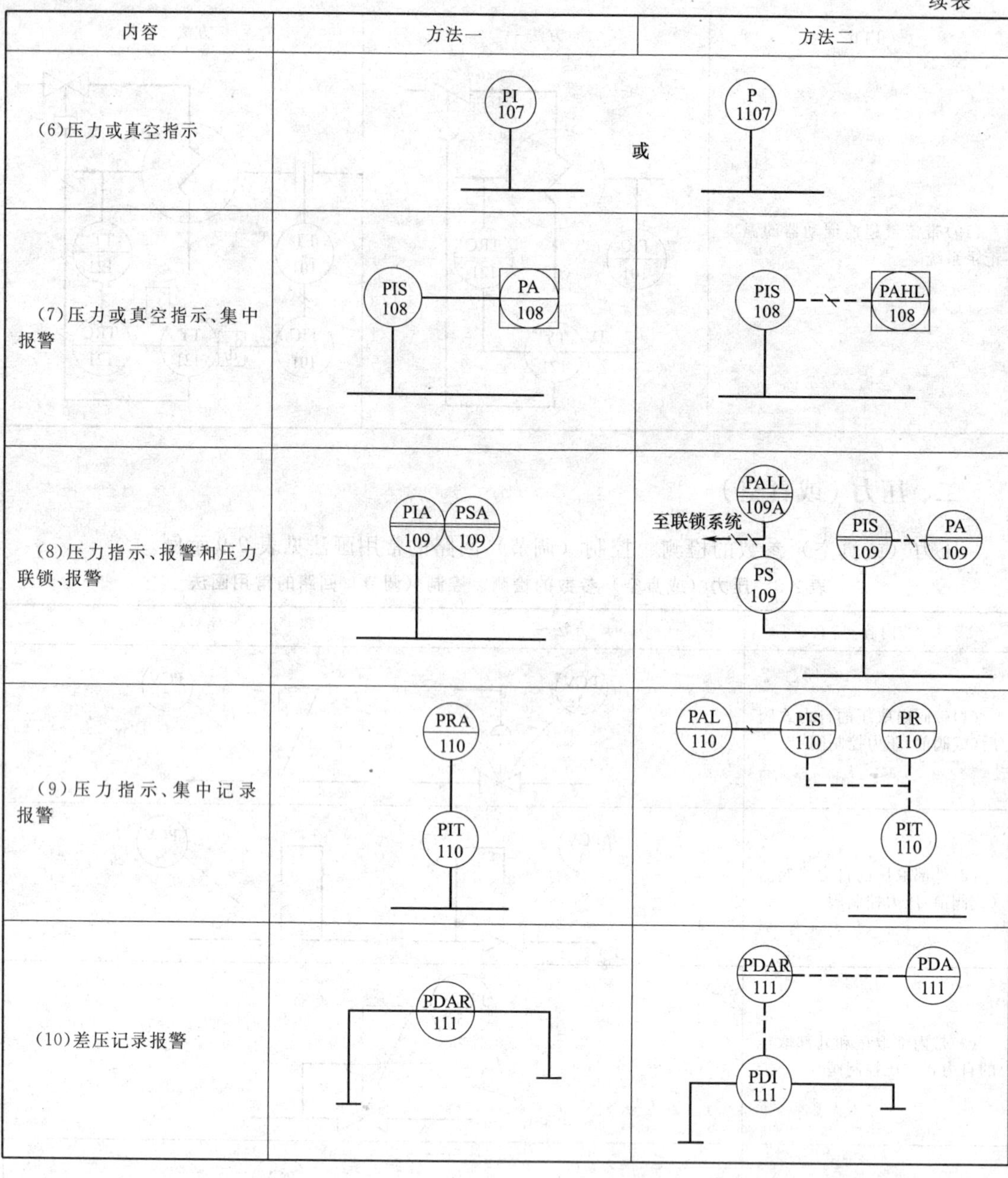

内容	方法一	方法二
(6)压力或真空指示	PI 107	或 P 1107
(7)压力或真空指示、集中报警	PIS 108, PA 108	PIS 108, PAHL 108
(8)压力指示、报警和压力联锁、报警	PIA 109, PSA 109	PALL 109A, 至联锁系统, PS 109, PIS 109, PA 109
(9)压力指示、集中记录报警	PRA 110, PIT 110	PAL 110, PIS 110, PR 110, PIT 110
(10)差压记录报警	PDAR 111	PDAR 111, PDA 111, PDI 111

控制工艺流程图的制定

根据工艺专业提出的监控条件绘制工艺控制图（PCD），是自控专业工程设计的核心工作，也是整个设计的龙头，所以必须认真配合工艺完成这首要的任务。

工艺控制流程图是在基础设计/初步设计阶段完成的。是自控专业根据工艺专业提交的工艺要求绘制的。工艺专业提交的自控设计条件有两种形式：一种是工艺流程图（PFD）和工艺说明、物料平衡表、主要控制说明等设计资料；一种为“仪表条件表”。基础设计阶段绘制的工艺控制图称为（PCD）1 版。在工程设计阶段，如果工艺流程图及控制方案没有大的变化，可不再绘制 PCD 2 版。若需要绘制 PCD 2 版，也要从工艺专业取得设计条件资料。也就是说工艺控制流程图最多绘制两版。无论哪一版绘制工艺控制流程图的要求是一样的。

第一节　控制方案的确定

一、控制方案的确定

进行生产过程的自控设计，首先要了解生产工艺过程的构成及特点。

石油化工生产过程的构成可由图 3-1 概括。

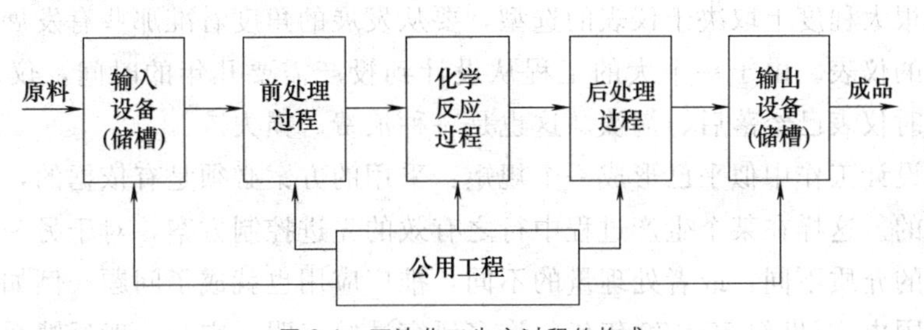

图 3-1　石油化工生产过程的构成

石油化工生产过程的主体，一般是化学反应过程。化学反应过程中所需的加工原料，首先送入输入设备。然后将原料送入前处理过程，对原料进行分离或精制，使它符合化学反应对原料提出的要求和规格。化学反应后的生成物进入后处理过程，在此将半成品提纯为合格的产品并回收未反应的原料和副产品，然后进入输出设备中储存。同时为了化学反应及前、后处理过程的需要，还有从外部提供必要的水、电、汽以及冷量等能源的公用工程。现代大多还有能量回收和三废处理系统等附加工程。

石油化工生产过程的特点是产品从原料加工到成品完成，流程都较长而复杂，并伴有副反应。工艺内部各变量间关系复杂，操作要求高。关键设备停车会影响全厂生产。大多数物料是以液体或气体状态在密闭的管道、反应器、塔与热交换器等内部进行各种反应、传质、传热过程。这些过程经常在高温、高压、易爆、易燃、有毒、有腐蚀、有刺激性臭味等条件下进行。

控制方案的正确确定应当在与工艺人员共同研究的基础上进行。要把自控设计提到一个较高水平，自控设计人员必须熟悉工艺，这包括了解生产过程的机理，掌握工艺的操作条件和物料的性质等。然后才能应用控制理论结合工艺情况确定所需的控制点，并决定整个工艺流程的控制方案。控制方案的确定主要包含以下几方面的内容：

① 根据工艺要求，确定被调参数和调节参数，组成自动控制（调节）系统；

② 确定所有的检测点及安装位置；

③ 生产安全保护系统的建立，包括声、光信号报警系统、联锁保护系统及其他保护性系统的设计。

二、在控制方案的确定中应处理好的几个关系

（一）可靠性与先进性的关系

在控制方案确定时，首先应考虑到它的可靠性，否则设计的控制方案不能被投运、付诸实践，将会造成很大的损失。在设计过程中，将会有两类情况出现，一类是设计的工艺过程已有相同或类似的装置在生产运转中，此时，设计人员只要深入现场进行调查研究，吸取现场成功的经验与原设计中不足的教训，其设计的可靠性是较易保证的；另一类是设计新的生产过程，则必须熟悉工艺，掌握控制对象，分析扰动因素，并在与工艺人员密切配合下确定合理的控制方案。

可靠性是一个设计成败的关键因素。但是从发展的眼光来看，要推动生产过程的自动化水平不断前进，先进性将是衡量设计水平的另一个重要标准。

先进性在很大程度上取决于仪表的选型，要从发展的角度看准那些有发展前景的、先进的、甚至超前的仪表。由于一个大的工程从设计到投产需要几年的时间，仪表选型过于保守，到投产之时仪表已经落后、淘汰。这也是一种浪费、损失。

当前，在设计工作中似乎已形成一个规矩：采用的方案必须是有依据的，经过实践检验是有效和成熟的。这样在某个生产过程中行之有效的先进控制方案，对于另一个生产过程来说，由于处理的介质不同，或者处理量的不同，推广应用也就成了问题。例如已很成熟的前馈控制系统，国内20世纪50～70年代的许多研究试验表明，它与一般反馈系统相比具有许多长处，但在设计中采用的还是不多。所以在考虑自控方案时，必须处理好可靠性与先进性之间的关系，一般来说，可以采用以下两种方法。

一种是留有余地，为下一步的提高水平创造好条件。也就是在眼前设计时要为将来的提高留好后路，不要造成困难。

另一种是作出几种设计方案，可以先投运简单方案，再投运下一步的方案。采用集散系统及数字调节器时，完全可以通过软件来改变方案。

（二）自控与工艺、设备的关系

要使自控方案切实可行，自控设计人员熟悉工艺，并与工艺人员密切配合是必不可少的。然而，目前大多数是先定工艺，再确定设备，最后配自控系统。由工艺方面来决定自控方案，而自动化方面的考虑不能影响到工艺设计的做法，是目前国内普遍采用的方法。自控人员长期处于被动状态并不是正常现象，相反在国外工艺、设备与自控三者的整体优化是现代石油化工工程设计的标志，这是大系统要解决的问题。

（三）技术与经济的关系

设计工作除了要在技术上可靠、先进外，还必须考虑经济上的合理性。所以在设计过程中应在深入实际调查的基础上，进行方案的技术、经济比较。

处理好技术与经济的关系。要看到自控水平的提高将会增加仪表部分的投资，但可能从改变操作、节省设备投资或生产效益、节省能源等方面得到补偿。但又要看到，自控方案越复杂，采用的仪表越先进，并不一定是自动化水平就越高。盲目追求而无实效的做法，不代表技术的先进，而只能造成经济上的损失。此外，自动化水平的高低也应从工程实际出发，对于不同规模和类型的工程，作出相应的选择，使技术和经济得到辨证的统一。

第二节 控制流程图的绘制

根据“新体制”的要求，属于流程图类的图纸有控制工艺流程图（PCD）、管道仪表流程图（P&ID）、半模拟盘流程图、DCS 系统中的工艺流程显示图，这些图纸有一定的内部联系，要求各有不同，而且是在不同的设计阶段进行绘制的。

在基础设计/初步设计阶段中，在自控方案确定后，即可绘制控制工艺流程图（PCD）。根据工艺专业给出的工艺流程图，按其流程顺序标注控制点和控制系统。控制流程图中所采用的图例符号按有关的技术规定进行，可参见化工部设计标准《过程检测和控制系统用文字代号和图形符号》（HG 20505—92）；国家标准《过程检测和控制流程图用图形符号和文字代号》（GB 2625—81）。

绘制工艺管道及控制流程图时，可把工艺专业的流程图，按照各设备上控制点的密度，在布局上作适当的调整，以免图面上出现疏密不均的情况。通常，设备进出口控制点尽可能标注在进出口附近。有时为照顾图面质量可适当移动某些控制点的位置。控制系统可自由处理。

对管网系统的控制点最好都标注在最上面一根管子的上面。

为说明控制工艺流程图的绘制，作为一个示例，图 3-2 绘制出某工艺装置中精馏过程控制流程图。

管道仪表流程图（P&ID）与控制工艺流程图（PCD）的绘制原则相同。半模拟盘流程图用于常规仪表控制系统中，它应表示出装置的主要流程，包括主要工艺设备、管道和检测控制系统等的图示。根据需要，设置动设备和控制阀运行状态的灯光显示装置。DCS 中的工艺流程显示图属计算机绘图，应采用过程显示图形符号，按装置单元绘制带有主要设备和管路的流程画面，包括检测控制系统的仪表位号和图形符号、设备和管路的线宽与颜色、进出物料名称、设备位号、动设备和控制阀的运行状态显示等。工艺流程显示图示例见图 3-3。

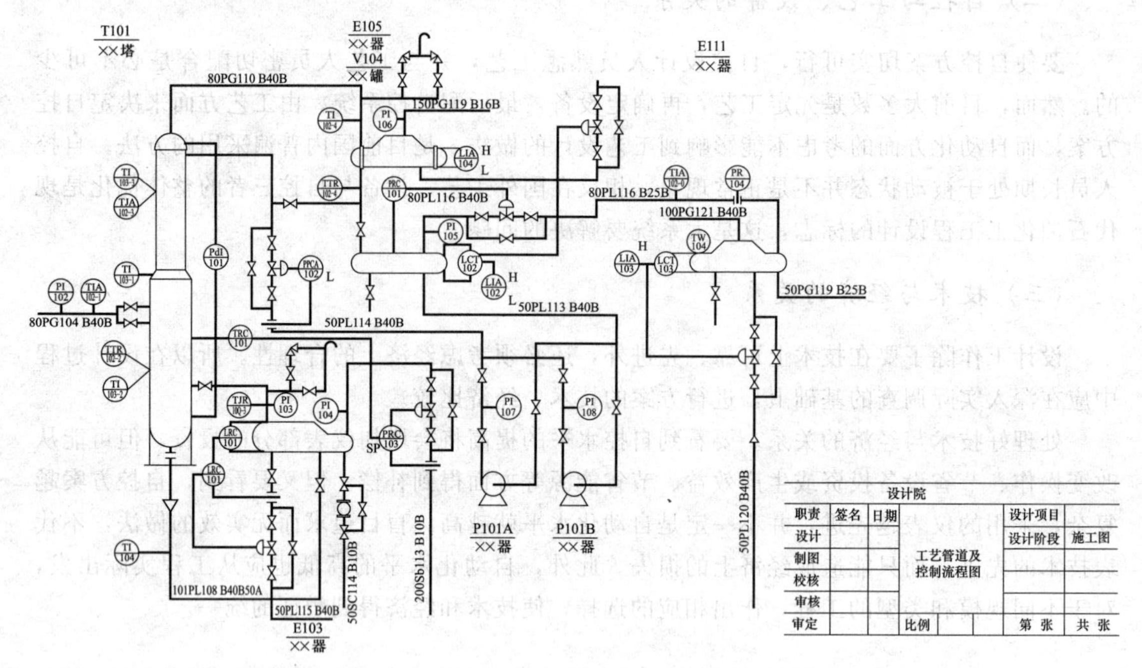

图 3-2　工艺管道及控制流程图示例

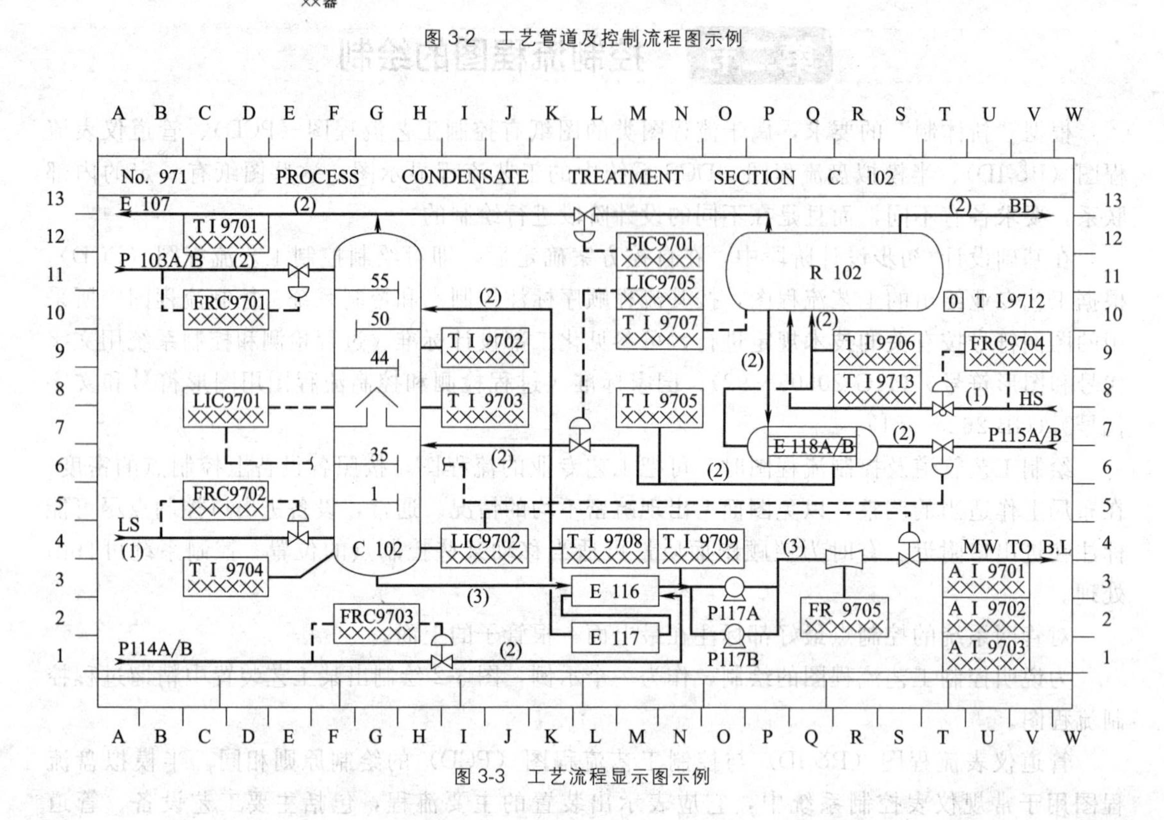

图 3-3　工艺流程显示图示例

Chapter 04

仪表设计表格的编制

“新体制”中仪表设计中涉及的设计文件（文字类）包括：仪表设计规定、仪表索引、仪表数据表、仪表技术说明书、仪表施工安装要求、仪表安装材料表等各类自控仪表表格的编制，是自控设计中的一个主要的设计文件。在这些表格中将反映出设计中所使用的仪表等设备的类型、规格、数量及在系统中的位置等，为设计投资的核算、设备的订货等提供依据。

“仪表设计规定”说明工程设计项目的设计范围、设计采用的标准及规范、控制方案、仪表选型原则、安全及防护措施、材料选择、动力供应及仪表连接与安装要求等。

“仪表索引”是以一个仪表回路为单元，按被测量英文字母代号的顺序列出所有构成检测、控制系统的仪表设备位号、用途、名称和供货部门以及相关的设计文件号。

“仪表数据表”是与仪表有关的工艺、机械数据，对仪表及附件的技术要求、型号及规格等。

“仪表技术说明书”包括各类仪表及仪表安装材料技术说明书，其主要内容应包括产品的标准和规范、技术条件、检验和试验，以及备品备件和消耗器等规定。

“仪表施工安装要求”说明仪表施工安装要求。

“仪表安装材料表”按辅助容器、电气连接件、管件、管材、型材、紧固件、阀门、保护（温）箱、电缆桥架和电线电缆等类别统计材料，并列出各种材料代码、名称及规格、材料、标准号或型号以及设计量、备用量和请购量。

仪表设计实际上就是正确填写上述表格及一部分图纸，然而表格的填写涉及专业知识丰富，主要涉及仪表的选型，涉及对具体仪表结构、原理、安装等的深入了解。

第一节　仪表选型原则

自动化仪表选型应采用的标准有《仪表设计规定的编制》（HG/T 20637.3—1998）；《自动化仪表选型规定》（HG 20507—92）；《石油化工自动化仪表选型设计规范》（SH3005）等。

一个正确合理的自控方案，不仅要有正确的测量和控制方案，而且还需正确选择和使用各种自动化仪表，即进行正确的仪表选型。

关于仪表选型一般规定为在满足过程测量介质工况条件和过程监控功能的前提下，选用技术上先进、使用可靠、维护安装方便和经济上合理的仪表。在实际设计工作过程中，要备有最新的国外、国内仪表产品样本、手册等资料。

仪表的选型是在自控方案已经确定，工艺管道及控制流程图已经完成之后进行的。它的主要任务是确定各种测量及调节仪表的形式，即指示式、记录式或累积式；就地安装或仪表盘安装；主体仪表采用哪种系列的仪表等。

仪表选型的主要依据如下。

一、工艺过程的条件

工艺过程的温度、压力、流量、黏度、腐蚀性、毒性、脉动等因素是决定仪表选型的主要条件，它关系到仪表选用的合理性、仪表的使用寿命及车间的保安防火等问题。因此在设计过程中，必须正确收集工艺的各有关参数，结合各类仪表的特点和适用场合，合理选择仪表的型号、规格。

二、操作上的重要性

各检测点的参数在操作上的重要性是仪表的指示、记录、积算、报警、调节、手动遥控等功能选定的依据。

一般来说，对工艺过程影响不大，但需经常监视的变量，宜设指示；必须操作的变量，宜用手动遥控；对需经常了解变化趋势的重要变量，宜选记录；而一些对工艺过程影响较大的，又需随时监控的变量，应设调节；对关系到物料衡算和动力消耗而要求计量或经济核算的变量，宜设积算；一些可能影响生产或安全的变量，宜设报警。

三、自动化水平和经济性

仪表的选型也决定于自动化的水平和投资的规模。按照工程规模等特点确定了自动化水平的高低、从而也确定了仪表的选型应是就地安装还是集中安装。一般自动化水平，可分为检测与调节、机组集中控制、中央控制室集中控制等类型。不同类型的控制方式为采用何种系列的仪表提供一定的依据。

目前以控制装置为核心，仪表的系列已向多极化方向发展，当今至少有六大类型并存，为选择需要，在此把这六大类作一扼要的介绍，并指出各系列仪表的适用场合及经济性，作为仪表系列的选型参考。

（一）基地式仪表

基地式仪表是发展历史最早的一类仪表，它的输入信号来自检测元件，输出信号直接至执行器。有些基地式仪表甚至把检测元件或执行器也包括在内。它们的功能往往限于单回路控制。这类仪表，多用于中小型生产装置，或用于大生产中一些就地控制的场合。虽然这类仪表的使用比例已大大下降，但鉴于它简便、可靠，至今还有新的发展。

（二）单元组合式仪表

它们是 20 世纪 60 年代以来国内应用最普遍的一种类型。分为气动单元组合仪表和电动单元组合仪表两大类。一般对于大、中型生产装置，自动化水平较高的均可采用单元组合式仪表。其中电动单元组合式仪表由于传送距离较长，信号处理和运算较为方便。特别是电Ⅲ型仪表的出现，在防爆问题上可靠性大为提高。此外还解决了与计算机相连的问题，所以它们的应用场合已多于气动单元组合仪表。但是气动单元组合仪表由于防爆性能没有疑义，工作特性又很可靠，投资也低，所以仍有它的发展市场。现场多采用电动单元组合仪表与气动单元组合仪表的结合应用，充分发挥各自的优点。

单元组合仪表，无论是电动的还是气动的，近三十多年来都有很大的改进和提高，现在称为Ⅲ型的电动和气动仪表都是国际上 70 年代初期的新型式。

（三）组装式仪表

把单元组合仪表的每一单元用一块电路板代替，并取消一些不必要的电压-电流转换，这样组装的控制装置称为组装式仪表，配置上相当灵活。

在国内开始生产组装仪表的同时，随着微电子学的迅猛发展，一种更受到人们欢迎的采用微处理器的控制装置开始出现。这给了组装式仪表的推广以很大的冲击。所以，目前在石油化工行业中组装式仪表用得不多，它主要用于电站。

（四）集散控制系统（DCS）

以微处理器为基础的总体分散控制装置，即所谓的集散系统，结构上可有下位的操作站与上位的监控计算机（有些没有监控计算机）所构成。每个下位机担负一定的功能，控制几个回路。各操作站及下上位机间用数据高速公路或网络通信方式传递信息，并设有屏幕显示器及操作台等。这类系统的弹性很大，扩展时可用积木式叠加。

集散系统适用于大型装置，而且生产的自动化水平较高的场合，除了进行一般的常规集中控制外，还能实现新型的高级控制算法。但是它的价格较为昂贵。目前主要靠从外国引进。集散系统是目前实现工业生产过程计算机控制的一个重要方向。

（五）可编程控制器（单回路调节器）

可编程数字控制器以微处理器为主体，控制算法是数字式的，功能和外形与模拟式控制器相近，它们的控制算法较丰富。每台可有多个输入。

可编程数字控制器由于操作方便、算法丰富而不需很多编制软件的知识，已开始代替模拟式控制器应用于中、小型装置。由于使用一台可编程数字控制器能实现复杂控制系统，所以有时又称为单回路控制器。它灵活、方便，而且可靠性高，因此目前备受人们欢迎。但当前它的价格与一般模拟控制器相比要贵得多，这就会提高设备的投资费用。

（六）微计算机系统

在原有通用性质的各种个人计算机及单板机的基础上，配上 A/D、D/A 模块及操作台等，就可用于过程控制，称之为微计算机系统。由于有的个人计算机运算能力很强，通用应用软件很多，人机界面可以做得很新颖、别致，这就为实现各种先进控制算法创造了条件，加之它的价格较低（与集散系统相比），可靠性尚有一定保证，多用于中、小系统。

四、统一性

为便于仪表的维修和管理，在仪表选型时也要注意到仪表的统一性。即选用仪表尽量为同一系列、同一规格型号及同一生产厂家的产品，避免仪表类型过多，造成维修人员难以掌握，增加维修技术上的困难。同时，仪表品种过于繁多，维修所用的仪表备品、备件也要增多。

五、仪表供应和使用情况

这是在进行工程设计时必须考虑到的一个问题。对供应比较紧张的仪表，为了在设计后工程能及时施工并投入生产，设计时就应考虑能否及时供货，否则应尽量少用。对那些正在试制的新产品、新设备，必须经鉴定、考核、现场试运、确保质量符合要求、并有产品合格证才可选用，避免将来给生产带来影响。

第二节　温度测量仪表的选型

一、温度计的分类与特点

温度计的分类与特点见表 4-1。

表 4-1　温度计的分类与特点

测量方式	简单原理		温度计名称	特点		可行性功能				
				优点	缺点	指示	记录	控制与变送	报警	远距传送
接触式	体积或压力变化	固体热膨胀	双金属温度计	示值清楚、机械强度较好	精确度较低	√			√	
		液体热膨胀	玻璃液体温度计	价廉、精确度高	易破损、观察不便	√			√	
			压力式(充液体)温度计	价廉、容易就地集中	毛细管机械强度差，损坏后不易修复	√	√	√	√	
		气体热膨胀	压力式温度计							
	电阻变化	金属热电阻	铜、铂、镍热电阻	测量准确	振动场合易坏					
		半导体热敏电阻	锗、碳、金属氧化物半导体热敏电阻	反应快	安装不便					
	热电势变化	廉价金属热电偶	铜-康铜、镍铬-镍硅热电偶	测温范围广、测量准确、不易损坏	需补偿导线，测较低温度时电势小	√	√	√	√	
		贵金属热电偶	铂铑-铂、铂铑-铂铑热电偶							
		难熔金属热电偶	钨铼热电偶							
非接触式	辐射	亮度法	光学高温计	温度范围广、携带方便	只能目测					
		全辐射法	辐射温度计(热电堆)	反应速度快、可测高温	构造复杂、价高、读数麻烦		√			
		比色法	比色温度计							
		部分辐射法	红外线测温仪光电高温计			√	√	√	√	

二、选用原则

根据测温点的温度范围来选择合适的测温元件是基本的原则。

设测温点的温度为 t。

温度仪表选型的一般原则如下。

(1) 应明确规定温度计套管的型式、规格和材质

(2) 一般情况下，先考虑采用热电偶温度计测量过程介质温度

同一个工厂内，尽可能减少采用的热电偶类型。当测量量程非常小，或需要高精确度测量的场合（如流量测量的温度补偿，其使用温度范围为－200～＋400℃），则采用分度号为Pt100的热电阻温度计。

（3）就地测量一般采用双金属温度计

（4）温度仪表测量范围

温度仪表测量范围的选择，必须使正常温度在刻度的40%～70%处，最高温度不得超过刻度的90%。

（5）防溅式接线盒

潮湿地区，腐蚀性气体浓度较大的场合，以及在户外安装的热电偶，选用防溅式接线盒。

同一点温度需要指示及记录，或指示调节时可选用双支式热电偶；被测介质含固体颗粒，有磨损的场合选用耐磨热电偶；反应器多点温度测量可选用氧化镁绝缘不锈钢保护套的铠装热电偶；当被测对象滞后较大的情况下，测量又需要灵敏度高的时候，可选用低惯性热电偶；对设备或管道表面测温，选用专用的表面热电偶。

（6）热电偶的连接导线应选用与其分度号相适应的补偿导线

应符合标准GB 4989—85与HG 20512—92有关规定。为了节约补偿导线和方便施工安装，补偿导线和热电偶的连接方法有公共补偿导线法、小热电偶补偿法、多讯号矩阵网络法，均可选用。

（7）特殊测量

特殊的测量场合，根据需要选用其他类型的温度仪表。

仪表室集中安装的温度（温差）仪表（指示、记录或调节），可选用一次元件直接引入仪表盘，也可选用温度（温差）变送器（气动、电动仪表均可）。

常用温度检测元件的情况，见表4-2。

表4-2 常用温度检测元件

检测元件名称	分度号	测量范围/℃	备注
铜热电阻 $R_0=50\Omega$	Cu50	－50～＋150	$R_{100}/R_0=1.428$
$R_0=100\Omega$	Cu100		
铂热电阻 $R_0=10\Omega$	Pt10	－200～＋650	$R_{100}/R_0=1.385$
$R_0=50\Omega$	Pt50		
$R_0=100\Omega$	Pt100		
镍热电阻 $R_0=100\Omega$	Ni100	－60～＋180	$R_{100}/R_0=1.617$
$R_0=500\Omega$	Ni500		
$R_0=1000\Omega$	Ni1000		
热敏电阻		－40～150	
铑铁电阻		－272～－250	
镍铬-镍硅热电偶	K	－200～1200	
镍铬-康铜热电偶	E	－200～800	
铁-康铜热电偶	J	0～750	
铜-康铜热电偶	T	－200～350	
铂铑$_{10}$-铂热电偶	S	0～1600	
铂铑$_{13}$-铂热电偶	R	0～1600	
铂铑$_{13}$-铂铑$_{6}$铂热电偶	B	0～1800	
钨铼$_{5}$-钨铼$_{26}$热电偶	WRe5-WRe26	0～2300	
钨铼$_{3}$-钨铼$_{25}$热电偶	WRe3-WRe25	0～2300	
镍铬-金铁热电偶		－270～0	厂标分度号：NiCr-AuFe

三、时间常数的选用

根据系统对响应速度的要求分别选普通型（1.5～3min）、小惰性型（45～90s）、铠装型（5～20s）。

四、接线盒的选用

热电偶、热电阻等接线盒应根据环境条件选择。较好的环境选普通式，潮湿或露天安装选防溅式或防水式，爆炸场所选隔爆式。

五、检测元件尾长的选择

检测元件尾长的确定，应使其感温部分处于具有代表性的热区域，根据介质条件选择如下。

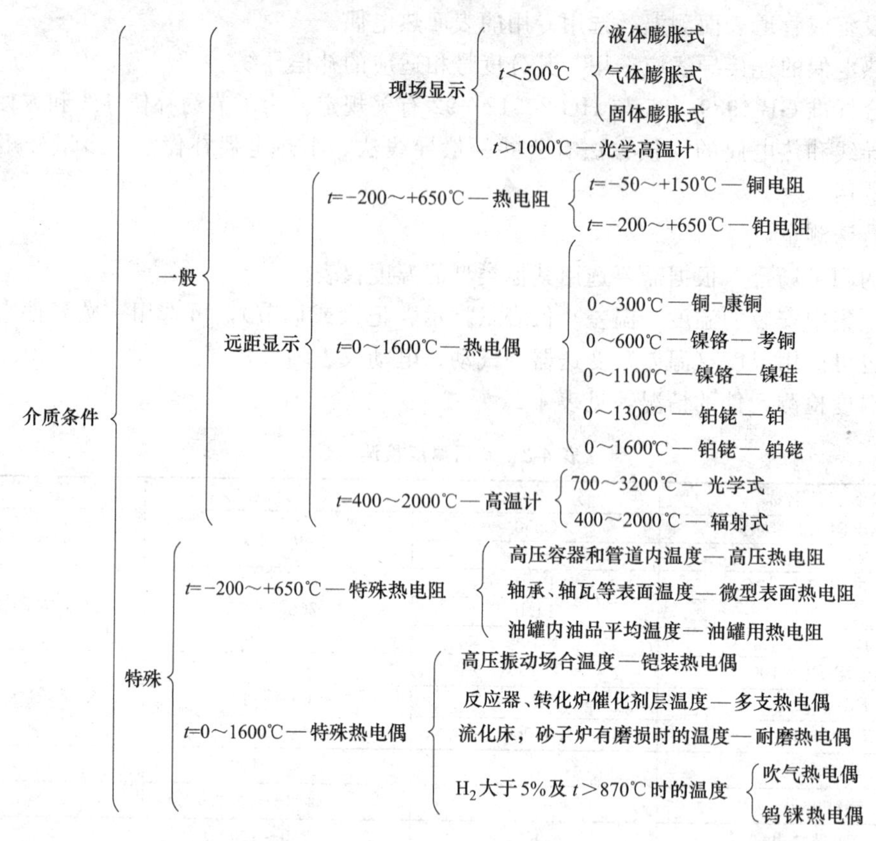

六、连接方式的选择

热电偶、热电阻可采用螺纹连接。在测量设备上有衬里或有色金属管道上、结焦淤浆介质、强腐蚀性介质、剧毒介质、粉状介质以及测催化剂层多点温度时，宜选用法兰连接。

七、保护套材质选择

检测元件保护套材质应不低于工艺管道材质，尽可能选用定型产品。常用保护套材质见表 4-3。

表 4-3 温度检测元件保护套材质

材 质	适用场合	备 注
H62 黄铜合金	350℃以下无腐蚀性介质及磷酸	有定型产品
10# 钢;20# 钢	450℃以下中性及轻微腐蚀介质	有定型产品
1Cr18Ni9Ti 不锈钢	800℃以下一般腐蚀性介质	有定型产品
新 2# 钢	300℃下氯化氢及 65%硝酸	
新 10# 钢	70℃以下稀硫酸	
1Cr18Ni12Mo2Ti 不锈钢	800℃以下无机酸、尿素、碱、盐等	
2Cr13 不锈钢	800℃以下高压蒸汽	
12CrMoV 不锈钢	800℃以下高压场合(耐压更高)	有定型产品
Cr25Ti 及 Cr25Si2 不锈钢	1000℃以下硝酸、磷酸及磨损较强的场合	有定型产品
28Cr 高铬铸铁	1100℃以下有腐蚀及机械磨损的场合(如硫铁矿焙烧炉内)	
工业陶瓷及氧化铝	1800℃以下高温场合(气密性差)	有定型产品
莫来石刚玉及纯刚玉	1600℃以下高温,抗温度骤变,尚能防腐	
蒙乃尔合金	200℃以下氢氟酸等介质	
镍	200℃浓碱(纯碱、烧碱)	
钛	150℃以下湿氯气、浓硝酸	
锆;铌;钽	120℃以下强腐蚀介质,比镍钛更耐腐蚀	
铅	常温下 10%硝酸;80%硫酸、磷酸	

保护套管的耐压等级不低于所在管线或设备的耐压等级，并符合制造厂家的标准；保护套管的材质应根据最高使用温度及被测介质的特性选择。例如：一般对小于 450℃的中性及轻微腐蚀性介质用 20 号钢；对于小于 800℃的一般腐蚀性介质用 1Cr18Ni9Ti 不锈钢；对小于 1000℃的高温场合用工业陶瓷或高纯氧化铝。

八、参考有关资料

温度变送器的选用可参考有关资料。

第三节 压力测量仪表的选型

一、选用原则

① 就地测量压力表，一般选用表盘尺寸为 100mm 或 150mm 的普通压力表。

② 压力仪表、差压仪表的材质和类型，应满足过程工艺条件。

③ 泵出口一般选用防振压力表，具有脉动的场合，还应提供脉动阻尼器。

④ 腐蚀性强、易结晶、含有固体颗粒及高黏度流体等各种场合，宜选用隔膜压力表，如膜片密封的压力或差压仪表。

隔膜或膜片密封法兰的尺寸，应符合测量的压力或差压范围。

⑤ 尽量避免选用带隔离液的压力和差压测量系统。

⑥ 测量范围上限值：压力仪表的测量范围对稳定压力的测量，正常操作压力应在仪表测量范围上限值的 2/3～1/3；对交变压力的测量，正常压力应在仪表测量范围上限值的1/2～1/3，测量高、中压力（<4MPa 时），正常压力值不应超过仪表测量范围上限值的 1/2。

⑦ 对氧气必须选用氧用压力表。

与氧气接触的仪表部件必须进行脱脂处理，严禁有油。气动变送器输出讯号就地测量，选用出风压力表。测量范围 0.02～0.1MPa，表壳直径 100mm；精度 1.0 级；供风及气动讯号引线上就地指示采用小型压力表，其量程为 0～0.25MPa；就地盘装压力表选用轴向带前边弹簧管式，表壳直径为 150mm，精度 1.0 级。

⑧ 压力报警仪表的选用：一般场合，压力、真空及压力-真空的报警或联锁，通常选用电接点压力表；在有爆炸危险的场合，选用防爆型电接点压力表；氨及含氨、含硫介质的压力报警或联锁选用氨用电接点式压力表。

二、精度等级选择

弹簧管压力表、膜盒及膜片式压力表一般选用 1.5 级或 2.5 级。

三、弹簧管压力表外形尺寸选择

就地指示压力表，一般选用径向不带边，表壳直径为 $\phi100$（或 $\phi150$）。

就地盘装压力表，一般选用轴向带边，表壳直径为 $\phi150$（或 $\phi100$）。

气动管线和辅助装置上可采用 $\phi60$（或 $\phi100$）的弹簧管压力表。

四、新产品

近年来，压力测量仪表在国内也引进不少新产品，如不锈钢压力计，不仅弹簧管采用不锈钢材料，其他所有零部件均用不锈钢制成，可适用于周围空气中含有腐蚀性气体的场合及被测介质有较强腐蚀性的场合。又如，耐振压力表，依靠表内充满甘油，可克服强烈振动。此外尚有高精度多功能的数字压力表，在选型时可参考选用。

五、参考有关资料

压力、差压变送器的选用可参考有关资料。

第四节　流量测量仪表的选型

一、流量测量仪表选型

流量测量仪表选型参考见表 4-4。

表 4-4　流量测量仪表选型参考

流量类型			精确度/%	洁净液体	蒸汽或气体	脏污液体	黏性液体	带微粒、导电		微流量	低速流体	大管道	固体颗粒自由落下
								腐蚀性液体	磨损悬浮液				
标准孔板			1.5	○	○	×	×	○	×	×	×	×	×
差压	非标准	文丘里	1.5	○	○	×	×	○	×	×	×	○	×
		双重孔板	1.5	○	○	×	×	○	×	×	○	×	×
		1/4 圆喷嘴	1.5	○	○	×	×	○	×	×	○	×	×
		圆缺孔板	1.5	×	×	○	×	×	○	×	×	×	×
	笛形均速管		2.5	○	○	×	×	○	×	×	×	○	×
	特殊	蒸汽流量计	2.5	×	○	×	×	×	×	×	×	×	×
		内藏孔板	2	○	○	×	×	×	×	○	×	×	×
		旁通转子	2.5	○	○	×	×	○	×	○	×	×	×

续表

流量类型				精确度/%	洁净液体	蒸汽或气体	脏污液体	黏性液体	带微粒、导电		微流量	低速流体	大管道	固体颗粒自由落下
									腐蚀性液体	磨损悬浮液				
面积	玻璃转子			1～5	○	○	×	×	○	×	○	×	×	×
面积	金属转子	普通		2.5	○	○	×	×	×	×	×	×	×	×
面积	金属转子	特殊	蒸汽夹套	2.5	○	○	×	×	×	×	×	×	×	×
面积	金属转子	特殊	防腐型	2.5	○	○	×	×	○	×	×	×	×	×
速度	靶式			1.5～4	○	○	○	○	○	○	×	×	×	×
速度	涡轮	普通		0.1,0.5	○	○	×	○	○	×	×	×	×	×
速度	涡轮	插入式		0.1,0.5	○	○	×	○	○	×	×	×	○	×
速度	水表			2	○	×	×	×	×	×	×	×	×	×
速度	旋涡	旋进式		1.5	○	○	×	×	○	×	×	×	×	×
速度	旋涡	卡门式		1.5	○	○	×	×	○	×	×	×	○	×
电磁				0.5,1	×	×	○	○	○	○	×	×	○	×
容积	椭圆齿轮			0.1,0.5	○	×	×	○	○	×	×	×	×	×
容积	刮板式			0.1,0.5	○	×	×	○	○	×	×	×	×	×
容积	腰轮	气体		0.1,0.5	×	○	×	×	×	×	×	×	×	×
容积	腰轮	液体		0.1,0.5	○	×	×	○	×	×	×	×	×	×
新型	超声波流量计			0.5,1.0,1.5	○	×	○	○	○	○	○	○	○	×
新型	质量流量计			0.4	○	×	○	○	○	○	○	○	×	×

二、选型原则

1. 优先选用锐孔板

过程管道尺寸为DN50或DN50以上时，一般先考虑采用同心锐孔板差压式流量计。当过程管道尺寸为DN50以下时，一般先考虑采用转子流量计。若上述类型的流量计不能满足过程测量介质工况条件时，则考虑采用其他类型的流量计。

其他类型流量元件及流量计，如：文丘里管、流量喷嘴、毕托管、偏心/圆缺孔板以及容积式流量计、涡轮流量计、涡街流量计、电磁流量计、超声波流量计、质量流量计等，将根据特定场合分别考虑选用。

差压变送器差压范围的选择，一般情况下根据流体工作压力高低不同宜选：低压差：6kPa，10kPa；中差压：16kPa，25kPa；高差压：40kPa，60kPa。

2. 差压仪表的选用

关于差压仪表的选用，一般就地指示、记录、累积宜选用双（单）波纹管差压计或双管式差压计，集中指示、记录、累积宜选用差压变送器配相应的指示、记录、累积型仪表；需要精度高，尤其对温度、压力变化范围较大的气体，蒸汽的流量应考虑校正措施。

三、新型仪表

近年来，流量测量仪表也有不少新的发展，有国内新制的，也有国外引进的。因此在仪表选型时，尚需要注意发展动向，如有适宜于工业工艺特点的可加以选用。例如科里奥利质量流量计。其他一些较为新型的流量测量装置，尚有弯管流量计、隙缝流量计、层流流量计、圆缺形楔式流量计、丹尼尔孔板阀等。

第五节 物位测量仪表的选型

一、物位测量仪表选型

物位测量仪表选型见表 4-5 和表 4-6。

表 4-5 液位、界面、料位测量仪表选型

测量对象 仪表名称	液体		液液界面		泡沫液体		脏污液体		粉状固体		粒状固体		块状固体		黏湿性固体	
	位式	连续	位式	连续	位式	连续	位式	连续	位式	连续	位式	连续	位式	连续	位式	连续
差压式	可	好	可	可			可	可								
浮筒式	好	可	可	可			差	可								
浮子式开关	好		可				差									
带式浮子式	差	好						差								
磁性浮子式	好	可			差	差	差	差								
电容式	好	好	好	好	好	可	好	差	可	可	好	可	可	可	好	可
电阻式(电接触式)	好		差		好		好		差		差		差		好	
声波式	好	好	差	差			好	好		差	好	好	好	好	可	好
辐射式	好	好					好	好	好	好	好	好	好	好	可	好
吹气式	好	好	可				差	可								
阻旋式							差		可		好		差		可	
隔膜式	好	好	可				可	可	差	差	差		差		可	差
重锤式	差	好						好		好		好		好		好

注：空格表示不能用。

表 4-6 料位测量仪表选型

分类	方式	功能	特点	注意事项	适用对象
电气式	电阻式	位式测量	价廉、无可动部件，易于应付高温、高压、体积小	电导率变化，电极被介质附着	导电性物料、焦炭、煤、金属粉、含水的砂等
	电容式	位式测量 连续测量	无可动部件、耐腐蚀、易于应付高温、高压、体积小	电磁干扰，含水率的变化，电极被介质黏附，多个电容式仪表在同一场所相互干扰	导电性和绝缘性物料、煤、塑料单体、肥料、砂、水泥
	音叉式	位式测量	不受物性变化的影响、灵敏度高，气密性、耐压性好，无可动部件，可靠性高	电容振动，音叉被介质附着，荷重	粒度 10mm 以下的粉粒体
	超声波(声阻断式)	位式测量	不受物性变化的影响，无可动部件，在容器内所占的空间小	杂音，乱反射，附着	粒度 5mm 以下的粉粒体
	超声波(声反射式)	连续测量	非接触测量，无可动部件	二次反射、粉尘、安息角、粒度	微粉以下的粉粒体、煤、塑料粉末
	核辐射式	位式测量 连续测量	非接触测量，不必插入容器，可靠性高	需有使用许可证，核放射源的寿命	高温、高压、黏附性大、腐蚀性大、毒性大的粉状、颗粒状、大块状物料

续表

分类	方式	功能	特点	注意事项	适用对象
机械式	阻旋式	位式测量	价廉，受物性变化影响	由于物料流动引起误动作、粉尘侵入、荷重、寿命	假比密度在0.2以上的小粒度物料
	隔膜式	位式测量	在容器内所占空间小，价廉	粉粒压力、流动压力、附着	小粒度的粉粒体
	重锤式	位式测量 连续测量	大量程，精确度高	索带的寿命、重锤的埋设、测定周期	附着性不大的粉粒体、煤、焦炭、塑料、肥料，量程可达70m

二、选型原则

连续测量液位，一般选用差压式液位计。测量范围在2000mm以内，差压式液位计不适宜的场合，可根据情况采用外浮筒式液位计，或者采用其他类型的液位仪表。

根据使用场合具体规定如下。

1. 选用平法兰型

对于腐蚀性、易结晶、黏稠性、易汽化含悬浮物介质宜选用平法兰型。

2. 选用插入式法兰型

对高结晶、高黏度、结胶性、沉淀性介质宜选用插入式法兰型。

3. 辅助设施

对在环境温度下，气相可能冷凝、液相可能汽化，或气相有液体分离的介质，在使用普通型差压液位计时，应视具体情况分别设置隔离器、平衡容器等部件，或对测量管线进行保温、伴热。

其他类型的液位仪表，如外浮球式液位开关、浮子或储罐液位计、电容液位计、沉入式液位计等根据特定场合分别考虑选用。

三、典型液位仪表选型

1. 浮筒式液位调节（变送）器

测量范围应小于1500mm，最大不超过2000mm，被测介质温度在200℃以下（电动）或150℃（气动）以下。浮筒应垂直安装，安装高度应使正常液位处于仪表全量程的1/2～2/3之间，用专用的法兰接口与装置相连。在振动设备上安装时，必须采用挠性不锈钢波纹管连接。对一般轻质油品及其他无腐蚀液体选用外浮筒；对重质油品及脏黏易凝等不便引出的无腐蚀液体，选用内浮筒，而对于腐蚀性介质，与介质接触部分的材料一般选用耐腐蚀的合金钢。内浮筒应有固定的导向装置；外浮筒应有排液网。

2. 差压式液位计

测量范围在1500mm以上的浆状流体、腐蚀性流体、高黏度性流体均可采用。对于特别易结晶的介质，宜选用插入式法兰差压变送器；就地指示的可采用双（单）波纹管差压计。安装时应有单独法兰接口，对气相导压管可能分离或冷凝出液体的介质，应有平衡容器、冷凝器或隔离容器；对液相导压管内可能汽化的介质，应有汽化室，使之全部汽化。另外要根据测量范围、安装位置及测量要求等正确计算正负迁移量进行调整。在测量锅炉汽包液位时应设置双室平衡容器。

3. **电容式液（料）位计**

适用于腐蚀性液体介质的液位（如液氨、酸、碱）和粉状、颗粒状的固体（如尿素）不适用于在电极上黏附的黏稠介质及介电常数变化大的介质，安装时也应有单独的法兰接口，对粉末固体料位可选用带指示、累积的二次仪表的重锤探测料位计。

4. **放射性液位计**

适用于高温、高压、高黏度、强腐蚀介质的非接触式测量液位计。安装时放射源尽可能远离操作及维修岗位，安全剂量标准应符合《辐射防护规定》（GB 8703—88）的要求，一般工艺操作人员每年每人接受的射线剂量不应超过 0.5rem（1rem＝10mSv）。

5. **吹气吹液型测量装置**

适用于易结晶及腐蚀性的液体介质，要求测量精度不高的场合。安装也要有单独的法兰接口，气源或液源应符合工艺要求，压力必须稳定可靠，气源一般为压缩空气。吹气或吹液量应小而恒定，一般吹气量取 10～100NL/h；吹液量取 2～20L/h。

第六节 过程分析仪表的选型

一、分析仪表选型

过程分析仪表选用见表 4-7。

表 4-7 过程分析仪表选用

介质类别	待测组分（或物理量）	含量范围	背景组成	可选用的过程分析仪表
液体	溶解氧	微量,μg/L	除氧器锅炉给水	电化学式水中氧分析器
		微量,mg/L	水、污水等	极谱式水中溶解氧分析器
	硅酸根	微量,μg/L	蒸汽或锅炉给水	硅酸根分析器
	磷酸根	微量,mg/L	锅炉给水	磷酸根分析器
	酸（HCL、H_2SO_4 或 HNO_3）	常量,φ 酸（碱）	H_2O	①电磁式浓度计 ②密度式硫酸浓度计 ③电导式酸碱浓度计
	碱（NaOH）			
	盐	微量,mg/L	蒸汽	盐量计
	Cu	C_B,mol/L	铜氨液	Cu 光电比色式分析器
	对比电导率		阳离子交换器出口水	阳离子交换器失效监督仪
			阴离子交换器出口水	阴离子交换器失效监督仪
	电导率		水或离子交换后的水	工业电导仪
	浊度	微量,g/L	自来水、工业用水	水质浊度计
	pH		各种溶液	工业酸度计（玻璃电极）
			不含氧化还原性物质和重金属离子或与锑电极能生成负离子物质的溶液	锑电极酸度计
	钠离子	4～7P_{NA}	纯水	工业钠度计
		常量（滴度）	联碱生产过程盐析结晶器液体	钠离子钠度计
	黏度	0～50000cp·g/cm³	牛顿型液体	超声波黏度计
	折射率或浓度		各种溶液	工业折光仪

续表

介质类别	待测组分（或物理量）	含量范围	背景组成	可选用的过程分析仪表
气体	H_2	常量，φ_{H_2}	Cl_2	热导式氢分析仪
			N_2	
			Ar	
			O_2	
	O_2	常量，φ_{O_2}	烟道气（CO_2、N_2 等）	①热磁式氧分析器 ②磁力机械式氧分析器 ③氧化锆氧分析器 ④极谱式氧分析器
			含过量氢	热化学式氧分析器
			SO_2	氧化锆氧分析器
		微量，ppm（10^{-6}，下同）	Ar，N_2，He	①氧化锆氧分析器 ②电化学式微量氧分析器
	Ar	常量，φ_{A_r}	N_2，O_2	热导式氩气分析器
	SO_2	常量，φ_{SO_2}	空气	①热导式 SO_2 分析器 ②工业极谱式 SO_2 分析器 ③红外线 SO_2 分析器
	CH_4	常量，φ_{CH_4} 微量，ppm	H_2，N_2	红外线 CH_4 分析器
	CO_2	常量，φ_{CO_2}	烟道气（N_2、O_2） 窑气（N_2、O_2）	①热导式 CO_2 分析器 ②红外线 CO_2 分析器
		微量，ppm	H_2、N_2、CH_4、Ar、CO、NH_3	①红外线 CO_2 分析器 ②电导式微量 CO_2、CO 分析器
	C_2H_2	微量，ppm	空气或 O_2 或 N_2	红外线 C_2H_2 分析器
	NH_3	常量，φ_{NH_3}	H_2，N_2 等	电化学式（库仑滴定）分析器
	H_2S	微量，ppm	天然气等	光电比色式 H_2S 分析器
	可燃性气体	爆炸下限，%	空气	可燃性气体检测报警器
	多组分	常量或微量	各种气体	工业气相色谱仪
	水分	微量，ppm	空气或 O_2 或 H_2	①电解式微量水分分析器 ②压电式微量水分分析器
			惰性气体	
			CO 或 CO_2	
			烷烃或芳烃等气体	
	热值	800～10000kcal/Nm^3	燃气、天然气或煤气	气体热值仪

二、选型的一般原则

1. 过程介质工况条件

对于过程介质工况条件和监控功能要求、分析器特性、流路、组分、采样系统和样气处理系统、对分析器小屋的设置和要求等，都应作出详尽的规定。尤其是对恶劣的过程介质工况条件更应重视。

2. 采样系统和样气处理系统

采样系统和样气处理系统，应规定由分析器成套商一起成套供货。

3. 可燃气体监视器

检测环境的可燃气体或有毒气体浓度的气体监视器也应作出设计统一规定。

4. 依据仪表产品使用说明书的要求进行设计

需要指出的是各种分析仪的取样和分析系统在设计中必须依据仪表产品使用说明书的要

求进行设计，结合工艺的具体条件来设置。分析仪与取样点的距离应尽量地短，以减少测量滞后。分析取样管路上应有两个截止阀，高压取样点的根部应有高压截止阀及节流阀。

5. 辅助装置

根据分析仪对被测介质的成分、温度、压力等要求，在取样管路上，应有相应的水分离器、冷却器、减压器、水封等辅助装置。

6. 传感器应放在分析器室

为了保护仪表及便于维修，有条件的最好把分析仪的传感器等部件安装在取样点附近的自动分析器室内。分析仪的排放气体，必须引至室外安全地点放空，放空管的高度应超过附近一般建筑物高度。只有全面细致地考虑好上述的使用、安装条件，才能确保分析仪正常准确地运行。

第七节 显示仪表的选型

在各单元组合仪表中，均有配套的显示仪表。只要在整个仪表的系列确定且，它的选用就自然解决了。现就其他类型的显示仪表的选用作一介绍。

关于显示仪表选型的几点说明如下。

① 动圈式仪表结构简单，价格低廉，但精确度较低，适用于中小型装置。其中 XF 系列是针对 XC 系列抗振性能差、输入阻抗低的缺点而设计的一种改进型产品，采用集成线性放大器，结构简单，价格便宜，抗振性能好，可用于有振动的场所。但近年来，数字式显示仪表发展迅速，形成替代动圈式仪表的趋势。

② 电子自动平衡式显示仪表精度较高，但价格贵，一般用作重要参数自动记录和温度单参数自动调节。根据被测介质温度及选用检测元件的不同，分别采用电子自动平衡电桥或电子电位差计与其配套。

③ 多点温度指示仪、记录仪在选型时，其刻度范围应当考虑开工、正常生产和事故状态下可能出现的温度。

④ 近年来，显示仪表引进和生产了不少新品种。首先是最常用的电子自动平衡记录仪，还有不少智能显示记录仪、多点巡检仪、智能化无笔记录仪（用微处理机驱动的热印记录技术）等。所以，在显示仪表选型时，要注意产品的发展动向，在条件许可的情况下，采用先进技术的新品种。

第八节 调节仪表的选型

调节器的功能应根据对象特性、调节系统各部件的特性、干扰形式及调节质量要求等因素选择，一般情况如下：

流量调节选用比例＋快积分；

温度调节选用比例＋积分＋微分；

压力调节选用比例＋积分或比例＋快积分；

液位调节选用比例或比例＋积分。

显示调节二次仪表，一般选用带自动-手动切换操作的直读刻度指示或记录调节仪，或偏差指示调节仪。

第九节 仪表设计表格的编制

自控方案确定和仪表选型后，整个仪表控制系统所采用的仪表型号、规格等均已确定，此时可绘制自控仪表规格表。

反映自控仪表的型号、规格及在各测量、调节系统中的使用和位置等，根据不同部门，不同标准的要求，可以编成各种形式的仪表规格表。

一、原化工部标准编写的仪表表格

在原石油化工部门曾应用较多的一种自控设备表的编制方法中，是把自控设备表分成自控设备表一和自控设备表二。所有控制系统（包括就地直接作用式调节系统、基地式调节系统）及传送至控制室进行集中检测的仪表（不包括温度）均填在自控设备表一。集中检测的温度仪表、就地检测仪表、仪表盘（箱）、半模拟盘、操纵台、保温（护）箱、报警器及控制室气源总管用的大型空气过滤器、减压阀、安全阀等均填在自控设备表二。

二、国际通用设计体制编写的仪表表格

“新体制”推行的是国际通用设计体制和方法，这种方法在设计文件中的具体体现是编制仪表设计表格，即设计文件目录、仪表索引、仪表数据表、仪表安装材料表、仪表空气分配表、仪表伴热绝热表等各类自控仪表表格的编制。

具体做法如下。

（一）编仪表索引

把所有位的所有仪表均引入本索引中，注明与仪表有关的其他文件的图号，这样首先把仪表设备的概况清楚地列出。

（二）编制仪表数据表

仍然要仪表数据表索引，再编制仪表数据表。现对部分表格列举，表格类设计文件示例见表 4-8～表 4-12。详细情况见第十三章内容。

仪表数据表有三种版本，即中英文对照版、中文版和英文版。其中中英文对照版为填写式；中文版和英文版为选择式。国内工程项目可选用中英文对照版或中文版；出口工程项目或涉外工程项目可选用中英文对照版或英文版。

包括首页、索引和 79 类标准表格（还包括一张可用于手写规格的空白表），具体为：

① 指示调节器；

② 可编程调节器；

③ 单针指示仪；

④ 双针指示仪；

⑤ 多点温度显示仪；

⑥ 单笔记录仪；

⑦ 双笔记录仪；

⑧ 多笔记录仪；

表 4-8 仪表数据表(可燃、毒害气体检测报警器)

<table>
<tr><td rowspan="4">(设计单位)</td><td colspan="2" rowspan="3">仪表数据表
INSTRUMENT DATA SHEET
可燃、毒害气体检测报警器
COMBUSTIBLE/TOXIC GAS
DETECTING ALARM</td><td colspan="2">项目名称
PROJECT</td><td></td></tr>
<tr><td colspan="2">分项名称
SUBPROJECT</td><td></td></tr>
<tr><td colspan="3">图号 DWG. NO. ××××—×××—05</td></tr>
<tr><td>合同号
CONT. NO.</td><td></td><td>设计阶段
STAGE</td><td></td><td>第 9 张共 17 张
SHEET OF</td></tr>
</table>

位号 TAG NO.	NLA501～509		
用途 SERVICE			
检测气体 DETECTED GAS	H_2,CO,CH_4,CO_2,N_2		
环境温度 SURROUNDING TEMP.	−5～40℃		
环境湿度 SURROUNDING MOISTURE	85%		
检测报警器规格 DETECTIVE ALARM SPECIFICATION			
型号 MODEL	SS—3000TG		
测量范围 RANGE	0～100%LEL		
测量精度 ACCURACY	2.5%		
响应时间 RESPONSE TIME	<15s		
检测器 DETECTOR	SC—78TG(9 台)		
防爆等级 EXPLOSION-PROOF CLASS	EXib Ⅱ CT5		
外壳防护等级 ENCLOSURE PROOF	IP65		
安装方式 INSTALLATION TYPE	立柱安装		
监视器 MONITOR	A—3H(9 台)		
指示量程 INDICATED RANGE	0～100%LEL		
精度 ACCURACY	5%		
电源 POWER SUPPLY	200V. AC		
输出信号 OUTPUT SIGNAL	无源接点		
触点容量 CONTACT RATING	0.5A		
预报设定值 PRE-ALARM SET POINT	/		
报警设定值 ALARM SET POINT	任意可调		
制造厂 MANUFACTURER	×××		
备注 REMARKS			

注:提供墙挂式箱体 2 个(一个箱体装 6 台监视器,另一个箱体装 3 台监视器,每个箱体集中供电)。

修 改 REV.	说 明 DESCRIPTION	设计 DESD	日期 DATE	校核 CHKD	日期 DATE	审核 APPD	日期 DATE

INST.202—603

表 4-9 仪表数据表(单针指示器)

(设计单位)	仪表数据表 INSTRUMENT DATA SHEET 单针指示仪 ONE-POINTER INDICATOR		项目名称 PROJECT		
			分项名称 SUBPROJECT		
			图号 DWG. NO. ××××—×××—05		
	合同号 CONT. NO.		设计阶段 STAGE		第 10 张共 17 张 SHEET OF

位号 TAG NO.	PI—501		
用途 SERVICE	入 CO_2 吸收塔压力指示		
刻度范围 SCALE	0～2. 0MPa		
刻度分度号 SCALE FACTOR	/		
P&ID 号 P&ID NO.	××××—×××—×		
指示仪规格 INDICATOR SPECIFICATION			
型号 MODEL	DXZ—1000		
输入信号 INPUT SIGNAL	4～20mA. DC		
精度 ACCURACY	1%		
电源 POWER SUPPLY	/		
外形尺寸 CASE SIZE	l×b×h 630×80×160		
安装盘号 INSTAL. PANEL NO.	4IP		
附件 ACCESSORIES	/		
制造厂 MANUFACTURER	×××		
备注 REMARKS			

修 改 REV.	说 明 DESCRIPTION	设计 DESD	日期 DATE	校核 CHKD	日期 DATE	审核 APPD	日期 DATE

INST.202—003

表 4-10 仪表数据表(压力变送器)

(设计单位)	仪表数据表 INSTRUMENT DATA SHEET 压力变送器 PRESSURE TRANSMITTER		项目名称 PROJECT	
			分项名称 SUBPROJECT	
			图号 DWG. NO. ××××—×××—05	
	合同号 CONT. NO.		设计阶段 STAGE	第 11 张共 17 张 SHEET OF
位号 TAG NO.	PT—501	PT—503		
用途 SERVICE	入 CO_2 吸收塔压力	再生塔塔顶压力		
P&ID 号 P&ID NO.	××××—×××—×	××××—×××—×		
管道编号/设备位号 LINE NO. /EQUIP. NO.	PG—66810	CO—66801		
操作条件 OPERATING CONDITIONS				
工艺介质 PROCESS FLUID	低变气	CO_2		
操作压力 OPER. PRES. MPa(G)	1.85	0.14		
操作温度 OPER. TEMPER. C	90	98		
最大压力 MAX. PRESS. MPa(G)	/	/		
变送器规格 TRANSMITTER SPECIFICATION				
型号 MODEL	1751GP7E12$M_1B_3D_2I_9$	1751GP5E12$M_1B_3D_2I_9$		
测量范围 MEAS. PANGE	0～2.0MPa	0～0.08MPa		
精度 ACCURACY	0.25%	0.25%		
输出信号 OUTPUT SIGNAL	4～20mA. DC	4～20mA. DC		
测量原理 MEAS. PRINCIPLE	电容式	电容式		
测量元件材质 MEASURING ELEMENT MATERIAL	316SS	316SS		
本体材质 BODY MATERIAL	304SS	304SS		
终端接头规格 END CONN. SIZE	1/2″NPTF	1/2″NPTF		
电气接口尺寸 ELEC. CONN. SIZE	1/2″NPTF	1/2″NPTF		
防爆等级 EXPLOSION—PROOF CLASS	EXib ⅡCT5	EXib Ⅱ CT5		
防护等级 ENCLOSURE PROOF	IP65	IP65		
安装形式 MOUNTING TYPE	支架	支架		
安装图号 HOOK—UP NO.	××××—×××—36	××××—×××—36		
附件 ACCESSORIES	带安装支架	带安装支架		
输出指示表 OUTPUT INDICATOR	√	√		
毛细管长度 CAPILLARY LENGTH	/	/		
毛细管材料 CAPILLARY MATERIAL	/	/		
毛细管填充材料 CAP. FILL FLUID	/	/		
密封膜片材质 DIAPHRAGM MATERIAL	/	/		
法兰标准及等级 FLANGE STD. &RATING	/	/		
法兰尺寸及密封面 FLANGE SIZE. &FACING	/	/		
法兰材质 FLANGE MATERIAL	/	/		
制造厂 MANUFACTURER	×××	×××		
备注 REMARKS				

修 改 REV.	说 明 DESCRIPTION	设计 DESD	日期 DATE	校核 CHKD	日期 DATE	审核 APPD	日期 DATE

INST.202—404

表 4-11 仪表数据表(隔膜压力表)

(设计单位)	仪表数据表 INSTRUMENT DATA SHEET 隔膜压力表 DIAPHRAGM SEAL PRESSURE GAUGE		项目名称 PROJECT		
			分项名称 SUBPROJECT		
			图号 DWG. NO. ××××—×××—05		
	合同号 CONT. NO.		设计阶段 STAGE		第 12 张共 17 张 SHEET OF

位号 TAG NO.	操作条件 OPERATING CONDITIONS				刻度范围 SCALE MPa	P&ID 号 P&ID No.	备注 REMARKS
	工艺介质 FLUID	温度℃ TEMP.	压力 MPa(G) PRESSURE	最大压力 MPa(G) MAX. PRESS.			
PI—502	甲铵液	100	1.66	2.0	0～2.5	××××—×××—×	
PI—504	尿液	106	0.2	0.25	0～0.4	××××—×××—×	

压力表规格 PRESSURE GAUGE SPECIFICATION	
型号 MODEL	YTP—150H
公称直径 NOMINAL DIAMETER(mm)	ϕ150
精度 ACCURACY	1.5
隔膜材料 DIAPHRAGM MATERIAL	316L
表壳材质 CASE MATERIAL	铝合金
外壳防护等级 ENCLOSURE PROOF	IP65
工艺连接体材料 PROCESS CONN. MATERIAL	/
填充介质 FILLING MATERIAL	硅油
工艺连接形式 PROCESS CONN.	螺纹连接
螺纹规格 THREAD	M20×1.5
法兰标准及等级 FLANGE STE. &RATING	/
法兰尺寸及密封面 FLANGE SIZE &FACING	/
毛细管长度 CAPILLARY LENGTH	/
制造厂 MANUFACTURER	×××
备注 REMARKS	

修 改 REV.	说 明 DESCRIPTION	设计 DESD	日期 DATE	校核 CHKD	日期 DATE	审核 APPD	日期 DATE

INST.202—402

表 4-12 仪表数据表(可编程调节器)

(设计单位)	仪表数据表 INSTRUMENT DATA SHEET 可编程调节器 PROGRAMMABLE CONTROLLER	项目名称 PROJECT	
		分项名称 SUBPROJECT	
		图号 DWG. NO. ××××—×××—05	
	合同号 CONT. NO.	设计阶段 STAGE	第 13 张共 17 张 SHEET OF

位号 TAG NO.	TIC—505	TIC—506	
用途 SERVIC	解吸塔顶部出口温度调节	水解塔温度调节	
刻度范围 SCALE	50～150℃	0～300℃	
刻度分度号 SCALE FACTOR	/	/	
P&ID 号 P&ID NO.	××××—×××—×	××××—×××—×	
调节器规格 CONTROLLER SPECIFICATION			
型号 MODEL	SLPC—240E/UPR/MTS	SLPC—240E/UPR/MTS	
作用形式 ACTION	正	正	
调节规律 CONTROL MODE	PID	PID	
模拟输入信号 ANALOG INPUT SIGNAL	1～5V	1～5V	
模拟输入点数 ANALOG INPUT QNTY	2	2	
数字输入信号 DIGIT. INPUT SIGNAL	/	/	
数字输入点数 DIGIT. INPUT QNTY	/	/	
电压输出信号 VOLT. OUTPUT SIGNAL	/	/	
电压输出点数 VOLT. OUTPUT QNTY	/	/	
电流输出信号 CURR. INPUT SIGNAL	4～20mA. DC	4～20mA. DC	
电流输出点数 CURR. INPUT QNTY	1	1	
数字输出点数 DIGIT. OUTPUT QNTY	/	/	
数字输出类型 DIGIT. OUTPUT STYLE	/	/	
输出触点容量 OUTPUT CONT. RATE	/	/	
输入指示点数 INPUT INDI. QNTY	/	/	
输出指示点数 OUTPUT INDI. QNTY	/	/	
精度 ACCURACY	0.5%	0.5%	
电源 POWER SUPPLY	24V. DC	24V. DC	
设定方式 SET TYPE	MAN/AUT	MAN/AUT	
设定值 SET POINT	2.5V	3V	
消耗功率 POWER CONSUMPTION	490W	490W	
外形尺寸 CASE SIZE	l×b×h 480×87×182.5	l×b×h 480×87×182.5	
安装盘号 INSTAL. PANEL NO	4IP	4IP	
编程器 PROGRAMMER	GS1B4W1—02	GS1B4W1—02	
制造厂 MANUFACTURER	×××	×××	
备注 REMARKS			

修 改 REV.	说 明 DESCRIPTION	设计 DESD	日期 DATE	校核 CHKD	日期 DATE	审核 APPD	日期 DATE

INST.202—002

⑨ 手动操作器（带指示）；
⑩ 比值给定器；
⑪ 指示报警器；
⑫ 闪光报警器；
⑬ 数字显示仪；
⑭ 积算器和计数器；
⑮ 温度变送器；
⑯ 配电器；
⑰ 配电器（双通道）；
⑱ 安全栅；
⑲ 安全栅（双通道）；
⑳ 报警设定器；
㉑ 加减器；
㉒ 乘除器；
㉓ 电源箱；
㉔ 供电箱；
㉕ UPS 装置；
㉖ 仪表盘；
㉗ 信号分配器；
㉘ 电源分配器；
㉙ 节流装置；
㉚ 差压变送器（流量）；
㉛ 容积式流量计；
㉜ 电磁流量计（变送器）；
㉝ 旋涡流量变送器；
㉞ 转子流量计；
㉟ 均速管流量计；
㊱ 水表；
㊲ 整体孔板流量变送器；
㊳ 质量流量计；
㊴ 超声波流量计；
㊵ 浮筒液位变送器；
㊶ 差压变送器（液位）；
㊷ 浮球（子）液位计；
㊸ 气动液位指示调节仪；
㊹ 液位开关；
㊺ 磁性液位计（变送器）；
㊻ 超声波液（料）位计；
㊼ 雷达液（料）位计；
㊽ 射频导纳液（料）位计；

㊾ 罐表；
㊿ 压力表；
51 隔膜压力表；
52 带电接点压力表；
53 压力变送器；
54 气动压力指示调节仪；
55 双波纹管差压计；
56 压力开关；
57 差压变送器；
58 绝对压力变送器；
59 双金属温度计；
60 带电接点双金属温度计；
61 热电阻；
62 热电偶；
63 温度开关；
64 一体化温度变送器；
65 气动温度指示调节器；
66 温度计套管；
67 pH 分析器；
68 自动分析器；
69 可燃、毒害气体检测报警器；
70 调节阀；
71 电动调节阀；
72 气动切断阀；
73 自力式调节阀；
74 二通电磁阀；
75 先导电磁阀；
76 转换器；
77 称重仪；
78 接近开关；
79 转速开关；
80 空白表。

若是 DCS 系统，还要增加 DCS-I/O 表和 DCS 监控数据表。

对照仪表索引表及仪表数据表两种不同的列写方式，前者是以系统为线索，把所用的仪表排列成表，在表格中标明有关仪表的安装图号、仪表位置图号、回路图号、数据表号、P&ID 号、仪表名称、用途、仪表位号等；后者是以不同类型的仪表，进行分类列表的，在表格中把仪表的位号、用途、P&ID 号和设备位号、操作条件、仪表规格等列写得更为详细。所以用仪表数据表的形式来说明自控设计中采用的仪表设备，能更全面、完整地把仪表的性能、特征表述清楚，更有利于采购订货及向制造厂交代各项技术要求，这是它的一个主要特点。至于要进一步了解各仪表在系统中使用的情况，采用仪表规格（数据）表的设计规程中还专门安排了回路图这一栏目。

（三）回路图

回路图是用来表示各仪表在系统中的连接线路和使用情况的。它能明确地表示过程检测和控制系统用仪表功能及接线箱、接管箱、端子板、穿板接头的安装位置，仪表之间信号线的连接关系及能源线的连接。

仪表回路图的图形符号规定如下。

① 仪表回路图采用双线画法。

② 仪表图形符号包括对连接端，能源（电源、气源、液压源）的阐述。

③ 端子板或穿板接头等图形符号的尺寸由设计者根据需要和图纸大小确定。

④ 端子板或穿板接头等图形符号表示见图 4-1。

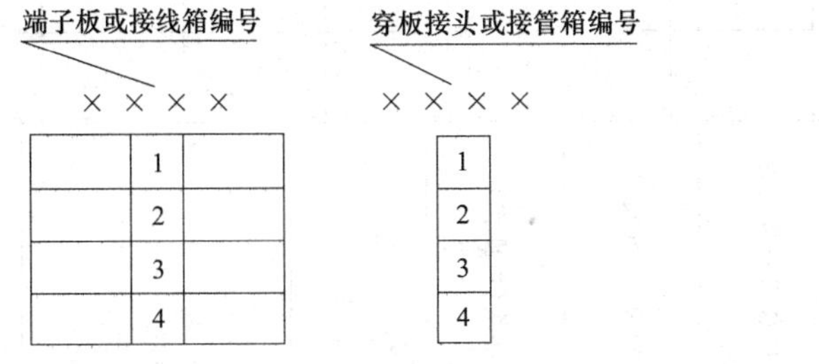

图 4-1 端子板或穿板接头图形符号

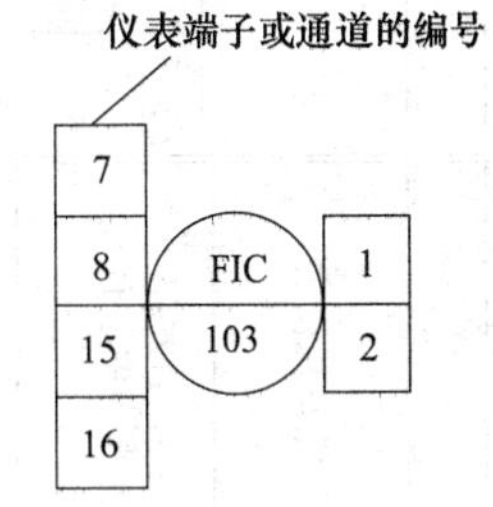

图 4-2 仪表端子或通道编号图形符号

⑤ 仪表端子或通道编号可以是字母、数字或两者，应是制造厂制定的字母、数字编号。图形符号表示见图 4-2。

⑥ 仪表系统能源的图形符号见图 4-3。

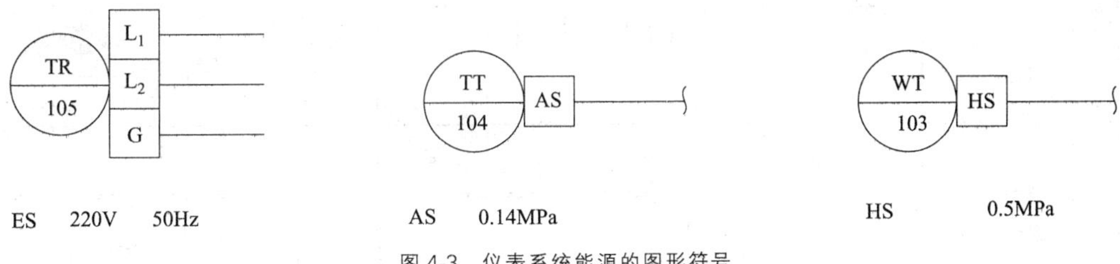

图 4-3 仪表系统能源的图形符号

具体编制时，首先要编制回路图索引，用于查找各位号仪表及其在回路图中的页号，然后按仪表位号画出所有的回路图。

仪表回路图中所用图例符号见表 4-13，举例见图 4-4～图 4-7。

（四）仪表安装位置图

为了表明现场安装仪表（变送器、测温元件及调节阀等）的安装位置和标高，可用仪表位置图图形符号来绘制表述，图中包括检测元件、基地式仪表、变送器、控制阀、现场安装的仪表盘（箱）。同时用仪表管路连接图来表示安装连接方式（见第九章）。这样，采用上述一系列的表格、图纸来表达自控设计中使用的仪表的型号、规格、连接、安装方式等要比以往的设计方法，在设计深度上更深入一步，并更清楚地向施工、安装等单位表明设计意图。

表 4-13　仪表回路图中所用图例符号

序号	符号	说　明	序号	符号	说　明	序号	符号	说　明
现场仪表类			盘装仪表			DCS 接口模件		
1	TE ×××	热电偶或热电阻	1	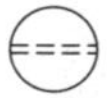	就地仪表盘盘后安装仪表	1	AIM	模拟量输入模件
2	FT ×××	变送器	2	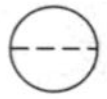	控制室仪表盘盘后安装仪表	2	AOM	模拟量输出模件
3		现场开关	3	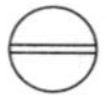	就地仪表盘盘面安装仪表	3	DIM	开关量输入模件
4	PY ×××	电/气阀门定位器	4	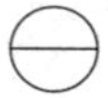	控制室仪表盘盘面安装仪表	4	DOM	开关量输出模件
5	TY ×××	气动阀门定位器	5		DCS 内部功能块(不可操作)	5	SCM	系统通信接口模件
调节阀类			6	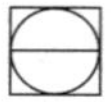	DCS 内部功能块(可操作)	仪表连接线		
1	 AS	气动调节阀(带气动阀门定位器)	7	 I	联锁功能块	1		气动信号线
2	 mA AS	气动调节阀(带电/气阀门定位器)				2		电动信号线
3	 M	电动调节阀(带位置发送器)				3		屏蔽电缆
4	 S	电磁阀				4		软件连接线

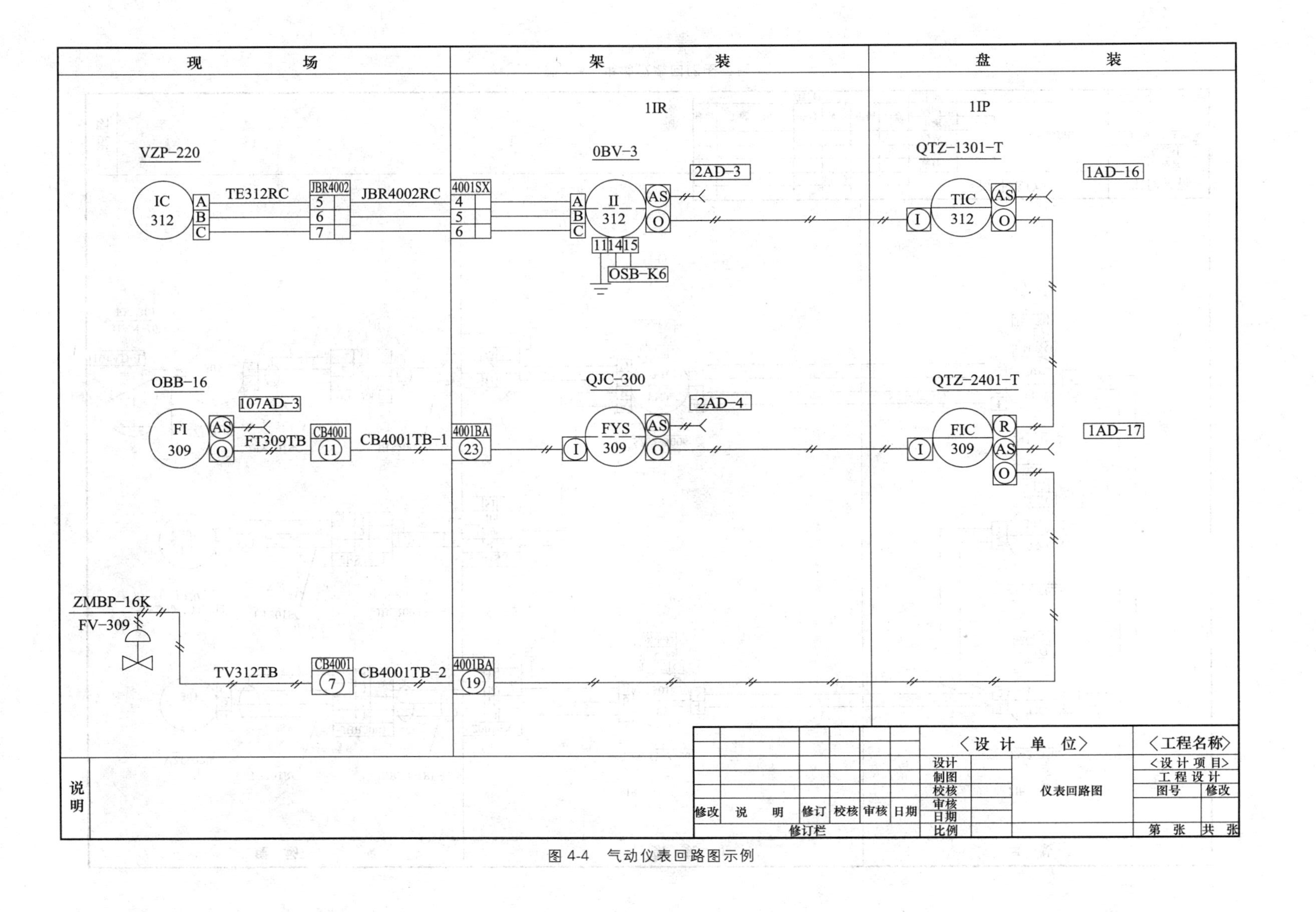

图 4-4 气动仪表回路图示例

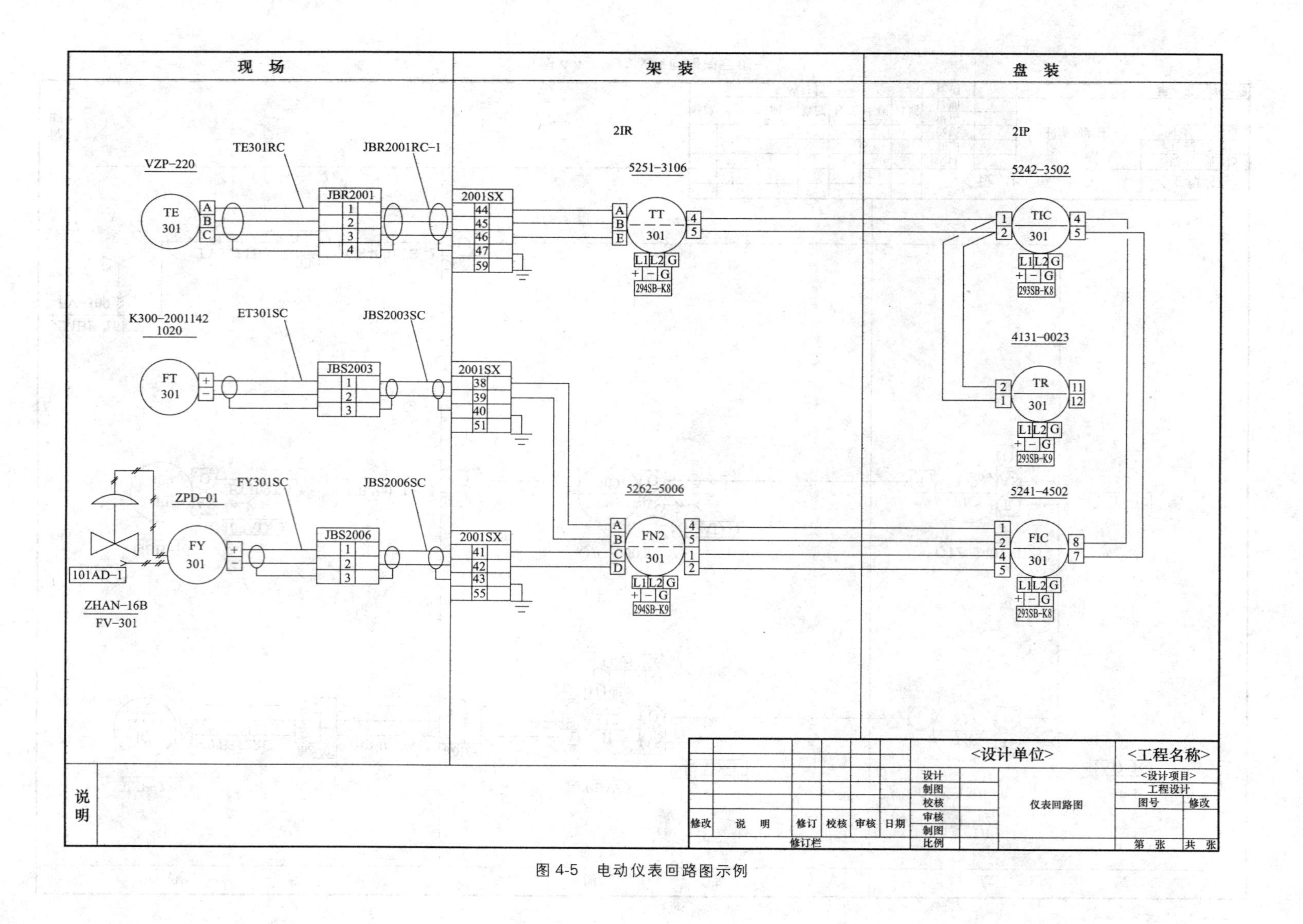

图 4-5　电动仪表回路图示例

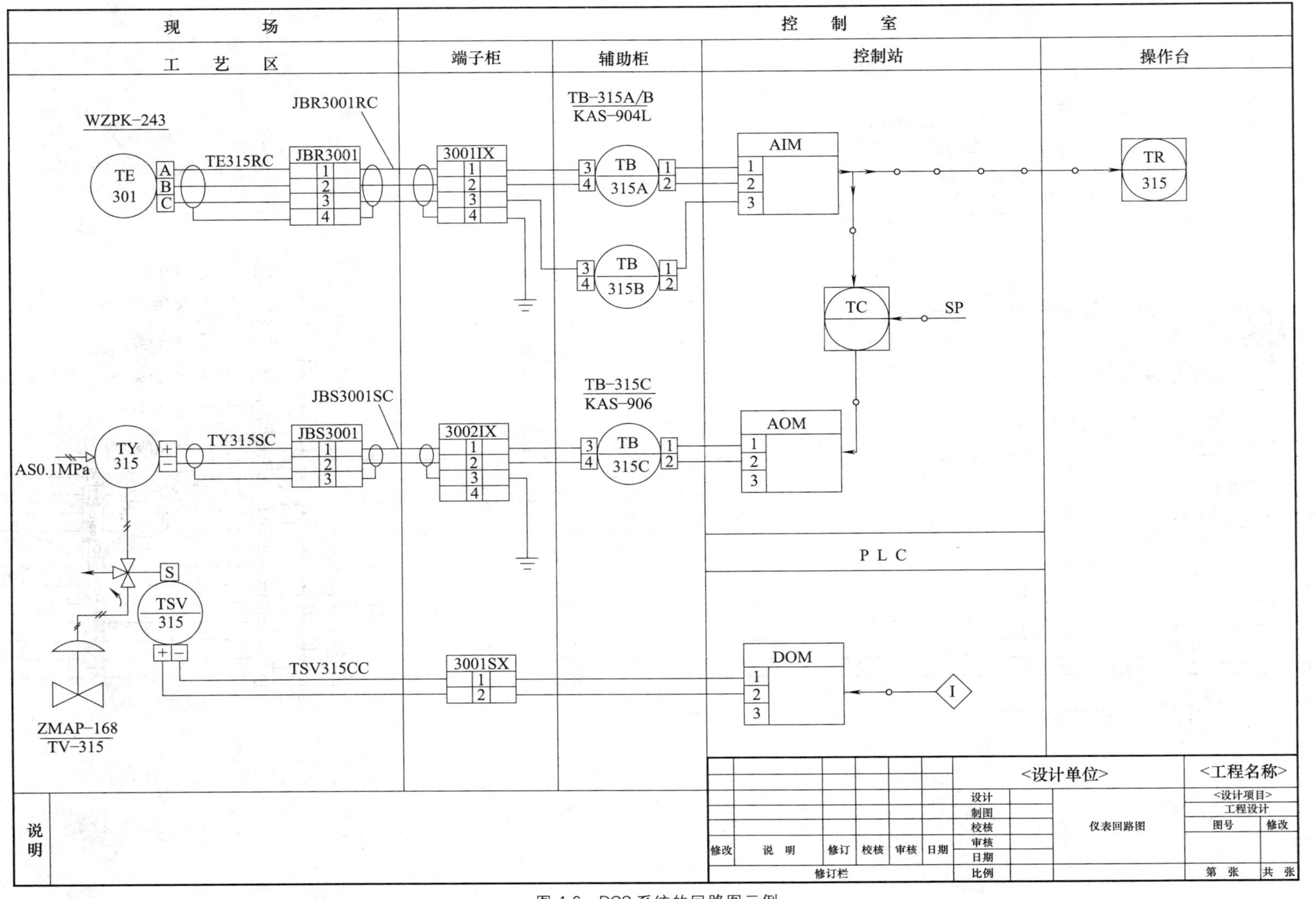

图 4-6 DCS 系统的回路图示例

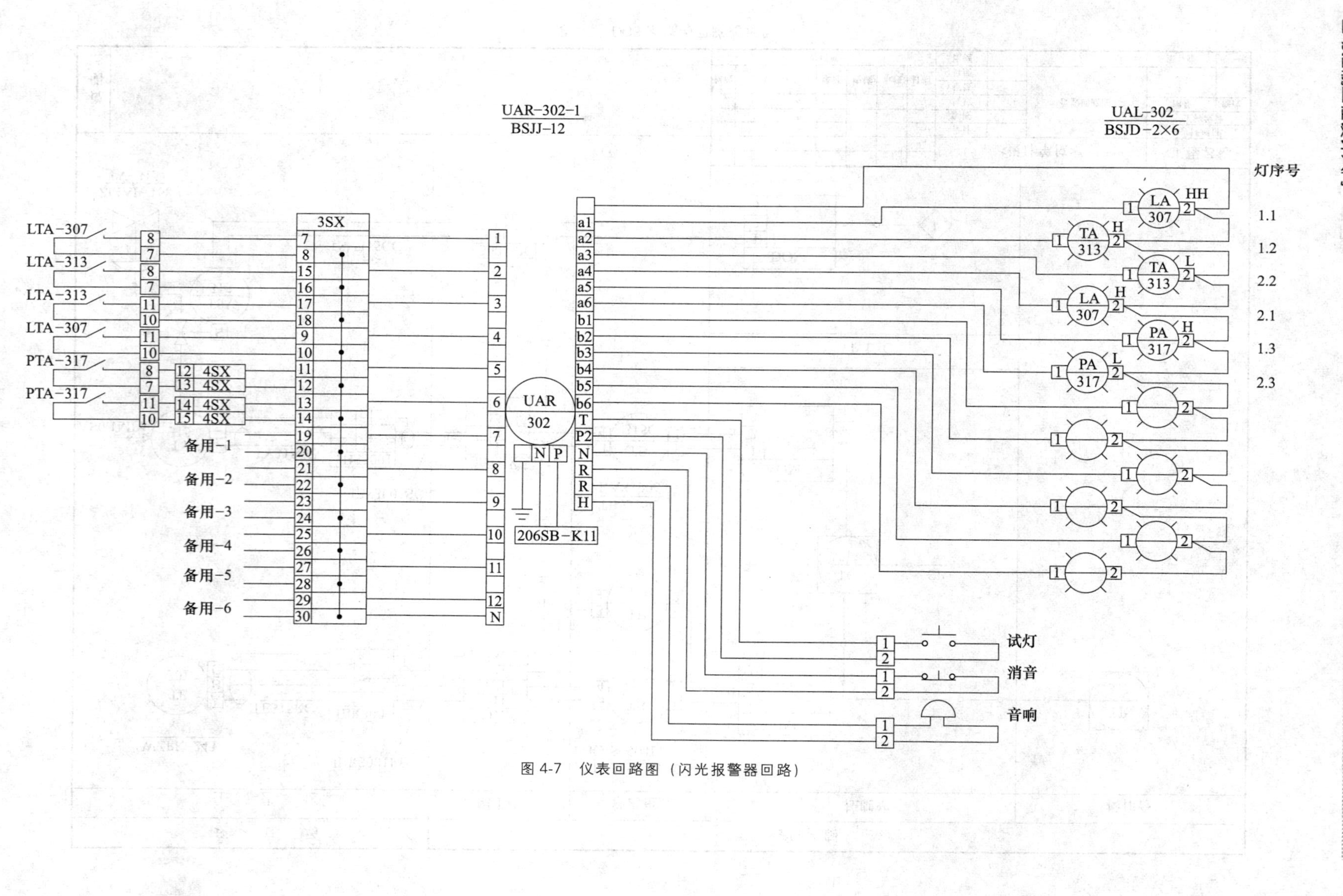

图 4-7 仪表回路图（闪光报警器回路）

第十节 仪表技术说明书和仪表请购单的编制

在工程设计 P&ID D 版（确认版）完成后，即可根据仪表设计规定文件、编制仪表技术说明书和仪表请购单等。

一、仪表技术说明书的编制

仪表技术说明书是自控专业为采购检测仪表、控制系统和设备、执行器、仪表附件及管子、管件、电缆和电线等安装材料而编制各类产品的技术说明书。仪表技术说明书的内容，至少应包括：目的；标准和规范；技术要求；检验和试验；备品备件及消耗品。“目的”中：一是要说明“仪表设计规定”、“仪表数据表”及仪表技术说明书中指明的规范和标准一起都将作为仪表产品设计和制造的技术要求；二是要说明在上述文件相互间出现不一致时，应遵循仪表数据表、仪表技术说明书、仪表设计规定、标准和规范的顺序执行。

“标准和规范”中说明涉及该类产品设计和制造应遵循的有关标准和规范应是现行版本，并列出可供选用的标准和规范的编号和名称。其中涉及管螺纹、法兰及其紧固件、外壳防护等级、防爆要求的标准和规范。

“技术要求”应针对各类仪表、控制设备、执行器等产品的具体要求进行编写，可参照 HG/T 20637.5—1998 所附的 35 个范本，尽可能将其特有的技术要求说明齐全。

根据各类产品的特点，有选择地（必要时还可修改和补充）说明下列要求：

1. 测量部分包括的内容

① 精确度等级；

② 测量单位；

③ 表盘尺寸及刻度；

④ 材质；

⑤ 连接方式；

⑥ 输出信号。

2. 电气部分包括的内容

① 电源；

② 防爆结构；

③ 接线盒；

④ 输出指示表。

3. 气动部分包括的内容

① 气动信号；

② 配套气源装置（带空气过滤器的减压阀和输出表）；

③ 气源接口；

④ 气动管及管件；

⑤ 外壳防护等级；

⑥ 输出指示表；

⑦ 远程指示表（二次表）。

4. 附件（对于那些需要配套附件的仪表）

应将所需附件的规格、技术要求依次列出。

5. 气候及环境防护

6. 表面颜色

7. 标识说明

固定在仪表外壳上的铭牌，应刻有位号、型号、额定值、材质和防爆等级。

8. 装运准备

“检验和试验”项目中涉及由采购方目击检验和试验及采购方保留到制造厂车间目击产品车间检验和试验的权利等内容。

“备品备件和消耗品”分别写明待定时间内供安装和试车用的备品备件和消耗品及待定时间内供生产用的备品备件和消耗品。

“新体制”HG/T 20637.5—1998 所附的 35 个范本包括：

① 仪表盘；

② 分散型控制系统（DCS）；

③ 可编程逻辑控制器（PLC）；

④ 控制器和盘装和/或架装仪表；

⑤ 闪光报警器；

⑥ 差压型流量元件；

⑦ 可变面积式流量计；

⑧ 容积式流量计；

⑨ 质量流量计；

⑩ 旋涡流量计；

⑪ 涡轮流量计；

⑫ 电磁流量计；

⑬ 阿纽巴流量计；

⑭ 流量开关；

⑮ 玻璃液位计；

⑯ 磁浮子式液位计；

⑰ 浮筒式液位计；

⑱ 储罐液位计；

⑲ 液位开关；

⑳ 压力表/压力开关；

㉑ 压力、差压变送器和就地控制器；

㉒ 温度计；

㉓ 测温元件和温度计套管；

㉔ 温度开关；

㉕ 气体检测仪表；

㉖ 电导仪；

㉗ pH 计；

㉘ 安全泄压阀；

㉙ 控制阀；
㉚ 减温器；
㉛ 工业电视系统；
㉜ 仪表电缆；
㉝ 铜管缆和聚乙烯管缆；
㉞ 仪表管和管件、阀门；
㉟ 电缆桥架。

现将差压型流量元件的技术说明书格式举例如下。

差压型流量元件技术说明书

<table>
<tr><td rowspan="3" colspan="2">（设计单位名称）</td><td rowspan="3" colspan="2">仪表技术说明书
差压型流量元件</td><td colspan="2">项目名称
PROJECT</td><td colspan="2"></td></tr>
<tr><td colspan="2">分项名称
SUBPROJECT</td><td colspan="2"></td></tr>
<tr><td colspan="2">文件号 DOC. NO.</td><td colspan="2"></td></tr>
<tr><td colspan="2"></td><td>合同号
CONT. NO.</td><td></td><td>设计阶段
STAGE</td><td></td><td colspan="2">第 1 页 共 6 页
SHEET OF</td></tr>
</table>

目 录

修 改 REV.	说 明 DESCRIPTION	设计 DESD	日期 DATE	校核 CHECKED	日期 DATE	审核 APPROVED	日期 DATE

1　目　　的

1.1　附在请购单中的工程规定、仪表数据表以及本仪表技术说明书中指定的规范、标准和本技术说明书一起都将作为设计和制造差压型一次流量元件的技术要求。

1.2　一旦上述文件相互间出现不一致时，应遵循下列先后顺序执行：

1.2.1　仪表数据表

1.2.2　本仪表技术说明书

1.2.3　工程规定

1.2.4　标准和规范

注：采购方的要求已在以下段落中用符号☒标出。

2　标准和规范

应使用下列出版物的现行版本。

2.1　计算和结构

标准和规范	孔板	喷嘴	文丘里管
GB 2624—93	□	□	□
ASME 流量计	□	□	□
ISO 5167—1	□	□	□
DIN 1952	□	□	□
BS 1042	□	□	□
AGA 3 号报告	□	□	□

2.2　法兰

□　采购方的标准　　图 3.3.2、图 3.3.4

□　ANSI B16.5：　　管法兰及法兰紧固件

□　法兰面应为锯齿纹面　　□　法兰面应为光滑面

□　ANSI B16.36/B16.36a　　钢质孔板法兰

□　GB ________________

2.3　螺纹

□　ISO 7/1：　　管螺纹（Rc—内螺纹；R—外螺纹）

□　ISO 228/1：　　管螺纹（G—内螺纹；GA—外螺纹）

□　ANSI B1.20.1：　　管螺纹（NPT）

□　ISO 262：　　一般用公制螺纹（用于螺栓螺母）

□　ISO 263：　　ISO 英制螺纹（用于螺栓螺母）

□　________________

3　技术要求

3.1　流量元件

下表中用符号“X”标出的零部件应当由供货方提供。

零部件	孔板			喷嘴	文丘里管
	法兰取压	角接取压	1D-1/2D 取压		
流量元件	□	□	□	□	□
孔板法兰	□	—	—	—	—
孔板环室	—	□	—	—	—
凸台(半管箍)	—	—	—	□	□
短接管	□		—	□	□
垫片	□	□①	—	—	—
螺栓螺母	□	□	□	□	—
夹持管	—	—	—	②	②
标定的测量直管段(上游和下游)	②	②	②	②	②

① 指在孔板和环室之间的垫片。

② 参见仪表规格书。

3.2　材料

3.2.1　流量元件和孔板法兰的材料应参照仪表数据表。

3.2.2　凸台、螺纹短节、螺栓螺母、垫片、夹持管及标定的测量直管段的材料应参照仪表数据表。

3.2.3　如果孔板环室和孔板是分开的话，孔板环室的材料应当是：

□　与法兰材料相同

□　与孔板材料相同

3.3　孔板法兰

3.3.1　法兰类型

□ 对焊　　□ 平焊　　□ ________

3.3.2　法兰厚度

□　对于 ANSI 150 和 300 压力等级的按采购方标准（见图 3.3.2）

□　ANSI B16.36 和 B16.36a

□　________________

3.3.3　法兰面

□　光滑面　　□　带锯齿纹面

3.3.4　短接管连接

□　承插焊（采购方标准见图 3.3.2、图 3.3.4）

□　螺纹连接

□　承插焊（如下图所示）

□　$22.2^{+0.5}_{-0.4}$　15 ± 0.4　　□　$22.2^{+0.5}_{-0}$　15 ± 0.4

3.3.5　顶离螺栓和螺母

1　提供　□ 要　□4″以上　□ ________　□ 不要

2　形式　　□　螺钉型　　□　开槽型

3　材料　　□　不锈钢　　□　碳钢

3.4　短接管

3.4.1　尺寸：　□　1/2″（壁厚）　Sch 160　（碳钢的）

□　1/2″（壁厚）　Sch 80　（不锈钢的）

□　______________________

3.4.2　型式：

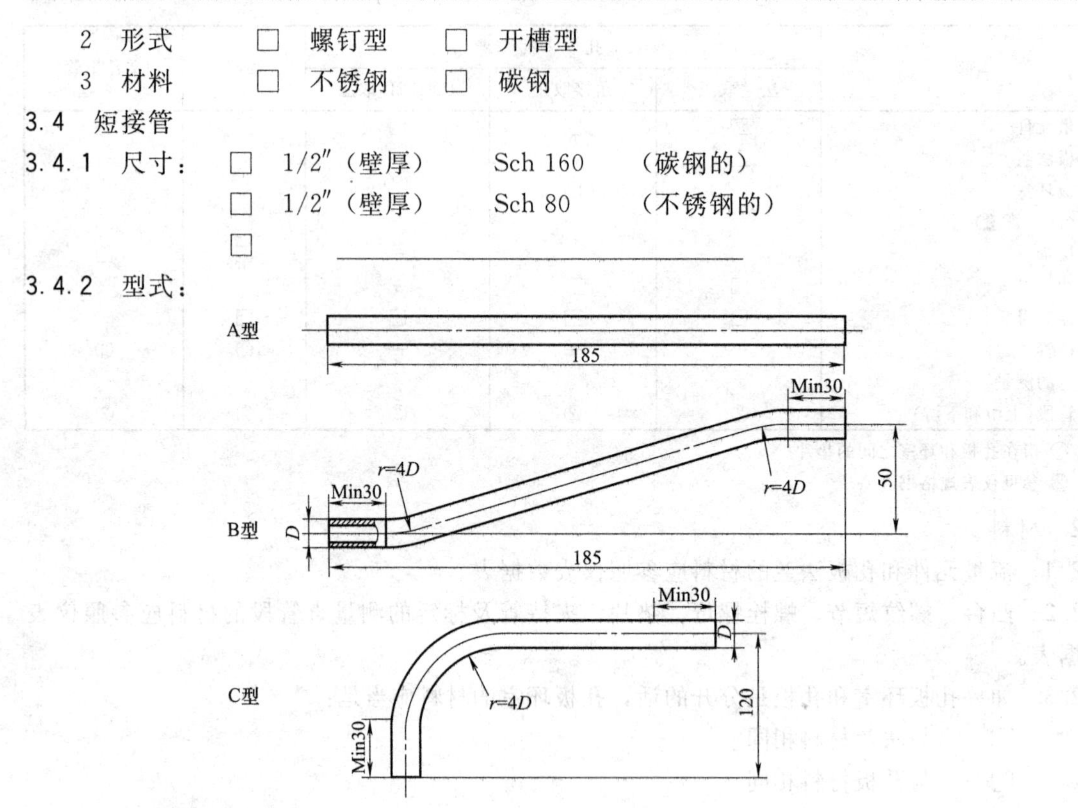

注：弯管必须采用冷弯。

在采购方同意的情况下，也允许采用热弯，但应在弯管后进行热处理。

3.5　孔板上的排液孔和排气孔

□　要，除非仪表数据表中标明“无排液或排气孔”。

□　不要，除非仪表数据表中标明“带排液孔或排气孔”。

3.6　标识

每个孔板的上游面应带有标签，其上应刻有位号、孔板孔径、管道公称尺寸（英寸）、

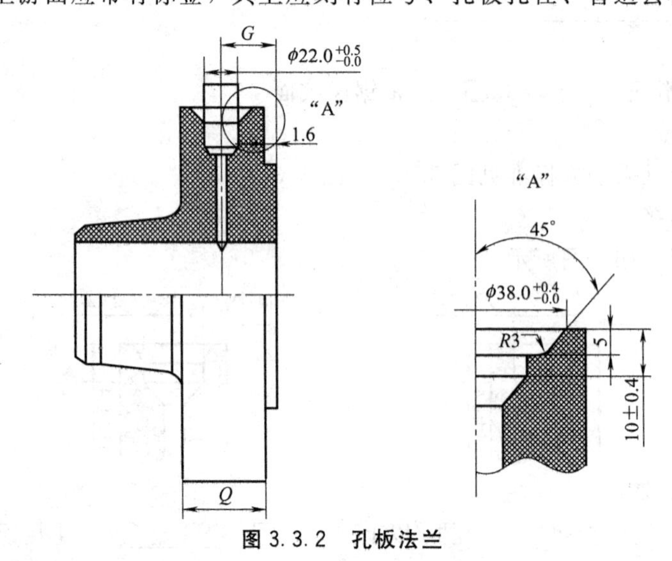

图 3.3.2　孔板法兰

法兰等级、孔板材料及“上游”或“上”等字样。

每个流量喷嘴或文丘里管应带有一个不锈钢制成的铭牌，上面应刻有位号、开孔直径（毫米）、管道公称尺寸（英寸）、法兰等级及材料。上游的标识应标在流量装置的本体上。

法兰公称尺寸（英寸）	最小法兰厚度 Q(mm)		取压口位置 G(mm)	垫片厚度（mm）	备注
	ANSI 150＃RF	ANSI 300＃RF			
1½	45.0	45.0			
2	45.0	45.0			
3	45.0	45.0	24.5	1.5	
4	45.0	45.0			
5	45.0	45.0	23.0	3.0	
6	45.0	45.0			
8	45.0	45.0	21.5	4.5	
10	45.0	47.7			
12	45.0	50.8			

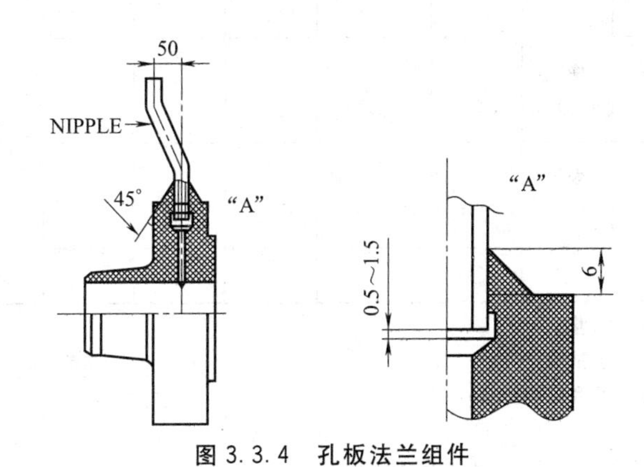

图 3.3.4 孔板法兰组件

注：短接管焊接到孔板法兰上时应使用惰性气体保护焊（TIG 焊）。
要求预热和退火消除应力。

4 检验和试验

4.1 检验和试验项目

□ 采购方标准

□ 仪表的检验和试验（____________）

□ 流量仪表的检验和试验（____________）

□ 供货方标准

□ 表 4.1

4.2 每项检验及试验项目的适应范围

□ 采购方标准（____________）

□ 供货方标准

4.3　试验及试验程序和验收标准

☐　采购方标准（＿＿＿＿＿＿＿＿）

☐　供货方标准

4.4　需要采购方目击的检验和试验项目

☐　采购方标准（＿＿＿＿＿＿＿＿）

☐　采购方保留到制造厂车间目击产品车间检验和试验的权力

☐　表 4.1

表 4.1　检验和试验项目

仪表类型	检验及试验项目									
	外观检验	尺寸检验	材料检验	无损探伤试验	压力试验	气密试验	泄漏试验	性能试验	绝缘电阻试验	高电压试验
孔板及限流孔板	○	○△	○	—	—	—	—	—	—	—
孔板法兰环室、凸台短接管	○	○	○	○△	—	—	—	—	—	—
流量喷嘴夹持管	●T ○	●T ○	○△	○△	○△	—	—	—	—	—
文丘里管夹持管	●T ○	●T ○	○△	○△	○△	—	—	—	—	—
螺栓、螺母、垫片	○	○△	○	—	—	—	—	—	—	—

注：○——由制造厂检验和试验；

●——由采购方到场目击试验；

△——由制造厂提交检验和试验记录；

T——全部检验；

S——抽样检验（同类型，同种压力等级总数的 10%）。

5　备品备件及消耗品

5.1　供货方应根据备品备件选择表（见表 5.1）进行准备，并提供下列规定期限的备品备件清单。供方可根据自己的经验调整其种类和数量，但调整必须是最低限度的。

☐　＿＿月安装和试车用备品备件及消耗品

☐　＿＿年生产操作用备品备件及消耗品

表 5.1　差压型一次流量元件备品备件选择表

序号	仪表名称或部件名称	整体或部件	用于安装及调试	用于生产操作		要求的最少数量	备注
				1 年	2 年		
1	孔板组件垫片	P	100%	1N	2N		每种尺寸、类型和材质
2	螺栓螺母	P	200%	0.05N	0.1N		每种尺寸和材质

缩写字母：N——垫片或螺栓螺母的数量；P——部件。

二、仪表请购单的编制

仪表请购单是工程设计过程中向仪表供货厂商发出询价的正式文件之一，它用来说明特定项目对所采购某类仪表产品的共性要求。

仪表请购单是以通用版本（共 5 页）的形式给出。内容包括以下几方面。

(1) 请购单附件

包括合同条款、采购条件、工程规定及仪表技术说明书等。

(2) 厂商应提交的文件

包括报价、公司简介、资质证明文件（生产许可证）、产品样本等。

(3) 备品备件和消耗品的需求（由厂商提供）

(4) 专用工具的需求（由厂商提供）

(5) 供货范围和工作范围

(6) 协调会

Chapter 05

第五章 控制室的设计

控制室的设计是自控工程设计中显示自动化水平的反映，它的工作主要分为两个方面：控制室的设计和仪表盘的设计。DCS系统控制室另分一节。这部分的设计标准可参考《控制室设计规定》HG 20508—92。

第一节 控制室的设计

控制室是操作人员借助仪表和其他自动化工具对生产过程实行集中监视、控制的核心操作岗位，有的也是进行生产管理、调度的场所。在进行控制室设计时，不仅要为仪表及其他自动化工具正常可靠地运行创造必要的条件，还必须为操作人员的工作开辟一个适宜的环境。控制室往往是参观采访的一个主要场所，所以搞好控制室的设计，也是向外界展示工业生产过程操作控制水平的重要方面。这样，在控制室设计中，也要讲究建筑的造型与室内外的装饰，是一项具有一定艺术性的工作。

控制室内仪表盘是主要的设备，此外还配备操作台、供电装置、供气装置、继电器箱、开关箱、端子箱、计时器及通信联络设施等。在设计控制室，必须考虑到这些设备的合理安置。

一、控制室设计内容

控制室按照自动化水平和生产管理的要求分全厂级（联合装置）中央控制室和车间工段（单一装置）控制室。如果从其规模大小来分，一般认为有10块仪表盘以上的控制室为大型、6～10块仪表盘的为中型控制室、6块盘以下的为小型控制室。

在设计一个控制室时，主要解决的问题有如下几个方面：控制室的位置选择；仪表盘的平面布置；控制室的面积，控制室的建筑要求；控制室的采光、照明；控制室的空调；控制室的进线方式及电缆、管缆敷设方式，控制室仪表供电、接地、通信及安全保护等。

二、《控制室设计规定》中的主要规定

1. 控制室的位置

控制室应选择在接近现场和方便操作的安全区域内，建筑朝向，宜坐北朝南，对于高压和有爆炸危险的生产装置，其控制室宜背向装置。控制室应远离振动源和具有电磁干扰的场所。对易燃、易爆、有毒、有腐蚀性介质或有大量水雾、粉尘的生产装置，控制室宜设在主

导风向的上风侧或常年最小频率风向的下风侧。

2. 仪表盘平面布置

仪表盘平面布置应便于操作，平面布置的形式可分为直线型、折线型、弧线型、Γ型和Π型等。目前石油化工厂控制室中应用较多的是直线型布置方式，如图 5-1 所示。

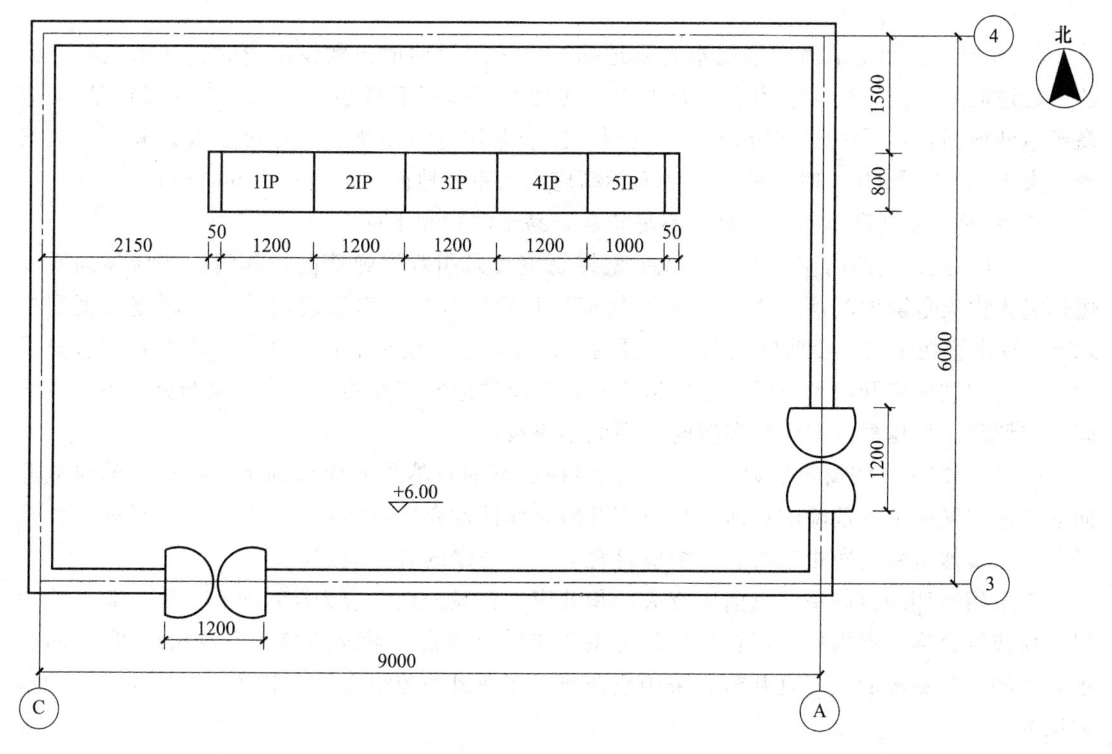

图 5-1 控制室平面布置图

3. 控制室的面积

主要考虑长度、进深和盘后、盘前区域大小，以便于安装、维护及日常操作。具体要求如下。

控制室的长度根据仪表盘的数量和布置形式来确定。如仪表盘为直线型排列，其长度一般等于仪表盘总宽度加门屏的宽度。

控制室进深，有操纵台时不宜小于 7.5m；无操纵台时不宜小于 6m；大型控制室长度超过 20m 时，进深宜大于 9m；小型控制室仪表盘数量较少时，进深可适当减少。

盘前区，不设操纵台，盘面至墙面距离不小于 3.5m；有操纵台时操纵台至盘面距离一般取 2.5～4m。

盘后区包括仪表盘的进深和仪表盘后边缘至墙面的距离的确定。盘后边缘至墙面的距离：框架式仪表盘和后开门的柜式仪表盘宜取 1.5～2m；屏式仪表盘宜取 1.5～2.5m；通道式仪表盘宜取 0.8m。当控制室较小，后墙又不布置设备时，通道式仪表盘也可不留间距；盘后区有辅助设备或其他特殊要求时，盘后边缘至墙面的距离应按安装、维修方便的原则确定。

4. 建筑要求

建筑要求主要提出对吊顶和封顶、层高、地面、墙面、门、窗及色彩等方面的要求。简述如下。

① 吊顶和封顶　一般宜设吊顶，但需考虑敷设风管和电缆、管缆的吊顶层应有充足的空间。设有半模拟盘和仪表盘为框架式的大、中型控制室可做封顶，但采用自然通风的控制室不宜做密闭封顶。

② 层高　吊顶下净空高度：有空调装置时，宜为3.0～3.3m；无空调装置时，不宜小于3.3m。

③ 地面　控制室地面宜采用水磨石地面。当采用活动地板敷设电缆时，活动地板下方的基础地面应涂刷地板漆或为水磨石地面，活动地板高度不得小于300mm。控制室地面应高于室外地面，不得小于300mm；当控制室位于爆炸危险场所内，且可燃气体和可燃蒸汽密度大于1.0342kg/m^{3}时，控制室地面标高应高出室外地面，不得小于600mm。

④ 墙面　控制室墙面应平整，不易积灰，易于清扫和不反光。

⑤ 门　控制室的门应向外开，大中型控制室宜采用双向弹簧门。其门一般应通向既无爆炸又无火灾危险的场所。大、中型控制室与寒冷地区控制室宜设门斗，控制室长度超过12m，宜设置两个门。盘前区通向盘后区的门：大、中型控制室宜设两门，小型控制室只设一个。门的朝向应开向盘前区。盘后区不宜设置单独通向室外的门。控制室与办公室、生活间、空调间、低压配电室毗邻布置时，中间不应设门。

⑥ 窗　控制室的窗户的数量及大小按照控制室的自然采光面积确定。控制室的窗应开向既无爆炸又无火灾危险的场所，也不宜开向有腐蚀性介质源的场所。控制室位于爆炸危险场所或与爆炸危险场所毗邻时，开窗应符合防火、防爆的有关规定。

不采用空调的控制室，盘前区宜大面积开窗，在风沙地区应为防风纱窗，寒冷地区应为双层窗或复合窗。室内换气以自然通风为主的应设有纱窗。封顶的控制室盘后区可开高窗，不封顶的控制室盘后区不宜开窗。采用空调或正压通风的控制室，宜装密闭的固定窗或两层玻璃窗。

⑦ 色彩　控制室的墙面、地面、顶棚和封顶等的色调应柔和明快，并与仪表盘和半模拟盘的颜色协调。

5. 采光和照明

采用自然采光的控制室，采光面积和盘前区地面面积比不应小于1/5，宜取1/4～1/3。自然采光时，阳光不应直接照射在仪表盘或操纵台上，不应刺眼和产生眩光，必要时应有遮阳措施。

人工照明的照度标准：控制室盘面及操纵台台面照度不应小于300lx，盘后区不应小于200lx，控制室外通道、门廊不应小于100lx。事故照明及照度标准：控制室应设置事故照明系统，盘前区照度不宜低于50lx，盘后区不宜低于30lx。照明方式和灯具布置：应使仪表盘面和操纵台得到最大照度，当光线柔和无眩光及操作人员近盘监视仪表时，不应出现阴影。

6. 空调和采暖

控制室的室内温度冬季保持在15～20℃，夏季保持在24～28℃，湿度保持在40%～65%。冬季室外采暖计算温度等于或低于0℃的地区，控制室宜设置采暖。

控制室的空调主要用于采用电子式仪表为主的大、中型控制室；有特殊要求的小型控制室；夏季通风室外计算温度高于32℃或相对湿度大于80%时，一般通风不能满足要求；风沙或灰尘较大地区，一般通风不能满足要求的控制室。

控制室的送风口和回风口的位置，应按照不造成气流短路和循环不良的原则确定。盘前区宜上送风、下回风，盘后区宜下送风、上回风。

7. 进线方式及室内电缆、管缆敷设

控制室可采用架空进线，也可采用地沟进线。架空进线时，穿墙处应密封，在寒冷地区采取防寒措施；地沟进线时，室内沟底应高出室外沟底300mm以上。在室内外地沟交接处，应做成不大于45°的坡道并应采取封闭措施。

8. 供电、接地、通信及安全保护

供电应符合《仪表供电设计规定》(HG 20509—92)的标准；接地应符合《仪表接地设计规定》(HG 20513)的标准。

控制室宜设置必要的通信设施，其型式与数量与主导专业协商确定。

控制室应设置必要的安全保护措施。工艺介质不得引入控制室。控制室可能出现可燃气体时，应符合国家现行有关的防火标准的规定。控制室可能出现有毒气体时，应设置有毒气体检测报警器。

控制室位于火灾、爆炸危险场所时，应采取正压通风措施，并符合以下条件。

① 当控制室所有通道关闭时，应能维持30～50Pa压力。

② 当控制室所有通道打开时，通过所有通道向外排的风速不应小于0.3m/s。

③ 吸风口位置应选择在安全区的空气洁净处，空气质量要求应符合《大气环境质量标准》的规定。当吸风口位置受条件限制不能满足要求时，应由暖通专业采取空气净化措施。

④ 正压通风系统应考虑备用措施或设置故障声光报警，并采取必要的联锁措施。

⑤ 当未采用空调时，换气次数不应少于6次/h。

第二节 仪表盘的设计

仪表盘的设计主要是仪表盘的选型、仪表盘盘面布置，并确定是否采用半模拟盘及考虑半模拟盘的设计。此外还需考虑仪表盘的盘内配线、配管，操纵台的设置及仪表盘的安装等问题。在设计时可参阅《自动化仪表选型规定》(HG 20507—92)及《化工装置自控工程设计规定》(HG/T 20636～20639—98)中的有关内容。

一、仪表盘的选型

常用仪表盘有框架式、通道式、超宽式、柜式及其变型品种。根据工程设计的要求应选用定型仪表盘，有特殊要求时也可采用非定型仪表盘。

大、中型控制室内仪表盘宜采用框架式、通道式、超宽式仪表盘。盘前区可视具体要求设置独立操作台，台上安装需经常监视的显示、报警仪表或屏幕装置、按钮开关、调度电话、通信装置。

小型控制室内宜采用框架式仪表盘或操作台。环境较差时宜采用柜式仪表盘。

若控制室内仪表盘盘面上安装的信号灯、按钮、开关等元器件数量较多时，应选有附接操作台的各类仪表盘。

含有粉尘、油雾、腐蚀性气体、潮气等环境恶劣的现场，宜采用具有外壳防护兼散热功能的封闭式仪表柜。

仪表盘外表涂层材料应考虑防腐、防火等因素。涂层表面状况应是无光或半光。涂层颜色应按《仪器仪表协调用颜色》(JB/T 5218—91) 标准。

二、仪表盘盘面布置

仪表盘盘面上仪表的排列顺序，应按照工艺流程和操作岗位的要求进行排列，宜将一个操作岗位的仪表排列在一起。复杂调节系统的各台仪表按其操作要求排列。

盘面上仪表可分三段布置。

上段：距地面标高 1650～1900mm 内，宜布置指示仪表、闪光报警仪、信号灯等监视仪表。

中段：距地面标高 1000～1650mm 内，宜布置调节仪、记录仪等需要经常监视的重要仪表。

下段：距地面标高 800～1000mm 内，宜布置操作器、遥控板、按钮、开关等操作仪表或元件。

在整个仪表盘组的盘面上，一定要注意同类仪表对应关系。仪表排列要尽量成排成行，可按中线取齐，也可按外壳边缘取齐。总之，一定要在实用的基础上注意整齐、美观。

仪表盘盘面上安装仪表的外形边缘至盘顶距离应不小于 150mm，至盘边距离应不小于 100mm。

仪表盘盘面上安装的仪表、电气元件的正面下方应设置标有仪表位号及内容说明的铭牌框（板）。背面下方应设置标有与接线（管）图相对应的位置编号的标志，如不干胶贴等。

采用半模拟盘时，模拟流程与仪表盘上相应的仪表尽量对应。半模拟盘的基色与仪表盘颜色应协调。

采用通道盘时，架装仪表的布置宜分三段。

上段：宜设置电源装置。

中段：宜设置各类给定器、设定器、运算单元等。

下段：宜设置配电器、安全栅、端子排等。

各类仪表盘的特点及应用组合见表 5-1，仪表盘的组合形式及应用场合见表 5-2，在设计时，可作参考。

表 5-1　各类仪表盘的特点及应用组合

<table>
<tr><th>名　称</th><th colspan="2">结构形式</th><th>特　点</th><th>应用场合</th></tr>
<tr><td rowspan="4">柜式仪表盘</td><td colspan="2">带外照明</td><td rowspan="4">整齐清洁防尘好，对仪表保养有利；结构复杂，造价贵，安装不方便，占地面积大，自然通风不良</td><td rowspan="4">一般灰尘较大、环境恶劣、精密仪表和电器接线端子及变压器、继电器类电气设备较多的情况下常用，并可进行局部通风和局部充空气</td></tr>
<tr><td rowspan="2">附接操作台</td><td>带外照明</td></tr>
<tr><td>不带外照明</td></tr>
<tr><td colspan="2">不带外照明</td></tr>
<tr><td rowspan="2">通道式仪表盘</td><td colspan="2">基型</td><td rowspan="2">整齐清洁防尘好，安装紧凑，占地面积大；结构复杂，造价贵，自然通风不良</td><td rowspan="2">宜用于组合仪表高密度安装，适用于大、中型装置</td></tr>
<tr><td colspan="2">带操作台</td></tr>
<tr><td rowspan="4">框架式仪表盘</td><td colspan="2">带外照明</td><td rowspan="4">结构简单，安装方便，占地面积较小，价格比较便宜，自然通风好，不防尘</td><td rowspan="4">目前应用比较广泛，盘后用万能角钢和扁钢可做成变化多样的安装架。对大小型电桥和电位差计及电动、气动组合仪表安装很方便；继电设备多时易积尘使接触点接触不好</td></tr>
<tr><td rowspan="2">附接操作台</td><td>带外照明</td></tr>
<tr><td>不带外照明</td></tr>
<tr><td colspan="2">不带外照明</td></tr>
</table>

表 5-2 仪表盘的组合形式及应用场合

<table>
<tr><th>名称</th><th>结构形式</th><th colspan="2">应用场合</th></tr>
<tr><td rowspan="11">柜式仪表盘</td><td>左侧开门、右侧封闭</td><td colspan="2">可单独使用亦可组合安装</td></tr>
<tr><td>左侧封闭、右侧开门</td><td colspan="2">宜单独使用亦宜组合安装</td></tr>
<tr><td>左侧开门、右侧敞开</td><td colspan="2">不宜单独使用，只宜与其他盘组合安装于最左侧</td></tr>
<tr><td>左侧敞开、右侧开门</td><td>不宜单独使用，只宜与其他盘组合安装于最左侧</td><td rowspan="2">靠墙安装时两者不能同时应用</td></tr>
<tr><td>左侧封闭、右侧敞开</td><td>不宜单独使用，只宜与其他盘组合安装于最右侧</td></tr>
<tr><td>左侧敞开、右侧封闭</td><td colspan="2">不宜单独使用，只宜与其他盘组合安装于盘中间</td></tr>
<tr><td>两侧敞开</td><td colspan="2">可单独使用</td></tr>
<tr><td>两侧封闭、后边开门</td><td colspan="2">不宜单独使用，只宜与其他盘组合安装于最左侧</td></tr>
<tr><td>左侧封闭、右侧敞开、后开门</td><td colspan="2">不宜单独使用，只宜与其他盘组合安装于最右侧</td></tr>
<tr><td>左侧敞开、右侧封闭、后开门</td><td colspan="2">不宜单独使用，只宜与其他盘组合安装于盘中间</td></tr>
<tr><td>两侧敞开、后边开门</td><td colspan="2"></td></tr>
<tr><td rowspan="11">框架式仪表盘</td><td>两侧敞开</td><td colspan="2">不宜单独使用，只宜组合安装于盘中间</td></tr>
<tr><td>左侧带壁、右侧敞开</td><td>不宜单独使用，只宜与其他盘组合安装于最左侧</td><td rowspan="2">靠墙安装时不宜同时应用</td></tr>
<tr><td>左侧敞开、右侧带壁</td><td>不宜单独使用，只宜与其他盘组合安装于最右侧</td></tr>
<tr><td>左侧带门、右侧敞开</td><td colspan="2">不宜单独使用，只宜与其他盘组合安装于最左侧</td></tr>
<tr><td>左侧敞开、右侧带门</td><td colspan="2">不宜单独使用，只宜与其他盘组合安装于最右侧</td></tr>
<tr><td>左侧带边、右侧敞开</td><td colspan="2">不宜单独使用，只宜与其他盘组合安装于最左侧</td></tr>
<tr><td>左侧敞开、右侧带边</td><td colspan="2">不宜单独使用，只宜与其他盘组合安装于最右侧</td></tr>
<tr><td>两侧带边</td><td colspan="2">只宜单独使用</td></tr>
<tr><td>两侧敞开</td><td colspan="2">不宜单独使用，只宜与其他盘组合安装于盘中间</td></tr>
<tr><td>左侧带边、右侧敞开</td><td colspan="2">不宜单独使用，只宜与其他盘组合安装于最左侧</td></tr>
<tr><td>左侧敞开、右侧敞开</td><td colspan="2">不宜单独使用，只宜与其他盘组合安装于最右侧</td></tr>
<tr><td rowspan="5">通道式仪表盘</td><td>左侧开门、右侧敞开</td><td colspan="2">不宜单独使用，只宜与其他盘组合安装于最左侧</td></tr>
<tr><td>左侧敞开、右侧开门</td><td colspan="2">不宜单独使用，只宜与其他盘组合安装于最右侧</td></tr>
<tr><td>两侧敞开</td><td colspan="2">不宜单独使用，只宜与其他盘组合安装于盘中间</td></tr>
<tr><td>左侧封闭、右侧敞开</td><td colspan="2">不宜单独使用，只宜与其他盘组合安装于最左侧</td></tr>
<tr><td>左侧敞开、右侧封闭</td><td colspan="2">不宜单独使用，只宜与其他盘组合安装于最右侧</td></tr>
</table>

三、仪表盘正面布置图的绘制

根据上面盘面排列的基本原则，绘制仪表盘正面布置图时，尚需注意以下规定。

① 仪表盘正面布置图一般以 1∶10 的比例绘制。

当采用高密度排列的Ⅲ型表时，也可用 1∶5 的比例绘制。

② 仪表盘正面布置图应以盘上仪表、电气设备、元件的正视最大外形尺寸绘制。

对于外形不规则的取近似几何形状。需注意的不是仪表的开孔尺寸，也就是说，正面布置图并不是开孔图。一般情况下，不需另画仪表开孔图，只有当使用进口或试制等特殊仪表时，必须绘出开孔图。

③ 仪表盘正面尺寸线的标注一般应在盘外标注，必要时也可标注在盘内。

横向尺寸线应从盘的左边向右边或中心线向两边标注；纵向尺寸线应自上而下标注。所有尺寸线均不封闭（封闭尺寸应加注括号）。

④ 盘上安装的所有仪表应标注位号。

盘上安装的所有仪表，电气仪表、元件，需要在其图形内（或外）中心线上标注仪表位号或电气设备、元件的编号，中心线以下标注仪表、电气设备和元件的型号。均需绘出铭牌框，其中大铭牌框用细实线的长方形表示，小铭牌框用一条粗实线表示；可不按比例。每块仪表盘也应标注盘号和型号。在正面布置图的设备表中要分盘完整地列出全部盘正面安装的仪表、电气设备和元件。

⑤ 框架式或屏式仪表盘的首尾两块需要装饰边时，应在图上绘出。

其宽度一般为 50mm。在正面布置图上应注明仪表盘的颜色。

⑥ 仪表盘正面布置图线条表示方法：仪表（包括仪表盘）、电气设备、元件——粗实线；标注尺寸的引线——细实线。

⑦ 要按盘列出铭牌注字表。

根据工程具体情况也可单独列出铭牌注字表。

当控制室内安装的仪表盘多于 4 块时，应绘制控制室仪表盘正面布置总图。此图可不标注仪表、电气设备、元件的型号，不绘制铭牌框。尺寸线只注主要尺寸。设备表也只列仪表盘、半模拟盘及侧门。

四、半模拟盘的正面布置图

采用半模拟盘时，需绘制半模拟盘正面布置图，应使用不小于 1∶5 的比例。模拟流程与仪表盘上相应的仪表尽可能相对应。在图中应表示出主要的工艺设备及管道，并在明显位置标注测量点。当相同的工艺系统有几套时，在半模拟盘上可只表示一套，但运转设备运转指示灯要全部绘出。有时也要求绘出主要变量的报警信号灯。

每块半模拟盘均应标注盘号和型号，首尾两块如需要装饰边时，应在图上绘出，其宽度一般为 50mm。此外，应画出不能按图纸比例造型的设备、图形符号及管线的放大图，放大的比例规定为 1∶1。

第三节 分散控制系统（DCS）的设计

微处理器为基础的集散型控制系统的出现，很快在工业生产过程中得到广泛的应用。采用数字计算机实现过程控制，可以完成更加复杂和高级的控制，而且其信息传递和处理的速度很高，又能以 CRT 屏幕显示、制表打印等方式给人们提供生产过程的信息情报，所以分散型控制系统（Distributed Control System，以下简称 DCS）的出现，取代了大批的常规显示、调节仪表，大面积地立在操作员面前的仪表盘失去了存在的意义，这样就导致了新型控制室的出现。上节提到的控制室设计的一般原则，在进行 DCS 控制室设计时仍可参考，但还需就其特定的情况提出相应的设计要求。标准仍然采用《控制室设计规定》（HG 20508—92）中关于 DCS 控制室的内容。

一、DCS 的设计方法

DCS 的设计，一般来说可分为五个阶段来进行：

① 可行性研究阶段；

② 基础设计/初步设计阶段；

③ 工程设计阶段（包括基础工程设计和详细工程设计）；

④ DCS 应用软件组态阶段；

⑤ DCS 的安装、调试、投运阶段。

下面把各阶段的内容作概要介绍。

（一）可行性研究阶段

根据工艺装置或辅助工程（如热电站、化工液体罐区等）的特点及对自动化水平的要求，将采用DCS作为一种控制方案提出。

与工艺设计人员共同讨论，初步估定控制回路数和输入/输出信号数量，进行预询价或估算投资金额。

作出DCS控制装置与常规模拟仪表技术经济比较。

根据采用DCS的必要性及可行性，决定是否采用DCS（如有可能征求最终用户的意见）。

（二）基础设计/初步设计阶段

以管道仪表流程图（P&ID）为依据，确定DCS的输入、输出信号种类、数量，控制回路（包括复杂控制回路）数量。

结合工艺装置的特点及控制要求，确定DCS所要实现的功能（包括批量控制、顺序控制、安全联锁系统以及与上位机的联系等）。

确定硬件的基本配置，画出初步的系统硬件配置图。配置图主要内容包括：

① 操作站台数；

② 辅助操作台（根据需要选用）；

③ 打印机台数；

④ 拷贝机（根据需要选用）；

⑤ 输入/输出点数量（初步统计）；

⑥ 工程师站（按机型选用）；

⑦ 上位机或PLC接口（根据需要选用）。

（三）工程设计阶段

本阶段的设计工作开始以后，往往由于DCS不能及时订货或DCS订货后不能及时得到系统组态资料，如DCS系统与外部连接的接线端子图等资料，从而无法完成仪表回路图等设计文件，使自控设计工作不能连续开展下去，拖延了设计进度。为了不影响整个工程项目的设计进度，可将自控设计工作分成两步开展。

第一步：先完成不受DCS组态工作影响的自控设计工作，这一部分设计文件完成后可先入库、发图，满足仪表设备采购的要求。

第二步：完成编制DCS组态所需设计文件后，并在得到DCS系统组态有关资料的基础上，完成DCS外部连接设计工作。

1. 第一步工作——自控工程设计及DCS采购

根据基础设计文件及其审批意见，配合工艺、系统专业完成各版管道仪表流程图（P&ID）。

按设计“新体制”的“工程设计内容深度规定”开展自控专业的工程设计。除了与DCS系统组态有关联的设计文件以外，要完成下列设计文件：

设计说明书； DCS监控数据表（初版）；

仪表索引； 仪表供电系统图；

仪表数据表；	信号联锁原理图；
控制室平面布置图；	电缆表；
仪表安装图；	仪表安装材料表；
仪表位置图；	仪表电气设备材料表。
仪表空气管线平面配管图；	

参照DCS技术规格书编制大纲的要求，编制“DCS技术规格书”，发出DCS的正式询价书。一般情况下，至少向三个DCS供方询价。

DCS供方的报价书至少要包括以下内容：

① 报价说明；

② DCS硬件配置清单及其系统配置图；

③ 系统软件清单及其功能说明；

④ MTBF和MTTR数据及计算方法；

⑤ 对询价书中双重化、冗余要求的实施方法；

⑥ 系统硬件的分项价格；

⑦ 应用软件由供方或由用户组态的分类价格；

⑧ 产品的投运业绩。

收到DCS供方报价书后，可按下列要求对DCS系统进行评审：

① DCS各种功能能否满足询价书的过程控制要求；

② DCS的操作站配置、外部设备，如打印机、记录仪、拷贝机等数量是否符合询价书要求；

③ DCS硬件配置是否满足询价的双重化、冗余要求；

④ DCS硬件质量指标（MTBF、MTTR）是否先进；

⑤ DCS系统软件是否标准化、模块化，是否经过实践检验；

⑥ 在同类型装置中投运的业绩以及用户的反映；

⑦ 价格比较。

配合DCS采购部门进行DCS的合同谈判。合同技术附件谈判可按照DCS技术规格书中的要求进行，并要清楚地讨论以下几个问题。

① 设计、供货范围：是否设置DCS输入/输出电缆电线接线端子柜，谁负责设计、供货；安全防爆措施（如安全栅）谁负责配置等。

② DCS应用软件组态、生成：谁负责完成，如由用户完成时，要明确供方的责任范围。

③ 修订DCS技术规格书并可作为合同附件之一。

与最终用户共同确定DCS选型及供方，参加签订DCS供货合同。

DCS系统配置图如图5-2所示。

2. 第二步工作——编制DCS应用软件组态所需设计文件及完成DCS外部连接设计工作

不管DCS应用软件组态工作是由供方完成，还是由用户完成，组态所需的基础数据、图纸等设计文件都是由设计部门完成。其设计文件内容为DCS监控数据表；动态工艺流程画面；分组显示画面；历史趋势显示安排；重要工艺操作数据的储存要求；各类报表格式等。

在得到DCS的外部连接端子图后，继续完成第一步工作中未做完的工作，如仪表回路图等。当DCS应用软件组态、生成工作由供方完成时，其仪表回路图也可由供方完成。这时，设计部门（用户）只将半成品的回路图（只表示现场仪表到控制室的连接）作为条件图交给供方即可。

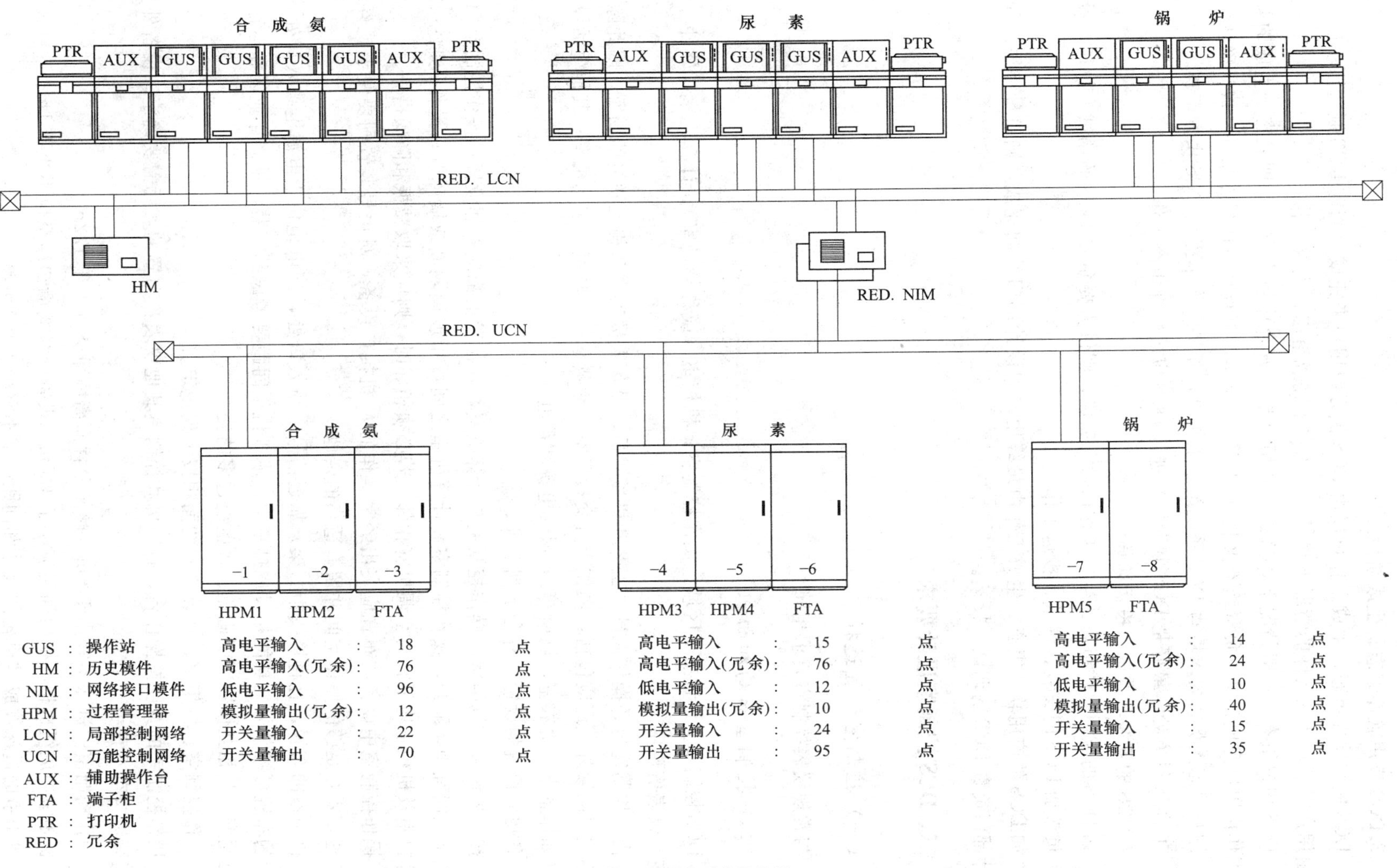

图 5-2 DCS系统配置图

3. DCS 应用软件组态、生成阶段

DCS 应用软件组态、生成工作可以由 DCS 供方或用户来完成，当前 DCS 制造厂一般推荐由用户完成。在有条件的情况下尽可能由用户来完成组态、生成工作。

DCS 用户组态。一般情况下，这是一种用户与供方合作组态方式，即组态、生成的具体工作由用户完成，供方负责组态文件（如组态工作单）审查和生成操作指导、成果确认。

用户组态人员按要求填写 DCS 系统组态工作单，并将工作单提交 DCS 供方审查。

在 DCS 供方处（最好是 DCS 制造厂）进行 DCS 应用软件组态工作。

4. DCS 的安装、调试、投运阶段

如 DCS 的应用软件组态、生成工作由供方完成，则供方要负责 DCS 的调试、投运，设计人员参加 DCS 的安装、调试、投运工作。

如 DCS 的应用软件组态、生成工作由最终用户和设计部门共同完成，则由最终用户和设计部门负责 DCS 的调试、投运。

二、DCS 控制室设计要求

（一）控制室位置选择

与常规仪表控制室要求相同。

（二）控制室布局和面积

DCS 控制室应设置主要区域：操作控制室；机柜室（或称辅助室）；计算机室；软件办公室；仪表值班室。

由于控制室也是操作人员、工艺和机械人员、设备人员工作和相互联络的场所，因此除上述主要区域外，还应包括：操作人员交接班室；储藏室；维修室；空调机室；其他生活设施（如休息室、更衣室、厕所等)；保安电源和蓄电池室。

各房间位置的设置应符合下列要求。

操作控制室与机柜室、操作控制室与计算机室，在位置上都应相邻设置；操作控制室和机柜室之间宜用墙隔开，操作控制室和计算机室之间可用玻璃隔断或墙隔开；操作控制室、计算机室及机柜室均不宜与空调机室相邻，若必须相邻时，则应采取减振和降噪措施。

操作控制室中设备的布置应突出经常操作的人-机接口设备，对信号装置则要便于观察和处理，要有足够的操作空间并留有适当的余地。

机柜室的布置，宜将接线柜（架）靠近信号电缆入口处，配电柜位于电源电缆入口处，机柜的布置可按信号的功能相对成排集中。成排机柜间距要考虑到安装、维修作业区和运输通道宽度，其相互位置应能避免连接电缆过多的交叉。

操作控制室、机柜室、计算机室的面积按下列规定。

操作控制室的宽度按操作台、打印机和控制室其他仪表盘布置的实际需要确定。设备外缘离墙边净空不宜小于 1.2m。

操作控制室的进深不宜小于 6m。操作台背面离墙净空宜大于 1.2m。

机柜室中成组机柜的横向间距应小于 1.5m，设备外缘离墙边净空应不小于 1m。

机柜室的进深按成排机柜的尺寸和间距净空不宜小于 0.8m。

（三）环境条件

空气的净化要求：尘埃$<200\mu g/m^3$（粒径$<10\mu m$）；$H_2S<10ppb$；$SO_2<50ppb$；$Cl_2<1ppb$（$1ppb=10^{-9}$，下同）。

机械振动频率在14Hz以下时，振幅在0.5mm（峰-峰值）以下，操作状态振动频率在14Hz以上时，加速度在0.2g以下。

控制室的噪声应限制在55dB（A）以下。DCS设备的电磁场条件按制造厂要求。

（四）建筑要求

控制室应按防火建筑物标准设计，耐火等级不低于二级。

（1）地板

控制室地面推荐采用活动地板。平均负荷：操作控制室和计算机室约$6000N/m^2$；机柜室约$10000N/m^2$。水平度±1.5mm/3m。离基础地面高度一般宜为300～500mm。活动地板应是防静电的。基础地面可做成水磨石地面。基础地面高于室外地面应不小于300mm。当控制室位于爆炸危险场所，可燃气体和可燃蒸气密度大于$1.0342kg/m^3$时，基础地面应高于室外地面不小于600mm。

如地面铺设地毯时，应采取防静电措施并定期使用抗静电喷雾剂。

（2）外墙

控制室外墙可采用砖墙。在装置有易燃易爆危险的场合，面向装置和距离装置较近一侧的墙应为钢筋混凝土墙。

控制室宜减少外墙，若有外墙时，宜北向。

（3）内墙

控制室内墙面应平整、光滑、不起灰。墙面宜涂以无光漆或裱阻燃型无光墙布，涂层应是不易剥落的。必要时可使用吸声材料。

内墙色调以浅色为宜，色泽宜调和自然。

（4）吊顶

控制室应做吊顶，吊顶距地面的净空以2.8～3m为宜。

吊顶与天花板构件间的距离宜为600～800mm。吊顶宜使用耐火隔音或吸音材料，其耐火极限不宜小于0.25h。

（5）门

控制室的门应为非燃烧型的。大型控制室应设置两个门且应设置门斗。门应为双向弹簧门。

机柜室一般不宜设置通向室外的门。

操作控制室与机柜室、计算机室之间应有方便的交通通道，而与办公室、休息室相邻时，中间不宜开门。

空调机室的门不应与其他房间相通。

在设置参观走廊时，控制室与参观走廊相通的门应为铝合金门，并配有大面积的观察玻璃窗。

（6）窗

操作控制室、计算机室不宜开窗或只开少量双层铝合金密封窗。

机柜室可开窗，亦应为双层铝合金密封窗。

操作控制室与机柜室之间，以及与参观走廊之间可设玻璃隔断。玻璃隔断宜从地面到吊顶之间全部隔开。

（五）采光与照明

操作控制室、机柜室和计算机室应以人工照明为主，其他区域应采用自然采光。

不同区域在距地面假想的0.8m平面上的照度要求如下。

计算机室，300lx；操作控制室的操作区域，250～300lx；一般区域，300～500lx；机柜室，600～700lx。

照明灯具一般宜用荧光灯。灯具的位置不应对操作屏幕形成直射和眩光。

荧光灯的布置以暗装吸顶格栅灯（内有反光板）组成的漫射光带为宜。可以按区域或按组分别设置开关以适应不同的照明需要。

控制室必须设有事故照明系统，事故照明系统必须由单独的电源保证供电。事故照明的照度按30lx考虑。

（六）采暖、通风和空调系统

控制室、机柜室和计算机室的通风和空调应与其他生产装置或房间的通风、空调分开而自成系统。

空调房间的换气次数每小时不宜小于5次。

气流组织和室内正压：操作区的气流组织以上送下回为宜；机柜区的气流组织以下送上回为宜；气流组织采用其他形式时应避免气流短路和循环不良；室内正压应控制在10～30Pa。

新风吸入口应设在排风口上风侧空气洁净部位并背向装置，其高度应低于排风口。

（七）进线方式和室内电缆敷设

DCS控制室的进线宜采用地沟进线或架空进线方式。架空进线时，应考虑室外金属构件在不同环境条件下的附加温度应力。地沟进线时，室内沟底应高于室外沟底标高不小于0.3m。

电缆进入控制室时，穿墙处必须进行密封处理。

电缆宜从底部进入DCS设备。当采用活动地板时，电缆可直接在基础地面上敷设。若采用水磨石地面，则应在电缆沟内敷设。

信号电缆与电源电缆应分开，避免平行走线，若不能避免平行敷设时，应采取隔离措施。

信号电缆与电源电缆垂直相交时，应使用厚度为1.6mm以上的铁板架空相交部分。

（八）设备的安装固定

采用水磨石地面时，通过预埋地脚螺栓或其他预埋件的方式固定。

采用活动地板时，操作台和DCS机柜应固定在角钢预制的台架上，该台架固定在基础地面上。

操作控制区的其他外部设备可安置或固定在地板上。

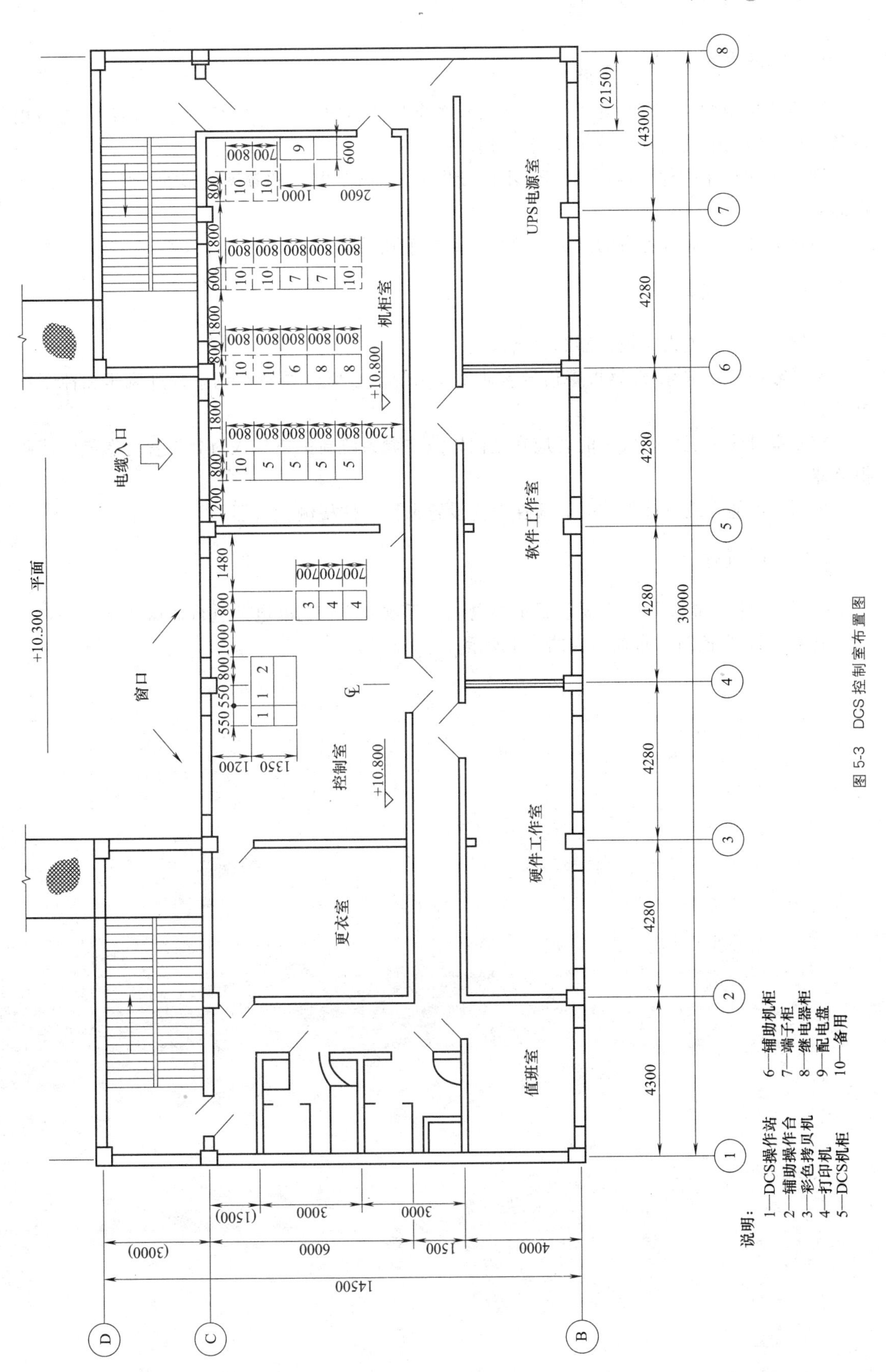

说明：
1—DCS操作站
2—辅助操作台
3—彩色拷贝机
4—打印机
5—DCS机柜
6—辅助机柜
7—端子柜
8—继电器柜
9—配电盘
10—备用

图 5-3 DCS 控制室布置图

（九）供电和接地

DCS 供电电源总容量应不小于 DCS 各设备电量总和的 1.20～1.25 倍。如尚需考虑备用设备或仪表的用电量，则应按 1.5 倍计算。

DCS 电源应采用保安电源（UPS 不间断电源）。供电电压和频率应满足 DCS 设备制造厂的要求。

各用电设备应通过各自的开关和负荷断路器单独供电。

（十）安全措施

控制室内应设置火灾报警器和灭火系统。

按烟雾报警或烟雾/温感报警信号启动灭火系统。必要时切断空调系统进风阀和控制室电源。

控制室可能出现可燃气体时，应在室内以及空调系统新鲜空气入口处设置可燃气体检测报警器。

控制室可能出现毒性气体时，应在室内设置毒性气体检测报警器。

（十一）通信

控制室、计算机房可按需要设置生产电话、行政电话和调度电话进行通信。

典型的 DCS 控制室布置图如图 5-3 所示。

仪表接线图的绘制

仪表接线图包括仪表盘背面电气接线图与复杂调节系统接线图。

在国外，仪表盘背面电气接线图的绘制工作是在仪表盘的正面布置图和表盘排列原则已经确定的情况下，由仪表制造厂家去完成。因为他们对仪表背后接线端子的配置情况及仪表接线清楚，完成这一工作比较方便。国内推行的“新体制”设计法，也在向这一方向过渡。自控设计人员不再绘制仪表盘背面电气接线图，但由于仪表盘背面接线图在施工中的重要性以及在小规模的技术改造中可能仍要自己动手绘制接线图，因此，自控专业的人员有必要熟悉它的绘制方法，以便正确识图。

第一节　接线图的绘制方法

目前，仪表之间的接线图有三种不同的绘制方法，即直接接线绘制法、相对呼应绘制法和单元接线绘制法。

一、直接接线绘制法

这种接线绘制方法是根据设计意图，应用一系列的连接线直接将有关仪表的相应接线端子连接起来而成。

这种背面图的绘制方法是用一系列连线将有关仪表的接线端子之间或仪表接线端子与外部接线端子板之间直接相连而成。这样就显得既复杂又累赘，它只适用于盘装仪表数量较少且连接线路又比较简单的情况。否则，一旦盘面仪表数量增多，仪表的连接线路就比较复杂、比较乱。此外，由于仪表之间的连线不可避免地相互穿插、交织在一起，就会给读图带来不便且容易看错。因此，对于涉及的仪表较多且连接线路又比较复杂的情况，不宜采用这种绘制方法。

不过这种接线图绘制方法会给仪表施工安装工作带来很大的方便。因为有关仪表的接线关系以及线路的走向在该图上都已交代得很清楚，施工安装人员完全可以按图施工而不致出错。

对于单个复杂调节系统图的绘制，由于其涉及的仪表较少，为了清楚地表达各仪表之间信号连接情况，便于现场的施工安装，一般都采用直接接线法进行绘制。

二、相对呼应绘制法

这种绘制方法是：首先将仪表接线端子及接线端子板的端子都编上号；然后再根据设计

的意图在各个相应的仪表接线端子和接线端子板的端子上标注上与其相连接的对方仪表或接线端子板的端子编号，以表示它们之间的相互连接关系。

采用相对呼应绘制法绘制的仪表盘背面电气接线图的优点是略去了对应端子之间的直接连线，从而使图面变得清晰而不混乱。这就给读图带来了方便，而且图面也不再有杂乱的感觉。

这种接线绘制只交待了每条连线的首、尾两点，而中间连接线的走向问题并没有交代。因此，在施工安装时就要发挥施工人员的主观能动性，由他们根据整齐、美观的要求具体安排中间连接线的走向。显然，这对现场施工人员的技术水平要求就要高一些。目前，应用相对呼应绘制法绘制仪表盘背面电气接线图较为普遍，这一方法也是基本训练的内容。

三、单元接线绘制法

这种方法又称单元图束接线绘制法。这种接线绘制法是将线路上有联系而安装又相互贴近的仪表划分成一个单元，以虚线将它们框起来，视为一个整体，并给予一个单元编号。每个单元的内部连线不必绘出，而每个单元与其他单元或接线端子排的连线则以一条带圆卷短线条互相呼应，并在线条上标以对方单元或接线端子排的编号，连接线的根数在圆卷中给予标注（当连线只有一根时，则圆卷可以省去）。

显然，应用单元接线法绘制的仪表盘背面电、气接线图则更为简洁，图面更为清晰。但是它只有熟悉自动化系统的专业人员才能够读懂。因此，按照这种图纸进行施工，对施工人员的技术要求就要更高些。它不仅要求施工人员要熟悉各类控制系统的结构组成，而且还要求他们要熟悉各种仪表的背面接线图。否则设计者的设计意图将无法实现，甚至会使线路接错。因此，单元接线绘制法一般情况下较少使用，除非施工安装人员的技术水平较高才可以考虑。

第二节 仪表盘背面电、气接线图的绘制

仪表盘背面电、气接线图是自控设计的核心和关键，它是贯彻自控设计意图、体现设计要求、进行仪表外部电、气连线的技术依据。该图绘制的正确与否将直接影响到设计意图和要求的实现。因此，对于该图的绘制首先必须保证正确无误，这样才能保证按图施工后实现原自控设计的意图和要求。其次，作为自控设计图纸，它必须符合一定的规范，即所绘图纸的深度、图面所包含的内容以及图纸绘制的方法等，都应该符合自控设计的有关设计规范要求。

仪表盘背面电、气接线图是仪表之间电、气连线的依据。根据所选用的仪表类型不同仪表之间的信号类型将不一样，因此就要求用不同的接线图来表达。当仪表选型时采用的是电动仪表时，就应绘制仪表盘背面电气接线图；当采用的是气动仪表时，就应绘制仪表盘背面气动管线连接图；如果选用的仪表既有电动的又有气动的，则应分别绘制仪表盘面电气接线图和气动管线连接图，或者绘制一张仪表背面电、气接线图，该图将电气接线与气动管线连接综合表述于同一张图纸上。

一、仪表盘背面电气接线图的绘制

（一）仪表盘背面电气接线图所包括的内容

所绘制的仪表盘背面电气接线图应该交代所有盘装（指在仪表盘上安装）和架装（指在

仪表盘后框架上安装）的电动仪表的电气接线情况，其中包括：

① 所有盘装和架装电动仪表根据设计总图相互之间电气连线情况；

② 所有盘装和架装电动仪表与现场的一次元件（或变送器）以及执行器（调节阀等）的连接情况；

③ 所有盘装和架装仪表电源供电情况；

④ 所有盘装和架装仪表的接地情况。

（二）仪表盘背面电气接线图绘制的方法

① 在图面的中心部位绘出仪表盘轮廓及盘上安装（包括盘装和架装）的全部仪表、电气设备及元件等。大小可以不按比例，也不必标注尺寸，但各仪表设备的相对位置必须与正面布置图中仪表所处的位置相符。特别应该注意的是，在背面图中仪表左右排列的顺序与正面图中它们排列的顺序正好相反（因为本图是从仪表盘背面去看的情况）。

② 在盘背面所有盘装和架装的仪表、电气设备、元件等的图形符号内标注上设备的位号及型号，并应与正面布置图中标注的位号和型号相一致（特殊情况下允许在图形外进行标注）。仪表盘的顺序标号标注在左下方或右下方的小圆圈内。

为了在仪表接线图绘制时相互呼应的方便，往往为每个仪表及电气设备各给予一个顺序代号，就标注在各仪表、设备的正上方的小圆圈内。代号以英文字母后加一数字顺序表示，英文字母一般按仪表盘顺序来进行选取，如 1IP 仪表盘选用 A，2IP 选用 B，余类推。这样，对于 1IP 仪表盘内所有各仪表、设备就都有一个顺序编号 A1、A2、A3 等。

③ 如实地绘出仪表、电气设备及元件的接线端子，标明各端子的实际编号（应与仪表实际端子排列与编号相同），与接线无关的接线端子可以略去不画。

④ 在图面下方适当位置绘制接线端子排（或称端子板）SX，给各端子编上顺序号，并用文字说明该端子排在框架上安装的位置。

⑤ 在图面上方适当位置绘制供电箱 SB 的接线端子板 PX，也给各端子编上顺序号。用文字说明该供电箱在框架上安装的位置。

⑥ 用相对呼应法按自控设计的意图和要求绘制电气接线，其中：

a. 属于盘内仪表、设备之间的电气连线可以相互之间通过相互呼应直接接线，中间不必经过接线端子排，而跨盘仪表之间的接线则必须通过接线端子排 SX 相接；

b. 所有盘装和架装仪表、设备与现场仪表、设备的信号（这里面包括由现场一次元件或变送器来的测量信号和由调节器送往现场调节阀的控制信号）连接必须通过接线端子排 SX；

c. 所有盘装和架装仪表、设备的电源线通过供电箱接线端子板 PX 与供电箱 SB 相连；

d. 所有盘装和架装仪表、设备的接地点可以通过单独设置的接地端子板接地，也可以用接线端子板 SX 接地，但接线端子板上的接地端子与信号端子之间必须隔开若干个端子，以防信号“串地”。

⑦ 对通过接线端子板 SX 与现场相连的输入、输出信号电线及电缆进行编号（电缆符号以“C”表示）或者注明去向（标注终端一次元件、变送器或调节阀的位号）。

⑧ 填写仪表盘背面设备材料表（凡在正面布置图中已作过统计的项目，这里不再统计）以备仪表安装备料之用。

（三）绘制仪表盘背面电气接线图时的线型要求

根据自控设计深度规定，在绘制仪表盘背面电气接线图时，图中的线型必须符合如下要求：

① 仪表盘、仪表 、电气设备及元件等的轮廓线要求用（中）粗实线绘制；

② 电气接线要求用细实线绘制；

③ 引出盘外的电缆、电线要求用粗实线绘制。

（四）绘制仪表盘背面电气接线图时应注意的问题

① 各仪表、电气设备的电源与供电箱接线端子板连接时，相线与中线不要接错。一旦接错，往往仪表、电气设备上就会带电，就有触电的危险。为了防止接错，可事先对 PX 的端子作出规定。例如单数号端子为相线，双数号端子为中线。

② 现场的变送器有两种供电方法，一是现场供电，另一种是控制室供电。当采用后一种供电方式时，变送器的电源线也就接到仪表供电箱的接线端子板上。

③ 电动Ⅱ型表的输入、输出信号都是 0～10mA DC 信号。因此，当一个仪表的输出信号需要作为若干个仪表的输入信号时，这些仪表都必须串联。

④ 闪光信号报警器正面图也可以单独绘制成一张图。

二、仪表盘背面气动管线连接图的绘制

当自控设计中选用的是气动仪表时，应在仪表盘正面布置图绘制完成后，绘制相应的仪表盘背面气动管线连接图。

在仪表盘背面气动管线连接图中需要交代所有盘装和架装气动仪表的气动管路的连接情况，其中包括：

① 所有盘装和架装气动仪表根据设计意图相互之间的气动管路的连接情况；

② 所有盘装和架装气动仪表的输入、输出信号通过穿板接头 BA 与现场变送器或执行元件（调节阀）等的气动管路的连接情况；

③ 所有盘装和架装气动仪表的气源与供气管线的连接情况。

为达到上述要求，下面具体介绍仪表盘背面气动管线连接图的绘制方法。

① 在图纸的中心部位绘出仪表盘的轮廓（不必按比例）及盘装和架装的全部气动仪表（盘上的电动仪表可以不画而将位置空出）。不要求按比例，也不要求标注尺寸，但仪表间的相对位置必须与正面布置图相一致，而左右顺序正好相反。

② 在气动仪表的图形符号内标注上设备位号及仪表型号，并且应与正面布置图相一致（特殊情况下，可以在仪表图形外进行标注）。

为了简化和相互呼应时的方便，可以和仪表盘背面电气接线图绘制时一样，按照仪表盘的顺序给盘上的每块气动仪表编制一简化代号，标注在该表正上方的小圆圈内。

③ 如实地绘出各个气动仪表的气接头，并注明各个气接头的字母代号。

按照规定各种气接头的代号如下：气源用“A”；给定用“S”；输入用“I”；输出用“O”；开关用“K”。

④ 在图面的上方适当位置绘制穿板接头 BA，并给各个接头编上顺序号。以文字说明穿板接头安装位置。

⑤ 在仪表盘下方的适当位置绘制气源供气管路及供气阀门，并给各供气阀编上顺序号(一般供气阀应考虑除满足所有气动仪表供气需要外，尚应留有一定的余量作为备用)。

⑥ 用相对呼应法按自控设计的意图和要求绘制气动管路连线，其中：

a. 所有盘装和架装气动仪表属于盘内范围的接管可直接通过相对呼应法连接，属于跨盘仪表之间的接管，或与现场变送器或调节阀之间的气信号之间的连接必须通过穿板接头 BA；

b. 所有盘装和架装气动仪表的气源接头都应与气源供气管路上的供气阀相接。

在自控设计深度中，对仪表盘背面气动管线连接图中的线型作如下规定：

a. 仪表盘、气动仪表的外形轮廓用中粗实线绘制；

b. 盘背面气动仪表的配管连线用细实线绘制。

⑦ 对通过穿板接头 BA 与现场变送器及调节阀相接的管缆进行编号（管缆代号用字母“P”）或标注上管缆的去向。

⑧ 列出盘背面气动管线连接图中的设备材料表（在正面布置图中已作过统计的项目，这里不必重复)，以备安装备料之用。

三、仪表盘背面电、气混合接线图的绘制

当自控设计中既有电动仪表又有气动仪表时，或者气动仪表中带有电气信号（如气动温度变送器的输入信号就是电信号等）时，仪表盘上就出现了电信号与气信号混合的形式，这种情况下仪表盘背面电、气接线图就有两种画法：其一是分别单独绘制仪表盘背面电气接线图和仪表背面气动管线连接图，这就需要绘制两张图；其二是将仪表盘背面电气与气动管线连接图绘制在同一张图纸上，称之为仪表盘背面电、气混合接线图。其中电气接线图内容按仪表盘背面电气接线图的要求绘制，而气动管线连接图的内容则按仪表盘背面气动管线连接图的要求进行绘制。

由于仪表盘背面电、气混合接线图既表达了仪表的电气信号的连接关系，又表达了仪表的气动信号的连接情况，显然要比分别读电气接线图和气动管线连接图要方便得多。特别是当仪表盘安装的仪表数量较少，电、气接线又不是很复杂时，绘制仪表盘背面电、气混合接线图，比绘制电气接线图和气动管线连接图尤为方便。当然，如果盘面安装的仪表数量较多、仪表的电、气接线又比较复杂，还是以分别绘制仪表盘背面电气接线图的仪表盘背面气动管线连接图两张图为好，因为这样会给仪表安装工作提供很大方便。

Chapter 07

信号报警和联锁系统的设计

在过程控制领域内，常常对参数越限信号进行报警，对生产过程及设备按预定目的进行自动操纵或采取保护性措施，执行联锁动作，以确保满足石油化工生产的长周期正常运转，生产优质产品。在生产过程中，当某些工艺参数越限或运行状态发生异常情况时，信号报警系统就开始工作，用灯光及音响的形式，提醒操作人员注意，采取必要的措施，以消除生产不正常情况；当参数越限状态严重，需要立即采取措施，否则会出现更为严重的事故时，联锁系统将会按照事先设计好的逻辑关系动作，自动启动备用设备或者自动停车，不使事故扩大，保护人身和设备的安全。

因此，合理地选择联锁系统在一定程度上可以提高生产过程自动化水平，确保产品质量和生产安全。然而事物都是有两面性的，过多地设置联锁，联锁系统动作就很频繁，动不动就停车，这将会造成生产的过多停顿，造成过多的经济损失。要知道，对一个大型生产企业来说，停车一次将会造成很大的经济损失。因此，联锁系统的设计必须切合实际，应该既能保证生产安全，又排除那些不必要的联锁动作。这部分的设计标准为《信号报警、联锁系统设计规定》(HG 20511—92)。

“新体制”规定，信号、联锁系统设计完成的设计文件包括：报警联锁设定值表；联锁系统逻辑图；继电器联锁原理图；闪光报警器灯屏布置图等。

第一节　信号、联锁系统设计的基本原则

1. 整定值及调整范围必须满足生产过程要求

信号报警、联锁系统的设计目的必须满足生产过程的要求，因此其整定值、调整范围必须与生产操作要求吻合。

2. 优先选用无触点式

信号报警系统按其构成元件不同，可以分触点式和无触点式两大类（或者是两者的混合式）。在性能价格比相当的条件下，应优先选用无触点式。这是因为无触点式有更高的可靠性。

3. 确保可靠性

信号报警、联锁系统的设计相当于电力部门的“继电保护”在过程控制中的应用，这在石油化工自动化领域是一个有相当难度的课题。设计者必须对生产过程有深刻的了解，还需从系统工程的角度去进行设计，以辩证法去对待信号联锁点的确定。信号报警联锁的设置过

多或过少同样都是有害的；过多设置联锁点，粗看似乎更“保险”了，但往往易造成过于频繁的动作，反而影响生产。信号报警、联锁系统的可靠性始终应是设计者放在首位考虑的因素。

应按故障发生时使过程安全的原则，设计信号报警及联锁系统。并应在确保其可靠性的前提下，使所设计的系统简单合理，减少不必要的中间环节，保证系统动作灵敏、准确。

4. 防爆、防腐、防火要求

构成信号报警、联锁系统的元件必须满足生产场所防爆、防腐、防尘、防水、防振和抗电磁场干扰的要求；所采用的防护措施应符合国家的有关标准、规程的要求。

5. 配备不间断电源

组成联锁系统的所有元件必须由同一电源通过独立的回路供电。重要的联锁系统应配备不间断电源供电。

6. 连接导线

信号、联锁系统各元件之间的连线一般选用截面积为1.0～1.5mm^2的铜芯塑料线。为了区别信号系统和联锁系统，连接导线可选用不同的颜色。一般前者用黄色，后者选红色。

第二节　信号报警系统设计

过程控制发展至今，除了监控生产过程的操作参数正常值之外，还采用监视异常信息手段对操作参数的极限值，利用灯光、音响（或语言）提醒、警告操作者。因此，信号报警系统也是越限参数监控系统。它的设置提高了操作者处理异常信息的能力。早期的报警系统是非智能型的，当出现报警数量较多时，如何很快找出引起报警的关键原因，以尽早作出反应，是比较困难的。由于PLC和DCS的出现，使报警信息的处理有了新的发展。CRT的使用，使图形和字符的显示能力得到更好的运用，设计者可预先把各种报警、事故分析及其处理步骤储存起来，一旦发生参数越限，可提供参考处理对策。

一、信号报警系统的组成

信号报警系统通常由发讯传感器、灯光显示器件、信号接收器件、音响器件、检查器件、解除声光及特殊功能要求的环节（如记忆、转换、自锁或互锁功能等）和能源供给系统构成。

1. 发讯传感器

发讯传感器是故障检出元件，它是信号报警系统的输入元件。当参数越限时，它的接点就会闭合或断开，于是信号报警系统就开始动作。

信号报警系统中的报警信息源来自传感器发出的信号，传感器一般发送下列三种信号。

① 位置信号。如阀门的开、关位置或电机的启、停位置。

② 指令信号。如将预定指令传往其他车间。

③ 工艺参数越限信号。如被监视的温度、压力、流量值等。

一般报警信号系统可选用单独的报警开关，也可选用带输出接点的仪表（如某些成分分析仪表，只能选用带输出接点的二次仪表作为其报警传感器），或PLC、DCS系统的报警信号开关；作为报警系统的传感器，发出的报警信息应满足过程的精度要求。

发讯装置接点是常开、常闭形式应符合工艺过程状况，并与报警线路设计要求相符，传感器本身的性能可靠性要高，当工艺参数值上升或下降时，其接点动作的重复性应在误差允许的范围之内。

对生产过程影响重大的操作监视点，宜设置双重化的传感器，但不宜选用二次仪表的输出接点作为传感器。

例如：被控反应釜的温度报警或锅炉汽包液位，往往其报警信息源来自两个或三个独立的报警开关，经逻辑“或门”后发出报警，这就可以排除因一台仪表故障而发不出报警信号或发出错误报警信号的情况。选用二次仪表输出接点作报警信号，会由于二次仪表本身故障而造成报警信号源的差错。

2. 灯光显示器件

报警系统的灯光显示器件可以是信号灯，或带滤色片的光字牌式闪光灯屏，在闪光灯屏的滤色片上应刻写报警点位号，以便操作人员分辨。对于使用CRT显示的PLC或DCS系统信号灯则就在CRT的图形上，只要设置规定的颜色即可，同样也能闪光。

总体规定：灯光显示器件能正确指示过程报警状态，并能醒目地与背景区别。

具体要求如下。

① 在报警参数正常时，灯光显示应处于熄灭状况，当报警参数超越限定值（或状态改变）时，应发出闪光或旋转闪光。在操作者确认报警，但参数越限状态未消除前，应发出平光。

② 应以红色灯光表示越限报警或危急状态；黄色灯光表示低限报警或预告报警，或非第一事故原因报警；绿色灯光表示运转设备或工艺参数处于正常运行状态；乳白色灯光指示仪表电源处于正常供应状态。旋转闪光红灯常用于大型旋转机械事故状态或环境状态的报警。此规定与国际标准相一致。

③ 灯光显示器件应标注报警点位号或名称，以利于操作人员及时处理。

3. 音响器件

信号报警系统必须设置音响器，提醒操作者：报警已经发生。

音响器件一般选用电铃、喇叭、蜂鸣器、电笛、颤音器。可根据系统配置要求使用语音语句发出报警声响（如PLC或DCS系统）。

当同一控制室内要区别不同工艺装置的报警信号时，宜选用不同种类的音响器件发出不同的声音。

音响器件的声响应考虑克服环境噪声的干扰声响，保证音响器起到应有的作用，不致被环境噪声淹没。

4. 检查器件

信号报警系统应设置用于检查系统是否发生故障的必要器件。

检查器件由确认按钮（用于消音、去闪光）和试验按钮组成。确认按钮宜选用黑色，试验按钮宜选用白色。确认按钮用以表明操作者已知报警发生；试验按钮用以检查系统功能是否正常可靠。颜色选用是按国际标准规定执行的。

当使用DCS或PLC系统组成信号报警系统时，其检查器件可根据系统组成硬件的实际情况确定，通常由操作员键盘来实现。

二、系统设计选用要点

对于一般生产装置可选用闪光报警产品作信号报警系统。

大型装置的报警宜选用无触点信号报警系统或其他带微处理器的信号报警器。目前国内生产的无触点闪光报警器产品很多，回路点数从单点、8点到120点。

对主要的信号报警系统应采用容错技术，以提高系统的可靠性。

系统必须有稳定的电源，并设置监视操作电源的设施（如灯、信号）。应正确选择电源种类（交、直流）和电压等级。对重要场所宜由不间断电源供电。

在性能/价格比接近，或有其他专门要求时，应优先选用由微处理器构成的系统。

三、系统运行状态组合

1. 一般闪光报警系统运行状态

具有闪光信号的报警系统运行状态：当参数越限时，发讯传感器发出信号，信号报警系统动作，发出音响和闪光信号。当操作人员得知后，按动确认按钮后，闪光转为平光，音响器不响。待采取消除事故措施，参数回至正常值后，灯光熄灭，音响不响。

具体动作如表 7-1 所示。

表 7-1 一般闪光信号报警系统运行状态表

过程状态	显示器/灯	音响器	备注
正常	不亮	不响	
报警信号输入	闪光	响	
按动确认按钮	平光	不响	
报警信号消失	不亮	不响	运行正常
试验按钮动作	闪光	响	动作试验、检查

2. 区别第一原因的闪光信号报警系统运行状态

有的工艺过程或生产设备上同时设置有几个不同参数的信号报警。当出现生产事故时，为了能够即时找出原发性的故障，即第一原因事故，以便于分析和即时处理。因此，出现了能区别第一原因的信号报警系统。

具体动作如表 7-2 所示。

表 7-2 区别第一原因的闪光信号报警系统运行状态表

过程状态	第一原因显示器/灯	其他显示器/灯	音响器	备注
正常	不亮	不亮	不响	
第一报警信号输入	闪光	平光	响	有第二报警信号输入
按动确认按钮	闪光	平光	不响	
报警信号消失	不亮	不亮	不响	运行正常
试验按钮动作	亮	亮	响	动作试验、检查

3. 区别瞬时原因的闪光信号报警系统运行状态

生产过程中发生的瞬时突发性的越限事故往往隐伏着更大的事故。为了免于这种隐患的扩大，就出现了能区别瞬时原因的信号报警系统。该信号系统的自保持环节，能够分辨出瞬时原因造成的瞬时故障。

具体动作如表 7-3 所示。

表 7-3 区别瞬时原因的闪光信号报警系统运行状态表

<table>
<tr><th colspan="2">过程状态</th><th>显示器/灯</th><th>音响器</th><th>备注</th></tr>
<tr><td colspan="2">正常</td><td>不亮</td><td>不响</td><td></td></tr>
<tr><td colspan="2">报警信号输入</td><td>闪光</td><td>响</td><td></td></tr>
<tr><td rowspan="2">确认(消音)</td><td>瞬时事故</td><td>不亮</td><td>不响</td><td></td></tr>
<tr><td>持续事故</td><td>平光</td><td>不响</td><td></td></tr>
<tr><td colspan="2">报警信号消失</td><td>不亮</td><td>不响</td><td>无报警信号输入</td></tr>
<tr><td colspan="2">试验按钮动作</td><td>亮</td><td>响</td><td>动作试验、检查</td></tr>
</table>

第三节 联锁系统的设计

联锁系统按 APIRP550 的用词，称为 Protective Devices ，即保护装置。这里保护的含义当然包括按预定目的进行的自动操纵（控制）；而预定的目的也含有按时间顺序自动发出的操纵指令。这就概括了联锁系统构成的目的和功用要求。

一、联锁系统的组成

联锁系统由传感器、音响、灯光显示器件、检查与复位器件和联锁动作的执行器组成。

1. 传感器

① 发出过程参数联锁信息的传感器，应单独设置。其性能必须可靠，动作精度应满足要求，重现性好。

这是由于联锁动作出现在紧急情况，所以要求联锁动作产生的信息源必须来自独立、可靠的传感器。在石油化工过程中，联锁点用传感器，一般为物理量（如温度、压力、物位、流量值等）越限值的热工参数检测元件，应选择精度、性能优良的发讯传感器。此外，阀门位置、电机开停、行程开关位置等状态信号也常用作联锁系统发讯传感器。

② 联锁传感器的取源点，应设置在能正确代表过程参数或状态的恰当部位。

传感器安装位置，所测量的过程参数应具有代表性，并防止由于外部干扰而发出错误信息。

宜选用常闭接点作为联锁接点，它具有固有的停电安全性能。

③ 重要的联锁参数，宜设置双重或三取二发讯传感器；不宜采用带输出接点的二次仪表作为联锁传感器信号源。

设置双重式三取二发讯传感器，是为了确保联锁系统的可靠性。许多国外工程公司要求设计联锁系统时，采用冗余技术。即使选用 PLC 或 DCS 系统构成时，也不例外，如图 7-1 所示。

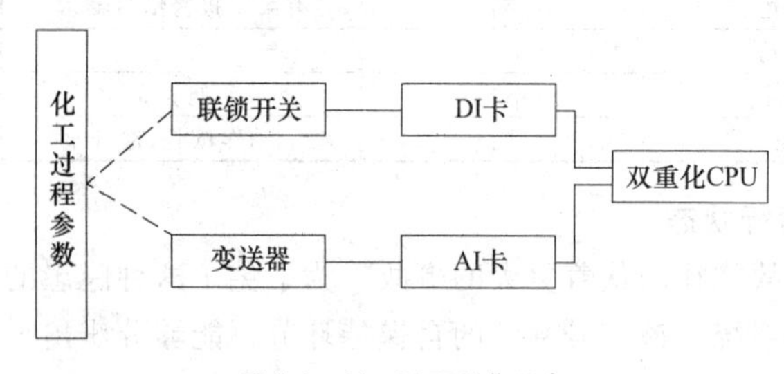

图 7-1 AI、DI 双重化冗余

2. 音响、灯光显示器件

一般联锁系统的音响、灯光显示器件可以与信号报警系统共用。重要的过程联锁参数，可设置单独的音响、灯光显示器件。

联锁系统声光显示器件的设计要求与信号报警系统相同，但传动设备的启动或停车联锁，宜设置预告声光显示信号。

由 DCS/PLC 系统构成的联锁系统，应选用 CRT 作为显示环节。必要时，可使用规定语音发出联锁动作的警告声响，或利用其存储及画面显示功能，提供紧急事故处理方案，以避免误操作。

语音报警实际上已有使用，实质上是语音应答技术，这样操作者既可眼见耳听联锁动作报告，又可及时用手处理联锁动作。

3. 检查与复位器件

联锁系统应设置可对其功能进行检查的设施。鉴于联锁系统在正常生产时是不动作的，无法知道线路是否有问题，所以应设置检查与复位功能。

重要的联锁系统应设置手动复位开关，当联锁动作后，进行复位，以保证系统再次投运。其复位开关可以在现场，也可以设置在联锁执行器上。

4. 联锁动作的执行器

联锁系统的执行器，一般选用电动执行器，如电磁阀、电动阀或电动机。在无电源场所，或某些特殊场合，不能使用电动执行器时，应选用气动或液压装置。

二、联锁系统设计要点

1. 联锁系统的设计必须保证其可靠性、安全性

还应满足以下要求：

① 当过程参数越限时，执行预定的联锁动作；

② 正确施行运转设备的保护性联锁动作；

③ 能按预定的程序或时间顺序进行工艺过程及设备的保护性操作步骤。

这条是联锁系统设计的基本出发点，即应满足过程或设备操作控制的要求。在APIRP550中也提到必需的可靠性，其可靠的程度取决于一旦系统失常（发生故障）时所承担的危险程度，即对人身危险、设备损坏以及产品损失的价值；可靠性是指在联锁动作的条件出现时，能够切实正确地动作。安全性是指在各种条件下不出现误动作。一个好的联锁系统设计应在安全性和动作的确切性两者之间有适当的协调。这常常是设计优良并结合模拟实验广泛试验得出来的，是理论与实践结合的产物。有些复杂的联锁还是从“惨重的教训”中总结出来的，它远比一般的自动调节系统难设计。设计联锁系统必须对石油化工过程有透彻的了解。

2. 联锁系统应配备稳定的、不间断的能源供给系统

3. 同一能源驱动的元件

同一生产装置的联锁系统应尽量选用同一能源驱动的元件，减少转换环节，保证可靠性。

减少转换环节，可以提高联锁系统的可靠性。转换环节过多而繁杂的联锁系统，形似可靠，从另一面看也就是增加了危险故障的因素。

同一联锁系统，多了不同驱动能源的转换器件，必然降低可靠性和安全性。联锁点设置过多或过少，同样都是有害的。

4. 联锁系统的选型

对于简单的联锁要求，可选用触点式继电器构成的联锁系统；当联锁系统较复杂时，或因工艺过程要求联锁动作需随过程运行状况进行调整时，宜选用由DCS或PLC系统构成的联锁系统。若因输出负载的限制，也可采用由继电器与DCS或PLC系统混合构成的联锁系统。

若联锁系统用继电器数量多，必然焊接连线多。如用PLC或DCS系统，则可以发挥其软件优势，节省空间，寿命长，简化连线；还可以不断修改完善联锁系统，在这时当然是选用PLC或DCS组成的联锁系统为宜，而如果采用继电器系统，只有重新接线，才能改动联锁系统。

当负载较大时，PLC或DCS系统的输出负载目前通常限制在2A或3A，而继电器可用在大于5A负载，所以在这种条件下选用继电器输出的PLC、DCS混合系统则可兼顾两者优点。

5. 对重要的联锁系统

设置预报警信号，也可根据过程要求设置识别仪表故障的失谐报警，能区别第一事故、瞬时事故的报警和联锁解除环节。

设置预报警值应定在联锁动作前，使操作者有可能去采取调整措施，防止联锁动作。

失谐报警设置在用两套仪表发出同一联锁值的系统中，当两套仪表由于仪表本身失灵而检测结果不一致时，发出声、光报警信号，但联锁不动作。

6. 延时设施

对于工艺参数存在脉动工况的过程，其联锁系统设计时，宜考虑采用联锁动作延时设施。

在脉动工况下，为防止因过程参数脉动造成的联锁动作而带来的不必要停车，联锁继电器采用延时，在延时范围内，脉动工况不会造成联锁停车，因为大型石油化工装置停车一次，不仅经济损失巨大，而且易造成设备的损坏。

三、联锁系统设计的特殊功能要求

由于石油、化工生产过程的特殊要求，联锁系统设计中可增加特殊环节，常见的有以下形式。

1. 联锁投用和解除开关

必要时，可设置手动投用和解除开关，这些开关宜装设在独立的箱柜内。对特别重要的联锁参数，应设计由专用钥匙才能打开的联锁开关，此开关的动作宜用规定色彩的标识信号灯给予显示，通常应装设在操作者易接近的仪表盘正面或相宜位置。

2. 联锁系统人工紧急投用

当石油化工过程或设备发生越限危急状态，能引起人身设备事故时，则应设置实施人工紧急投用联锁的按钮，进行保护性停车。

3. 分级联锁系统

石油化工生产中互相关联的装置，按过程要求，可设置分级联锁系统。

设计分级联锁系统，应从系统工程的观点去分析石油化工过程，研究上游、下游装置之间的物料平衡和热量平衡，以及可靠性和安全性，必须做到慎之又慎，万无一失。

国内外刚刚起步的化工过程故障诊断专家系统，就是要研究解决这类技术问题。

4. 联锁系统的通信联络设施

石油化工装置的上、下游相关过程所配置的重要联锁系统，基于确保操作过程的要求，宜设置直接通信联络设施。

四、环境防护设施及其他

① 联锁装置宜设置在独立的箱柜内。

箱柜应考虑热量的散发，避免温度过高；若环境温度低于－5℃时，应设计保温设施。

② 联锁装置的安装场所，应满足：

a. 应远离有害气体及存在腐蚀、易燃、易爆物料的地方；

b. 应尽量避免在潮湿、雷击区，否则应加防护措施；

c. 应尽量远离强振源、强电磁干扰源，否则应加防护措施。

③ 联锁线路的配线及敷设按《仪表配管、配线设计规定》(HG 20512—92) 的规定执行。

五、储槽装料操作联锁系统示例

下面对储槽装料操作作一下简要的说明。

储槽装料操作简化流程如图 7-2 所示。

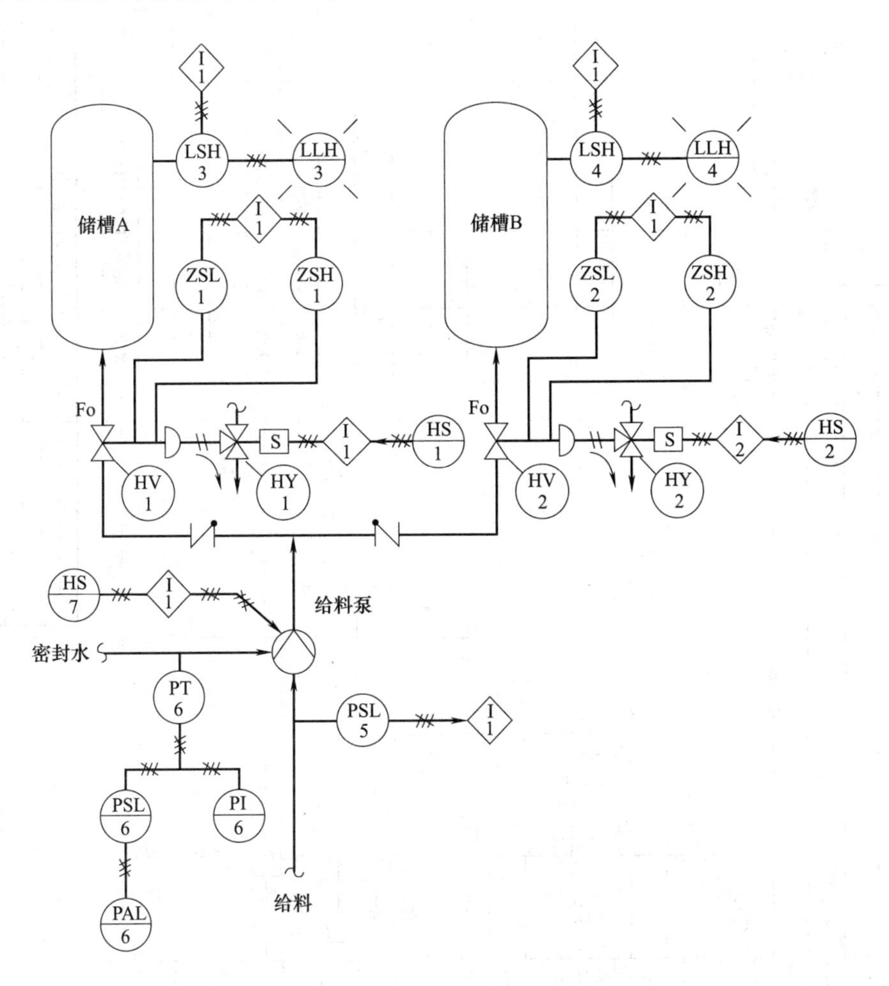

图 7-2 储槽装料操作简化流程

（一）泵的启动

物料是由泵送到储槽 A 或 B 中的一个，泵可人工开动或自动开动。现场输出保持选择开关 HS-7 由人工进行选择，此开关有三个位置：开、关和自动。当泵在运行时，红色指示灯 L-88 亮。一旦启动，泵就连续运转，直到有停止命令或控制电源失电时才停止。

泵在无故障条件下在任何时间由人工启动，即：吸入压力不应低于下限、密封水压力不应低于下限；泵的电机应当不过载，而其启动器应是复位状态。

为了自动开泵，必须满足以下全部条件。

① 盘装的电气按钮开关 HS-1 和 HS-2 分别启动储槽 A 和储槽 B 的装料操作。每个开关有“启动”和“停止”按钮。“启动”按钮使关联的电磁阀 HY-1 和 HY-2 失电。控制阀附有 ZSH-1 和 ZSH-2 开位位置开关及 ZSL-1 和 ZSL-2 关位位置开关。

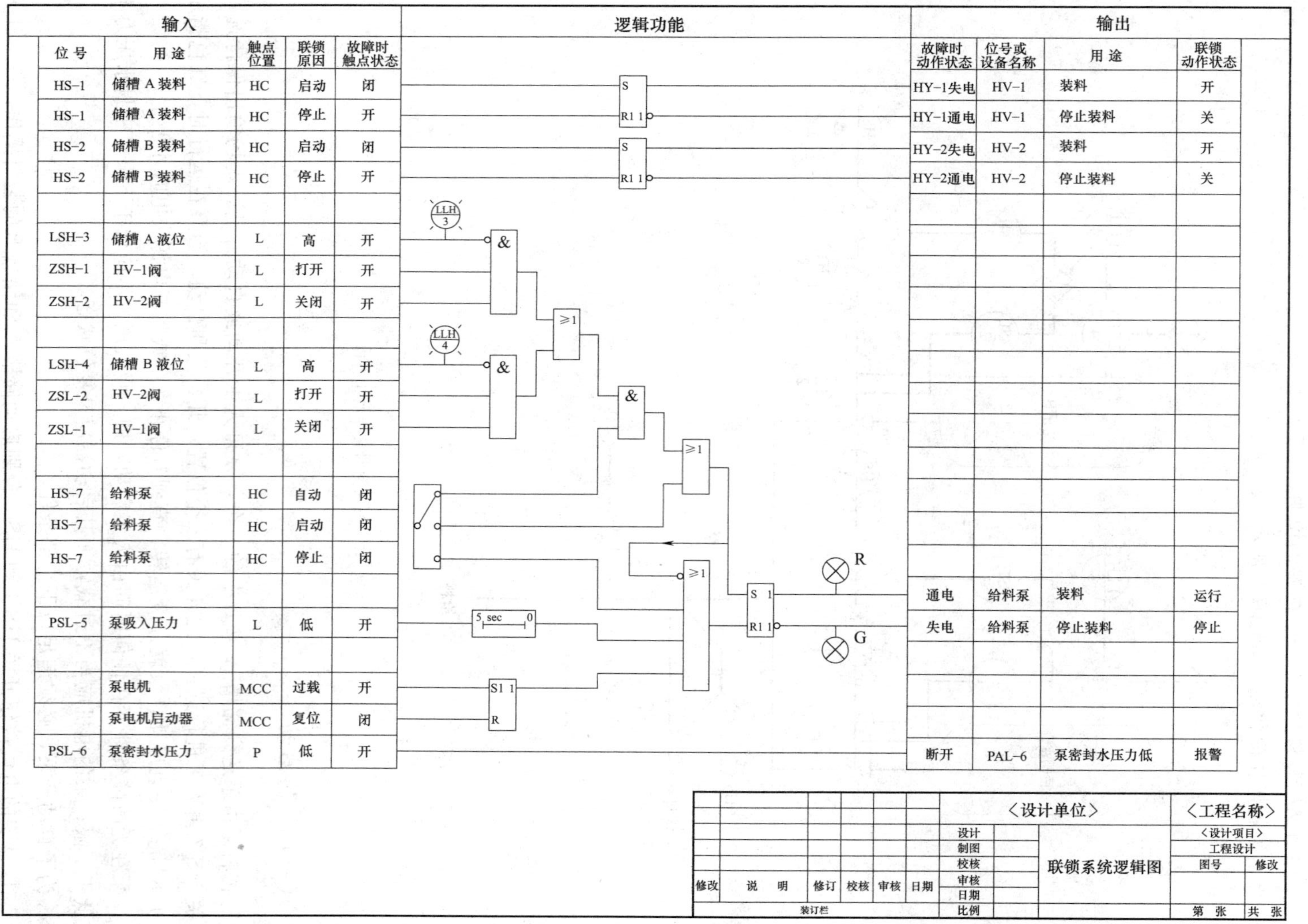

图 7-3 储槽装料操作逻辑图实例

按钮开关 HS-1 和 HS-2 的“停止”按钮将引起相反的动作，使关联的电磁阀通电，控制阀的执行机构增压，从而使控制阀关闭。

若启动电路电源失电，启动的记忆装置失去记忆，从而装料操作被中止，停止装料的指令取代了启动装料的指令。

泵的自动启动，HV-1 和 HV-2 两个阀中的一个必须打开，而另一个应当关闭，这取决于储槽 A 还是储槽 B 要装料。

② 泵的吸入压力必须高于设定值，此值用压力开关 PSL-5 来发信。

③ 若 HV-1 阀打开，允许储槽 A 装料，该槽的液位应当低于设定值。该值用液位开关 LSH-3 来发信。此信号亦使高液位指示灯 LLH-3 亮。同样，高液位开关 LSH-4 若不动作，则允许储槽 B 装料，如果此开关动作，则使指示灯 LLH-4 亮。

④ 泵密封水的压力必须足够高，并用盘装的二次仪表 PI-6 来指示，没有联锁要求，在操作启动之前依靠操作人员注意监视。盘后安装的压力开关 PSL-6 则使盘装的报警灯 PAL-6 进行低压报警。

⑤ 泵的驱动电机不可过载，而其启动器应当在复位位置。

（二）泵的停止

若下列任一条件存在，则停泵。

① 若泵处于自动控制，当一个储槽在装料，该槽进料阀未在全开位置或另一槽进料阀未在关位置。

② 若泵处于自动控制，被选的装料储槽装满了。

③ 泵吸入压力低并持续 5s。

④ 泵的驱动电机过载。在本系统中电源失电，泵电机过载的工况是否被记忆，这对过程逻辑来说是无关紧要的。因为操作该泵的记忆是规定在失电时失去记忆，这样在失电时它自身就使泵停止。不过，电机过载条件的存在，本身已防止了电机启动器的再启动。

⑤ 通过 HS-1 和 HS-2 按钮开关，程序被手动停止。若启动泵和停止泵的操作命令同时存在，则停泵命令取代开泵命令。

⑥ 用 HS-7 人工停泵。

⑦ 泵密封水压力低，此条件不联锁，而要求人工干预去停止该泵。

储槽装料操作逻辑图如图 7-3 所示。

Chapter 08

仪表供电和供气的设计

电源和气源是自动化仪表（包括电动和气动仪表）以及由它们所组成的各种检测和调节系统的动力源。没有电源或气源，它们将无法工作。如果生产过程采用计算机进行控制，那么计算机更不能没有电源。此外，对于联锁保护系统来说，电源也是必不可少的。可以断言，没有电源或气源，生产过程控制将无从谈起，因此，仪表供电、供气系统的设计是自控设计的一项必不可少的内容。

第一节　仪表供电系统的设计

仪表供电包括以下各项供电：

① 根据生产工艺所选用的仪表自动化系统；

② DCS 及 PLC 系统；

③ 信号报警、联锁系统，可燃气体报警；

④ 在线分析器；

⑤ 工业电视；

⑥ 仪表检测管线的电伴热保温系统；

⑦ 仪表盘（箱）内照明；

⑧ 其他专用供电。

根据专业分工，一般情况下，仪表电源由电气专业设计并提供总电源装置，仪表专业主要是进行配电设计，正确合理地安排各类仪表的供电。

一、负荷类别及供电要求

（一）对供电安全级别的要求

20 世纪 70 年代在国家标准《工厂电力设计技术规范》中，根据突然停电会造成人员伤亡和生产设备损失的严重情况将电力负荷划分为一、二、三类，其中一类供电负荷用于造成人员伤亡和设备损失最严重的场合。

20 世纪 70 年代末，引入了“保安负荷”的新概念，将电力负荷划分为四个级别。

1. 保安负荷

当企业工作电源突然中断时，为保证安全停车，避免发生爆炸、火灾、中毒等事故，防止人身伤亡、损坏关键设备，或一旦发生这类故障，能及时处理，防止扩大并保护关键设备，抢救或撤离人员等所必须保证供电的负荷。

所谓保安电源就是任何情况下都不能中断电力的供应。保安供电系统不应与正常供电系统相混淆，不应接入非保安负荷。但具有频率跟踪环节的不间断供电装置（由逆变器组成的），允许与正常工作电源并网运行。

常用的保安电源有以下几种。

（1）不间断供电装置

① 直流蓄电池装置；

② 静止型不间断供电装置（由逆变器组成）；

③ 旋转型不间断供电装置。

（2）快带启动的柴油发电机组（或其他类型机组）

（3）由企业外引入符合保安电源要求的独立电源

由于大、中型石油化工装置或有 DCS 及 PLC 的系统控制要求严格，一般不允许电源瞬时扰动，故选用静止型不间断供电装置（由逆变器组成）。

根据工艺控制特点，当允许瞬时中断供电时间小于某一极限值时，也可选用其他类型保安电源。例如快速自动启动的柴油发电机组或旋转型不间断供电装置。

选择静止型不间断供电装置，应按负荷大小、运行方式、电压频率允许偏差值等项指标，确定不同类型产品。

2. 重要负荷

当工作电源突然中断供电，将导致原材料、产品大量报废；恢复供电后，又需长时间才能恢复正常生产，造成重大经济损失的用电负荷。

重要负荷应由双回路电源供电。若获得双回路电源困难时，也可用保安电源单回路供电。

3. 次要负荷

当工作电源突然中断供电，企业将停产或减产；恢复供电后，能迅速恢复生产，损失较小，或减产部分容易得到补偿的用电负荷。

次要负荷可由单回路电源供电。如企业的技术、经济比较合理，也可再引一回路小容量电源，作为备用或检修电源用。

4. 一般负荷

所有不属于保安负荷、重要负荷、次要负荷的其他用电负荷。

一般负荷由单回路电源供电。

自动化仪表是生产过程得以正常运行的不可缺少的一部分，因此，仪表用电负荷的安全级别应与生产设备的用电安全级别一致。

（二）对供电交变类型和电压级别的要求

供电交变类型指采用直流还是交流供电。电压级别指供电电压的大小。

上述两个问题要根据所选用的自动化仪表的具体情况决定。如采用电动Ⅱ型仪表电源需选用交流 220V。如采用电动Ⅲ型仪表电源则需直流 24V。

需要指出的是，根据选用自动化仪表的具体情况，有时可能要同时选用不同交变类型和不同电压级别的电源，这是不值得奇怪的。

（三）对仪表及自动化系统的供电质量的要求

供电质量指电源电压、频率波动、电压下降及瞬间中断等情况。

电动仪表是靠电力来驱动的，电源电压、频率波动、电压下降将会使这些基于晶体管或集成电路原理工作的仪表的工作状态发生变异，会使仪表的精度和灵敏度下降。严重时，甚至会使仪表失灵。这将会给测量和控制带来很大误差，因而需对供电质量提出相应的要求。

1. 电源电压允许偏差

交流电源：允许值为　220V±10%；
　　　　　　　　　　24V±10%。
直流电源：允许值为　24V+10%，24V−5%；
　　　　　　　　　　48V±10%。

对于电源电压要求较高的仪表可以采用稳压电源供电。

2. 电源频率允许偏差

电源频率允许偏差为（50±1）Hz。

3. 电源电压下降及回路电压降的允许值

电源电压下降，主要是电网波动所致。特别是短时降压，可能导致控制系统错误动作。而线路电压降，主要是供电线路较远，尤其是当直流低压时，由压降损失所致。因此，线路设计中如考虑不周，将使仪表受电端出现一个永久性压降值，使仪表电源处在低限范围内工作或不能正常运行。目前一般工业仪表已有电源电压极限规定值，但对组成仪表控制系统或联锁系统，在设计供电回路时，就应该根据实际运行经验或系统元件的电气特性、配线，综合考虑电源电压降和线路电压降的影响，必要时应核算一下线路电压降（或实际测量），以便更换线径或调整电压额定值。

核算线路电压降，可以参照“低压电线、电缆选择原则——按允许电压降校验电线和电缆”有关要求进行。

① 一般工业自动化仪表的电源电压下降及线路电压降，不应超过仪表设备额定电压值的15%～25%；

② 重要报警、联锁及自动化系统，应根据系统控制特性及受电电器电压要求，限制回路电压降的影响。

4. 电源瞬时扰动时间允许值

“瞬时电源扰动”由国际电工委员会第65委员会定义为“持续时间等于或小于0.2s的扰动”。它对测量和控制系统的正常工作有较大影响。

目前，国际上尚未规定工业自动化仪表的最小允许瞬时扰动时间值，所以，设计控制回路时，只能按各类电器、仪表的动作特性（或切换时间）予以综合考虑。

例如：各类继电器，当失电时，它们的失电时间（动作特性）为5ms、10ms、20ms、30ms不等；

电磁气阀、微动开关的换向（切换）时间为10～50ms；

电动仪表、调节器等，一般不超过5ms。

设计供电回路或采用电源设备时，电源瞬时扰动时间应小于用电设备的最小允许瞬时扰动供电时间。

总之，设计联锁、控制回路时，应综合考虑电源电压降、线路电压降和电源瞬时振动影响，一并正确设计、选择供电系统。

5. **对电源有特殊要求的仪表**

对电源有特殊要求的仪表，应配备专用电源设备，供电质量指标应不超过仪表规定的极限值。

（四）DCS的供电质量的要求

1. **电源参数变动**

电压：220V AC±5%，(A)；

220V AC±7%，(B)。

频率：50Hz±0.2Hz，(A)；

50Hz±0.5Hz，(B)。

波形失真率：<±5%。

2. **正常电源切换到备用电源的时间**

由正常工作电源转换到事故状态下备用电源的切换时间为5～10ms。

3. **应用不间断电源（UPS）的一般技术要求**

交流输入：220/380V±10%（单相/三相四线或三相五线）。

频率：50Hz±5%。

交流输出：220V±2%。

频率：50Hz±0.2Hz。

波形失真率：<5%。

直流输出：24V±1%。

纹波电压：<0.2%。

二、电源类型及供电系统

1. **电源类型**

① 根据负荷类别、供电要求，仪表电源分别设工作电源和保安电源。如一个装置中有几个负荷类别供电要求时，一般宜选用较高类别的电源作为工作电源。

② 保安电源应采用静止型不间断供电装置（由逆变器组成）。DCS及PLC系统，必须采用保安电源。

③ 仪表用保安电源的保安负荷，可列举以下几种类型。

a. 中断供电时，为保证安全停车用的自动调节装置、联锁系统的用电负荷。

b. DCS及PLC系统的供电。

c. 中断供电时，对有急剧化学反应、高温高压的反应器（塔）中的温度监控、物料投入或监控用的仪表供电。

d. 中断供电时，为保证大型关键压缩机、泵类机组安全停车的仪表用电负荷。如机组的润滑油、密封油、冷却系统、原料气系统安全设施、联锁系统的仪表用电负荷。

e. 中断供电时，重要的报警、预报警系统。

④ 根据负荷特性，以及允许瞬时扰动供电时间的要求，也可选用其他类型保安电源。

2. **电源容量**

工作电源容量：按仪表耗电量总和的1.2～1.5倍计算。

保安电源容量：按需用保安电源的仪表耗电量总和的1.2～1.5倍计算。

DCS电源容量：按制造厂商要求计算，通常按DCS各配套设备容量之和并乘以1.20～1.25系数作为总用电量。如果考虑到备用，则按1.5倍计算。

静止型不间断供电装置及其配套蓄电池组，当工作电源中断供电后，其工作时间（或放电时间）宜为30min。

3. 供电系统

① 按用电负荷类别、供电要求、电压等级，分组设置供电回路。DCS及PLC系统，应设置专用的供电回路和监视设施。

② 按工艺装置规模、供电容量及电压等级、供电场所的不同，可分别以三级、二级或一级的方式配电，并相应设置总供电箱（盘）、分供电箱（盘）、供电箱（盘）。

③ 各级供电箱（盘）或供电回路，按设计要求设置开关和保护系统。

④ 属于一般负荷的现场仪表供电，如果单独供电有困难时，可由现场邻近低压动力配电箱（盘）供电。

⑤ 供电系统的配线，应按《仪表配管、配线设计规定》（HG 20512—92）有关规定执行。

⑥ 供电系统的接地，应按《仪表系统接地设计规定》（HG 20513—92）有关规定执行。

三、配电设计

（一）供电回路分组

按负荷类型、供电要求以及用电设备的场所分布情况分组设置供电回路。

保安负荷必须由保安电源供电而与一般工作电源分开。非保安负荷不得接入保安电源回路，以免降低保安电源的可靠性。

分组供电的好处：

① 可保证安全可靠地供电；

② 各供电回路简明，电压单一，可避免误操作；

③ 保安负荷回路与一般回路，本安回路、联锁回路与一般回路各用户主次分明。

（二）配电方式

根据用电仪表分布情况及电力负荷的大小，仪表供电可分为三级供电、二级供电和一级供电三种。

三级供电系统即由总供电箱（盘）向各分供电箱（盘）供电，再由各分供电箱（盘）向设置在最基层的各供电箱（盘）供电。

三级供电系统一般用于车间多且分散、仪表用电量大（大于10kV·A）的大型工程。

二级供电系统则由总供电箱（盘）直接向设置在最基层的供电箱（盘）供电。

二级供电系统一般用于中、小规模的工程。这种工程仪表用电量不很大（在1～10kV·A之间）且用电仪表配置又不太分散。

所谓一级供电系统就是不设总供电箱（盘），而直接由电源向设置在基层的供电箱（盘）供电。

各级供电箱（盘）和供电回路均应根据设计要求设置相应的开关和保险。其特性和容量应符合低压电器配电系统有关规定。

总供电箱（盘）、分供电箱（盘）与供电箱（盘）之间的配电方式有单回路供电、环形回路供电和多回路供电三种。见图 8-1。

仔细分析上述三种供电方式的线路原理可以知道，单回路供电方式属于并联供电，各分供电箱（盘）可以单独设置电源开关，并且它的开、断与否不会影响到其他分供电箱（盘）的工作。

环形回路供电属于串联供电，各分供电箱（盘）不可以单独设置电源开关。如果设置电源开关，那么一旦某个分供电箱（盘）的电源开关断开时，其他各分供电箱（盘）电源也就被切断了。这是环形回路供电的缺陷。无论单回路供电还是环形回路供电，各分供电箱（盘）的电力负荷都集中在总供电箱（盘）的一组（两个）端子上，这就使总供电箱（盘）各端子负荷不均。而多回路供电方式不仅各分供电箱（盘）可以各自设置电源开关，而且各分供电箱（盘）的电力负荷可以均衡地分配在总供电箱（盘）的各组端子上，比较合理，因此最后一种供电方式用得比较多、比较广泛。

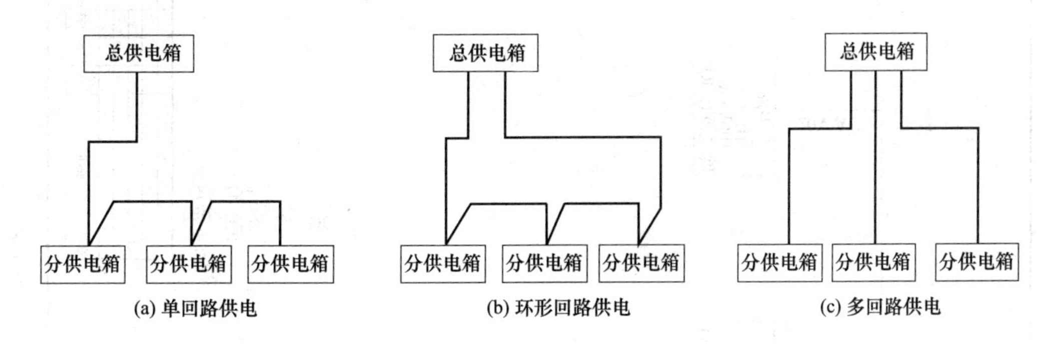

图 8-1　总供电箱与供电箱之间的配电方式

四、仪表供电系统图的绘制

对仪表供电系统图绘制的要求如下。

① 图上要交代电力供应的来源、电源交变的类型和电压等级。

② 图上要交代各用电回路的用电情况、负荷大小（用功率表示）及熔断器容量等。

③ 列出供电系统设备表（在其他自控图中已统计的设备不再列）以备安装备料之用。

仪表供电系统图的绘制方法（以两级供电为例），见图 8-2。供电箱接线图的绘制方法见图 8-3 和图 8-4。

① 在图纸的右侧回执总供电箱 SB 接线端子板，给端子编上序号。

② 在图纸的左侧绘制各供电回路用电情况表，表中需列出各用电设备的位号、型号、用电功率、熔断器的容量以及设备所在的位置（引向）等。

③ 用直接接线绘制法由总供电箱 SB 的接线端子板向各基层供电箱及用电设备供电。图中以单根粗实线（表示电缆）将其相连，并在端子一端将各电缆分开成单线与有关端子相连，并在各个单线上标注对方供电箱或用电设备的端子编号以作呼应（在对方供电箱或用电设备的相应图纸上也应标注总供电箱接线端子板的相应端子号，但这在本图上反映不出来）。

④ 给每条电缆编上号，电缆代号为“C”，依次为 1C、2C、3C 等。

⑤ 列出供电系统设备表。

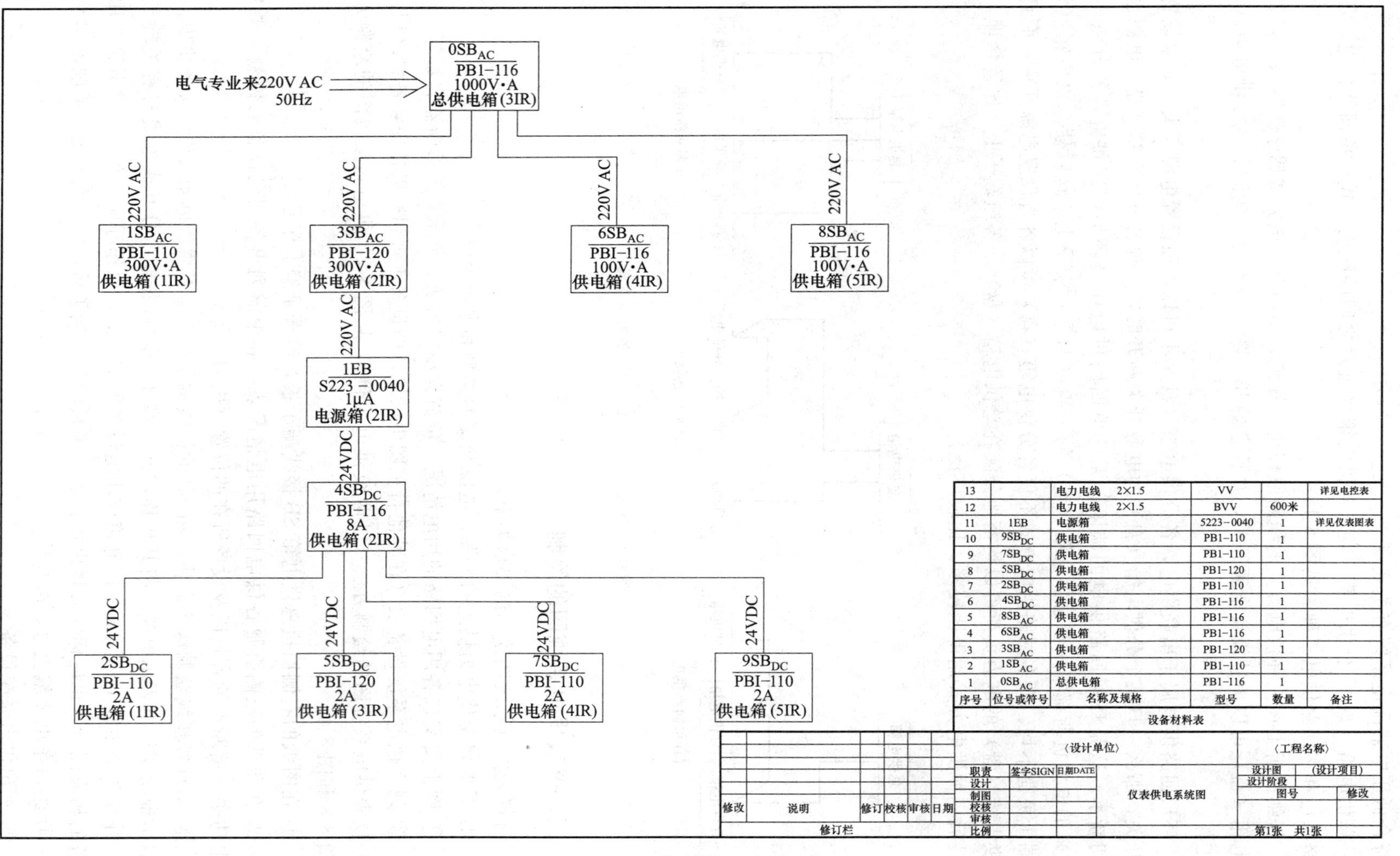

序号	位号或符号	名称及规格	型号	数量	备注
13		电力电线 2×1.5	VV		详见电控表
12		电力电线 2×1.5	BVV	600米	
11	1EB	电源箱	5223−0040	1	详见仪表图表
10	9SB$_{DC}$	供电箱	PB1−110	1	
9	7SB$_{DC}$	供电箱	PB1−110	1	
8	5SB$_{DC}$	供电箱	PB1−120	1	
7	2SB$_{DC}$	供电箱	PB1−110	1	
6	4SB$_{DC}$	供电箱	PB1−116	1	
5	8SB$_{AC}$	供电箱	PB1−116	1	
4	6SB$_{AC}$	供电箱	PB1−116	1	
3	3SB$_{AC}$	供电箱	PB1−120	1	
2	1SB$_{AC}$	供电箱	PB1−110	1	
1	0SB$_{AC}$	总供电箱	PB1−116	1	

设备材料表

图 8-2　仪表供电系统图

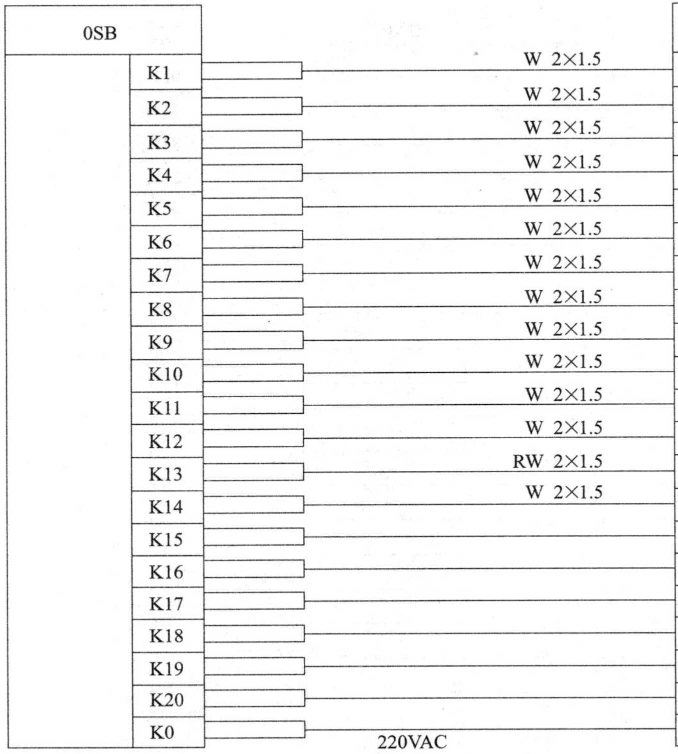

0SB	电缆	对象位号	名称或型号	需要容量/W	熔断丝容量/A	引向
K1	W 2×1.5	TJI-335	XSD-4	30	0.15	3IP
K2	W 2×1.5	AH-301	BG-001	100	0.5	3IR
K3	W 2×1.5	FR-307	QXJ-0002-F	0	0.05	4IP
K4	W 2×1.5	TR-304	QXJ-0001-F	0	0.05	4IP
K5	W 2×1.5	TT-304	QBW-3	0	0.05	4IP
K6	W 2×1.5	TT-312	QBW-3	0	0.05	4IR
K7	W 2×1.5	1E	BFY-3110	550	5	1IR
K8	W 2×1.5	2E	BFY-3110	550	5	2IR
K9	W 2×1.5	3E	BFY-3110	550	5	3IR
K10	W 2×1.5	4E	BFY-3110	550	5	4IR
K11	W 2×1.5	5E	BFY-3110	550	5	5IR
K12	W 2×1.5	6E	BFY-3110	550	5	6IR
K13	RW 2×1.5	N	BK-300	300	2	半模拟盘背后
K14	W 2×1.5	1ZL	BKZ-5	150	1	控制室盘后墙上
K15						
K16						
K17						
K18						
K19						
K20						
K0	220VAC	来自电气专业		5000	15	××配电箱

图 8-3　总供电箱接线图

201SB		对象位号	名称或型号	需要容量/W	熔断丝容量/A	引向
K1	BW 2×1.5	FIC-302	5241-3502	8	0.4	1IP
K2	BW 2×1.5	HIC-301	5243-1000	2	0.1	1IP
K3	BW 2×1.5	LIC-301	5241-3502	8	0.4	1IP
K4	BW 2×1.5	LIC-302	5241-3502	8	0.4	1IP
K5	BW 2×1.5	PR-303	4131-0023	6	0.3	1IP
K6	BW 2×1.5	PIC-303	5241-3502	8	0.4	1IP
K7	BW 2×1.5	PIC-304	5241-3502	8	0.4	1IP
K8	BW 2×1.5	PIC-306	5241-3502	8	0.4	1IP
K9	BW 2×1.5	PIA-318	5248-2500	4	0.2	1IP
K10	BW 2×1.5	TR-302	4131-0023	6	0.3	1IP
K11	BW 2×1.5	TR-317	4233-5020-B50-B50	9	0.4	1IP
K12	BW 2×1.5	TR-324	4233-5020-B50-B50	9	0.4	1IP
K13	W 2×1.5	FN2-302	5262-5006	3	0.15	1IR
K14	W 2×1.5	FY5-302	5253-0001	1	0.05	1IR
K15	W 2×1.5	HN2-301	5262-3006	3	0.15	1IR
K16	W 2×1.5	LN2-301	5262-5006	3	0.15	1IR
K17	W 2×1.5	LN2-302	5262-5006	3	0.15	1IR
K18	W 2×1.5	PN2-303	5262-5006	3	0.15	1IR
K19						
K20						
K0	W 2×1.5 24VDC	来自1EB		130	1	/

图 8-4 分供电箱接线图

五、供电器材的选择

自控设计中，主要进行的是配电设计，仪表用电器、材料的选择应按《低压配电装置及线路设计规范》(GBJ 54—83) 的有关要求进行。

1. 电器的选择

(1) 按正常工作条件选择

① 电器的额定电压应不低于所在网络的额定电压，电器的额定频率应符合所在网络的额定频率。

② 电器的额定电流应不低于所在回路的负荷计算电流。切断负荷电流的电器（如负荷开关）应校验其断开电流；接通和断开启动尖峰电流的电器（如接触器）应校验其接通开断能力和操作频率。

③ 保护电器还应按保护特性选择，见表 8-1。

(2) 按短路工作条件选择

① 可能通过短路电流的电器（如刀开关、熔断器和自动开关），应尽量满足在短路条件下动稳定和热稳定的要求。

② 断开短路电流的电器（如熔断器、自动开关），应尽量满足在短路条件下分断能力。

(3) 按环境条件选择

根据环境条件，确定电器是普通型还是特殊型以及外壳的防护等级等项要求。

2. 熔断器熔体的额定电流

正常工作状态下，熔断器额定电压应等于或大于所在网络的额定电压；熔断器熔体的额定电流应同时满足正常工作电流和启动尖峰电流两个条件的要求。

(1) 按正常工作电流

$$I_{er} \geqslant I_{js}\text{(A)} \tag{8-1}$$

(2) 按启动尖峰电流

配电线路：

$$I_{er} \geqslant K_r(I_{qdi} + I_{js(n-1)}) \tag{8-2}$$

式中 I_{er}——熔体的额定电流，A；

I_{js}——线路的计算电流，A；

I_{qdi}——线路中最大一台电器的启动电流，A；

$I_{js(n-1)}$——除 I_{qdi} 以外的线路计算电流，A；

K_r——配电线路熔体选择计算系数（当 I_{qdi} 很小时，$K_r=1$，当 I_{qdi} 较大时，$K_r=0.5 \sim 0.6$）。

3. 自动开关

下列情况宜设自动开关：带负荷切换或自动切换的供电回路；仪表电源主回路，或重要分支回路，处于线路保护上的需要。

① 自动开关脱扣器的整定电流，应等于或大于线路计算电流：

$$I_{ez} \geqslant I_{js}\text{(A)} \tag{8-3}$$

式中 I_{ez}——自动开关脱扣器的额定电流，A；

I_{js}——线路的计算电流，A。

② 瞬时动作的过电流脱扣器整定电流，应躲过配电线路的尖峰电流：

$$I_{ed3} \geqslant K_{z3}(I'_{qdi}+I_{js(n-1)})\ (A) \tag{8-4}$$

式中 K_{z3}——自动开关瞬时脱扣器可靠系数，一般取1.2。

I'_{qdi}——线路中启动电流最大一台设备的全启动电流，A（其值为电器启动电流I_{qdi}的1.7倍）。

③ 配电用自动开关的短延时过电流脱扣器整定电流，应躲过短时间出现的负荷尖峰电流：

$$I_{ed2} \geqslant K_{z2}(I_{qdi}+I_{js(n-1)})\ (A) \tag{8-5}$$

式中 K_{z2}——自动开关短延时脱扣器可靠系数，取1.2；

I_{qdi}——线路中启动电流最大一台电器的启动电流，A；

$I_{js(n-1)}$——除启动电流最大一台电器外的线路计算电流，A。

短延时主要用于保证保护装置动作的选择性。

自动开关短延时断开时间分0.1s（或0.2s）、0.4s和0.6s三种。

④ 配电用自动开关的长延时过电流脱扣器整定电流，应大于线路的计算电流。

$$I_{ed1} \geqslant K_{z1} I_{js}\ (A) \tag{8-6}$$

式中 K_{z1}——自动开关长延时脱扣器可靠系数，取值1.1；

I_{js}——线路的计算电流，A。

熔断器熔体的额定电流、自动开关脱扣器整定电流与配电线路电缆、导线的载流量，应满足表8-1所示。

4. 供电箱（盘）的安装条件

供电箱（盘）应安装在环境条件良好的室内。如必须安装在室外时，应尽量避开环境恶劣的场所，并采用特殊结构型的供电箱。

5. 电线、电缆选择

根据环境条件、敷设方式及所在网络的工作电压选择电线、电缆。必要时应计算线路电压降。

仪表电源用电线电缆宜选用铜芯线。

控制室内仪表盘（箱）间的配线，一般采用聚氯乙烯绝缘的铜芯线。

控制室至装置现场，采用聚氯乙烯护套聚氯乙烯绝缘铜芯电缆。

火灾及爆炸危险场所宜采用特殊结构电缆或阻燃型电缆。

表8-1 保护装置的整定电流与配电线路长期允许载流量 I 的配合

保护装置	非爆炸危险场所			爆炸危险场所 Q-1、Q-2、G-1等场所	
	过负荷保护		短路保护		
	塑料、橡胶绝缘电缆、导线	低绝缘电缆	电缆、导线	塑料、橡胶绝缘电缆、导线	低绝缘电缆
熔断器熔体的额定电流 I_{er}	$\leqslant 0.8I$	$\leqslant 0.8I$	$\leqslant 2.5I$ $\leqslant 1.5I$①	$\leqslant 0.8I$	$0.8I$
自动开关延长时过电流脱扣器整定电流 I_{zd}	$\leqslant 0.8I$	$\leqslant 0.8I$	$1.1I$	$\leqslant 0.8I$	$0.8I$

① 为明敷设绝缘导线所采用的数值。

第二节 仪表供气系统的设计

气动仪表需要压缩空气来驱动，测量信号需通过压缩空气来传送。即使采用电动仪表，但是绝大多数终端执行器用的是气动薄膜调节阀，仍然离不开压缩空气。因此，仪表供气系统的设计一般也是自控设计中的一个不可缺少的内容。

仪表供气系统负荷包括指示仪、记录仪、分析仪、信号转换器、继动器、变送器、定位器、执行器等仪表装置。

仪表供气系统负荷还包括吹气法测量用气、充气法防爆、防蚀保安用气、仪表吹扫、检查、校验以及仪表车间用气等。

一、仪表对供气的要求

仪表对供气的要求包括对供气质量的要求、对供气压力的要求和对供气容量的要求。

（一）对供气质量的要求

因为在气动仪表中，压缩空气要通过仪表内部的气动管路、节流孔和喷嘴等气动元件。这些管、孔都很细、很小，为了防止它们被压缩空气中所含的油、水、灰尘、铁屑等堵塞而影响仪表的正常工作，仪表用压缩空气必须保证清净、干燥、无水、无油。

压缩空气中的水分是由于大气经压缩机压缩后生成的。压缩空气中含有水分就会腐蚀气动管道、产生铁屑，而这些铁屑随压缩空气一起在管路内流动就会堵塞仪表的气动管路、节流孔、喷嘴等。此外压缩空气中所含的水分在温度下降到冰点时，就会结冰，它也会堵塞气动管路，甚至还会冻裂仪表或气动管路。

为了防止压缩空气带水，仪表用压缩空气都需经过干燥处理，并使处理后的压缩空气达到规定的露点要求，以保证在露点温度以上使用时，压缩空气中不含有水分。

压缩空气中含油同样会对仪表产生严重的影响，因为油一旦进入仪表，就会黏附在仪表部件和管路而难以清除，它会使灰尘集聚而堵塞节流孔、喷嘴和管路。因此，必须设法防止压缩空气含油情况的产生。

压缩空气中的油来自于压缩机。因为一般压缩机都需要油来进行润滑，这样，润滑油的一部分也就会以油雾的形式和压缩空气一起被送入到输出管道中，因而使压缩空气含油。防止压缩空气含油的最好措施是选用无油润滑压缩机。如果做不到这一点，那么，必须对压缩空气进行除油处理，并使经过处理后的压缩空气含油量达到规定的指标。

对于仪表供气质量在《仪表供气设计规定》（HG 20510—92）中有明确的规定，要求如下。

1. 露点

供气系统气源操作（在线）压力下的露点，应比工作环境、历史上年（季）极端最低温度至少低 10℃。

以露点限制气源中湿含量是工程设计中最普遍而实用的方法。仪表气源中是允许少量水蒸气存在的，问题是这些水蒸气一旦低温冷凝（所谓结露），会使管路和仪表生锈，降低仪表工作的可靠性，严重时，还会带来更大麻烦。因此，仪表气源中含湿量的控制应以不结露为原则。

标准把露点极限值定为比环境温度低 10℃，这是因为当气体在仪表和管路中被节流时，由于绝热膨胀，会造成局部温度下降，若降至环境温度以下，将会有结露的危险。

2. 含尘

用于仪表供气的气源，都必须进行净化处理。净化装置后，在过滤器出口处，仪表空气含尘粒不应大于 3μm。

3. 含油

用于仪表供气的气源装置，送出的仪表空气中，其油分含量应控制在 8ppm（W）（$1ppm=10^{-6}$）以下。

油分在气源中，是以两种形态存在的：一种是油雾，另一种是油滴。油滴不允许存在仪表气源中，油雾也只能是少许，最好是不存在。实际上，完全除掉气源中的油分似乎是困难的。

标准中的规定主要是从限制空气压缩机的选型为主，控制气源中的油分含量。仪表动力装置应选无油润滑空气压缩机。当然，规定不排斥在采用高效滤油装置时，也可采用油润滑型。

因为油润滑型不论是寿命还是动力消耗都优于无油型，由于高效滤油装置目前正处于试用阶段，故不宜推荐，工程设计中也应慎重选用。

此外，为了防止压缩空气中带有其他有害气体，必须注意空压机吸入口位置的选择，应保证周围环境条件不受污染。在仪表空气中，绝对不允许吸入有害性和腐蚀性杂质和粉尘，例如 H_2S、SO_2 等腐蚀性气体和酸雾，以及易燃、易爆气体和蒸汽等。

（二）对供气压力的要求

在我国原机械工业部仪表局制定的专业标准中，对气动仪表类供气压力范围是：

气动仪表（包括 QDZ、B 系列）0.14MPa；

配气动薄膜执行器的定位器 0.14MPa 或 0.26MPa；

配活塞式执行器的定位器 0.35MPa 或 0.55MPa。

据上述规定，《仪表供气设计规定》（HG 20510—92）中规定可供选用的气源装置极限压力范围分两挡，即：

500～800kPa（G）；

300～500kPa（G）。

压力上限值为气源装置正常操作条件下的送出压力。

若本规定的上限压力不能满足工程设计实际需要时，可采取再加压措施，而后送出。规定的压力下限值为气源装置送出的最低压力，若低于此规定值时，通常要进行报警。为了使仪表获得一个稳定的供气压力，一般在气源装置后设置一缓冲罐，它除了起缓冲作用，使压力均衡外，尚可储存一定气量，可作为紧急时备用。

缓冲罐容积大小，取决于供气系统的耗气量 Q_S 和所要求的保持时间 t。其容积计算公式为

$$V=Q_S \cdot t \cdot \frac{p_{0(A)}}{p_{1(A)}-p_{2(A)}} \tag{8-7}$$

式中 V——储罐容积，m^3；

Q_S——气源装置设计容量，m^3/min（标准）；

t——保持时间，min；

p_0——大气压力，通常 $p_0=103.23kPa$；

p_1——正常操作压力，kPa；

p_2——最低送出压力，kPa。

保持时间 t，应根据生产规模、工艺流程复杂程度及安全联锁自动保护设计水平来确定。如果有特殊要求，应由工艺专业人员提出具体保持时间 t 值；如果没有特殊要求，具体分挡如下：

有完善自动保护设计的大型装置为 10～15min；

无完善自动保护设计的大型装置为 15～20min；

中、小型生产装置为 5～10min。

（三）对供气容量的要求

气源装置设计容量即产气量，应满足负荷用气需要。

仪表总耗气量大小，决定气源装置设计容量。仪表总耗气量计算，在施工图设计阶段中，宜采用汇总方式计算。

仪表气源装置容量按下式计算：

$$Q_S = Q_C[2 + (0.1 \sim 0.3)] \tag{8-8}$$

式中 Q_S——气源装置计算容量，m^3/h（标准）；

Q_C——各类仪表稳态耗气量总和，m^3/h（标准）；

0.1～0.3——供气管网系统泄漏系数。

仪表耗气的计算方法，概括起来有汇总法、经验估计法及按仪表台件核算法。汇总法比较容易实施，也是目前设计常用的方法。

这种方法与设计中常用的统计耗气量方法不完全相同，在汇总法中引入了两个修正系数。系数 2 是对仪表工作状态的修正。系统正常运行时，仪表输出侧信号大小取决于使用条件。当过程变量波动时，仪表的工作状态亦随之变化，要确切估计它的变化过程是很难的，这就是说，要确定稳态耗气量与暂态耗气量之间真实关系是很难的。当仪表工作状态不稳定时，仪表耗气量要增加，故取系数 2 作大概修正。

第二个修正系数是对管路系统泄漏量的修正。供气系统配管方法不同，泄漏量亦不同，一般资料介绍为 10%～30%。这就是说，在确定气源装置容量时，在仪表实际耗气量中至少要考虑 10%稳态耗气量作为管路泄漏损失。

在使用公式（8-8）时，对 Q_C 值必须进行换算。本规定所指的仪表耗气量，其工作条件是指标准状态（103.32kPa，20℃）。然而目前仪表说明书或产品样本中所给出的多数是操作态数据，因此，Q_C 代入公式（8-8）前，应对查得的数据 Q_O 乘以 K 值。

气动仪表出厂校验时，大部分是利用转子流量计来直接读取数据，一般未进行状态换算，它的换算方法应按转子流量计换算公式进行计算。转子流量计刻度换算公式（常温下的空气）为

$$Q_C = 1.5347 Q_O \tag{8-9}$$

$$p_0 = 103.32\text{kPa(A)}; p = p_G + p_0 = 140 + 103.32 = 243.32\text{kPa}$$

$$K = \sqrt{\frac{p}{p_0}} = \sqrt{\frac{243.32}{103.32}} \approx 1.5346$$

式中 Q_C——标准状态下的耗气量，m^3/h；

Q_O——操作状态下的耗气量，即各类仪表稳态耗气量汇总值，m^3/h；

p——供气压力（A）；

p_0——大气压（A）；

K——修正系数；

p_G——供气压力（G）。

上述公式表明，气体工作状态换算，取决于转子流量计的刻度条件和供气压力，在统计仪表耗气量时，通常只按供气压力大小进行换算。

二、供气系统的设计

供气系统设计包括两部分内容，其一是气源装置即空压站的设计，其二是供气系统配管设计。前者设计的目的是为仪表提供气量、压力和质量都符合要求的压缩空气源，后者设计的目的是通过如何配管将压缩空气提供给各个相应的具体仪表。

（一）气源装置的设计

气源装置包括空压机、冷却器、干燥器、过滤器、缓冲罐等一套设备。为了保证这一套装置能送出符合供气要求的压缩空气，对气源装置提出如下的设计原则。

1. 两台空压机

为保证不间断地供气，空压机应采用两台。一台工作，一台备用。压缩机宜采用无油润滑型。

2. 压缩机的吸入口

压缩机的吸入口应设置在空气温度尽可能低的地方，并避开有害气体及尘埃多的场所。压缩机入口应加过滤器，以滤除灰尘和砂粒。

3. 冷却

空气经压缩后应立即冷却，以除去水和油的蒸气，减轻后续干燥器的负荷。

4. 缓冲罐

为减少压缩空气压力的波动，经净化处理后的压缩空气宜经过缓冲罐后再向仪表供气。这不仅可使气源压力达到均衡平稳，消除脉动，而且在空压机处于事故状态不能产气时，仍然可以由缓冲罐向仪表持续供气，并维持一定时间。而这一段时间可以用作事故的处理工作。

5. 空气过滤器

为了除去压缩空气中夹带的灰尘和杂质颗粒，在由缓冲罐向仪表供气时，必须经过空气过滤器。过滤器应足够大，以免堵塞和很快失效。为便于过滤器的清理而又不影响正常供气，可以采用两只过滤器替换使用。

（二）供气配管设计

1. 现场供气

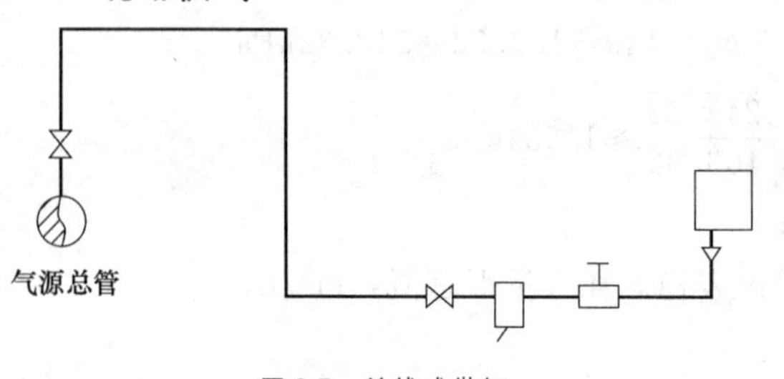

图 8-5　单线式供气

供气配管有以下三种方式。

① 单线式——直接由气源总管引出管线经过滤减压阀后为单个仪表供气（见图 8-5）。

这种配管方式多用于分散负荷或耗气量较大的负荷，如大功率执行器的供气等。

② 支干线式——由气源总管分出若干

条干线，再由每条干线分别引出若干条支线，再由每条支线引出若干条管线，每条管线经过一只过滤减压阀后与一台仪表相接，为其供气；采用气源分配器供气，也是支干线式供气通常采用的一种选型。如图 8-6 所示。

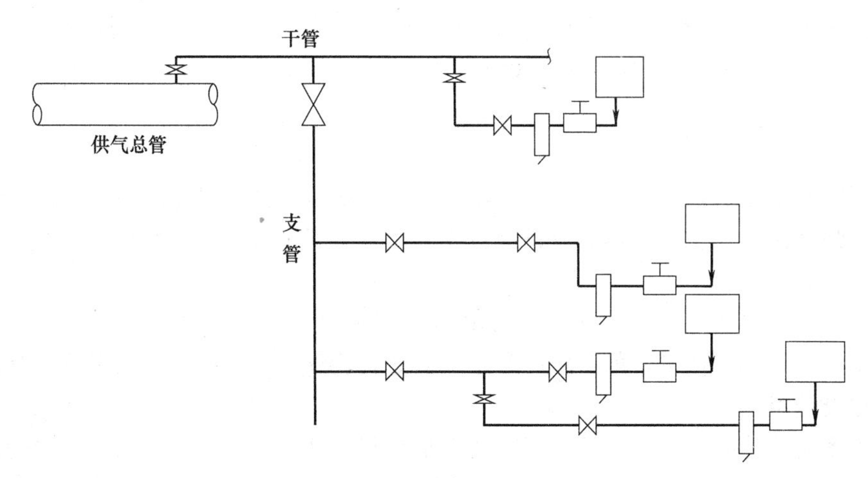

图 8-6　支干线式供气配管系统图

支干线配管方式适用于仪表数量较多，且分散在各个不同的空间，但在区域上仪表又相对比较集中，即仪表布置密集度较大的场合。

支干线配管方式可以按照楼层进行布局，比较方便。缺点是由于阻力的原因，离气源最远处的仪表供气压力就要稍低些。

③ 环形供气——这种供气方式是将供气主管构成一个环形回路，然后再从环形回路根据具体情况在其适当的位置分出若干条干管，由它们分别向各个用气区域供气。如图 8-7 所示。

环形供气方式多用于供气管网承担多套生产装置仪表的供气场合。

环形供气方式多限于界区外部（外管）气源管线的配置，这部分管线由工艺专业负责和设计。

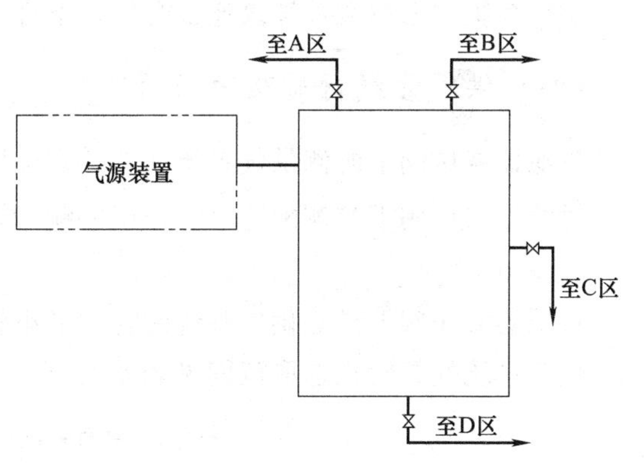

图 8-7　环形供气配管系统图

2. 控制室供气

供气主管（集气管），其结构形式分整体式和组合式两种。如果集气管很长，应采用组合式安装较为方便。

集气管直径一般为 40～50mm。材质有不锈钢和黄铜两种。

集气管水平安装时，应有 1/1000 的坡度，并在下游侧最低点装设排污阀。在每个供气支路上，均应设置仪表气源阀。

气源阀的设置应有 10%～20%的备用数量。

盘后的供气配管，可以用 $\phi 6\times 1$ 紫铜管，或用 $\phi 6\times 1$ 尼龙管。

控制室内应设有供气系统监视与报警仪表。通常有气源总管压力指示和低限压力报警。

如果设有第二备用气源，应设有第二气源的压力指示与低限压力报警。第二气源投入运行时，应有声光信号显示。

控制室内供气，应采用大功率过滤减压装置，其通过能力应根据供气仪表的气量消耗大小来选择。

过滤减压装置引出侧，应安装就地压力指示仪表和安全排放阀，对供气压力为0.14MPa（G）供气系统，其起跳值为0.16～0.2MPa（G）。

（三）供气系统管路

供气管路宜架空敷设，而不宜地面或地下敷设。在管路敷设时，应避开高温、放射性辐射、腐蚀、强烈振动及工艺管路或设备物料排放口等不安全环境。若难以避开时，应采取措施确保人身和设备安全。

当供气系统需要在供气总管或支干管引出气压源时，其取源部位应设在水平管道的上方。根据工程设计具体情况，可在取源部位接管处安装气源截止阀。对支干管上是否要设总阀，由工程设计考虑。

在供气系统设计时，必须考虑排污。通常是在某个区域的最低点污物易积聚的地方装设排污阀。

在供气系统设计时，在供气总管或支干管上，应留有大约10%～20%的备用量。

在供气总管或支干管末端开口处，宜用盲板或丝堵封住，不宜将管路末端焊死。

在接表端配管处，必须配备过滤减压器，净化处理。

在供气点布置比较集中的场合，宜采用大功率的过滤减压装置进行净化处理。设一组备用，并联运行。

单独过滤减压时，气源阀应安装在过滤减压阀的上游侧，并尽量靠近仪表。

当采用集中过滤减压时，气源阀应安装在它的下游侧每个支路的配管上，而后再接表。

供气系统宜采用镀锌螺纹连接管件，不宜选用焊接连接。

（四）供气管线材质及管径的选择

过滤器减压阀上游侧供气系统配管，宜选用镀锌水煤气管。

过滤器减压阀下游侧配管，宜选用紫铜管，管径为$\phi8\times1$或$\phi6\times1$；也可用不锈钢管，管径为$\phi10\times1$。

过滤器减压阀上游侧供气系统配管，最小管径为DN15（1/2″）。

供气系统配管管径选取范围见表8-2。

表8-2 供气系统配管管径选取范围

DN/mm(in)	供气点数量/个
8(1/4)	1
15(1/2)	1～3
20(3/4)	4～8
25(1)	9～20
40(1½)	21～60
50(2)	61～150
65(2½)	151～250
80(3)	251～500

三、供气系统图的绘制

仪表供气系统图有两种不同的绘制方法：其一是绘制仪表供气空视图；其二是绘制仪表供气系统图。供气空视图是供气系统的空间立体画法，供气系统图是供气系统的平面画法。

下面介绍供气系统图的平面绘制方法及其内容要求。

① 按实际标高绘出供气主、干管线及支管标出各管线的标高、管长（分段表示）及管径尺寸。

② 绘出各供气管线（包括主、干管及支管）上的有关管件（包括阀门、三通、四通、大小头、活接头、堵头等），必要时还要标出它们的规格、型号，以备安装备料之用。

③ 绘出各供气管线上所连接的仪表、调节阀等仪表设备，这些仪表设备都以一圆圈表示，圆圈内标注上仪表设备的位号。

Chapter 09

第九章 仪表配管和配线设计

仪表的配管和配线包括工艺装置及辅助装置中的测量和控制仪表的电源及电信号管线、仪表测量管线、气动信号管线、管缆及电线、电缆等材质、规格及敷设方式的选用原则和一般要求。

配管、配线的工程设计，就是尽可能做到仪表测量准确、信号传递可靠并减少测量滞后、经济实用、线路整齐美观以及方便施工和维修。同时应考虑防尘、防腐、防爆、防静电和防电磁场干扰等特殊要求。

这部分内容主要参考《仪表配管、配线设计规定》(HG 20512—92)。

第一节 配管设计

一、测量管线的材质、管径

1. 测量管线的材质

测量管线（包括管件和阀门）的材质应按被测介质的特性、温度、压力等级和所处环境特性等因素综合考虑。

非腐蚀性介质的测量管线，其材质一般选用碳钢。

腐蚀性介质的测量管线，其材质应视腐蚀性介质的类别选用与工艺管线或设备相同或高于其防腐等级的材质。

高压管线的材质应符合高压管线的有关规定。

当测量管线不可避免要通过腐蚀性场所时，其材质应视其中通过的介质和环境防腐蚀的要求，综合加以考虑。

液体测量管线包括管件和阀门，宜选用同种材料或腐蚀电位相接近的同类金属材料。

分析仪表的取样管线材质一般为不锈钢。

2. 测量管线的管径

测量管线的管径可按表 9-1 选用。

表 9-1 测量管线的管径规格选择表　　单位：mm

使用场所	管径×壁厚	使用场所	管径×壁厚
含粉尘，低压系统，p_N=0.25MPa	22×3	p_N=16MPa	14×3，18×4，22×4
p_N=6.4MPa	14×2，18×3，22×3	p_N=32MPa	14×4

二、气动信号管线的材质、规格

气动信号管线的材质、规格按表 9-2 选用。

表 9-2　气动信号管线选择表　　单位：mm

使用场所	管径×壁厚	材质及型号
一般场所	6×1	紫铜单管及管缆 PVC 护套，紫铜单管及管缆聚乙烯，尼龙单管及管缆
腐蚀性场所（如硫化氢、氨气、乙炔等）	6×1	不锈钢单管及管缆聚乙烯，尼龙管缆

注：聚乙烯、尼龙单管仅用于仪表盘盘后配管。

特殊情况下，如大膜头调节阀、直径较大的气缸阀，切换时间短且传输距离较远的控制装置，其气动信号管线的规格可选用 $\phi8\times1$ 或 $\phi10\times1$ 的管子。

尼龙、聚乙烯管（缆）实际使用温度范围应符合制造厂的规定。对于环境温度变化较大、存在火灾危险的场所以及重要的场所，不宜选用。

生产装置有防静电要求时，禁止使用尼龙、聚乙烯管（缆）。

对于设置接管箱的工艺装置，从控制室至接管箱，宜选用多芯管缆。尼龙及聚乙烯管缆的备用芯数按工作芯数的 30％考虑。不锈钢、铜芯管缆的备用芯数按工作芯数的 10％考虑。从按管箱至调节阀或现场仪表，宜选用单芯 PVC 护套的紫铜管或不锈钢管。

三、测量管线及气动信号管线、管缆敷设

管线的敷设应避开高温、工艺介质排放口及易泄漏的场所，也不宜敷设在有碍检修、易受机械损伤、腐蚀、振动及影响测量之处。

测量及气动信号管线、管缆不应采用直接埋地的敷设方式，应采用架空敷设方式。

对易冻、易冷凝、易凝固、易结晶、易汽化的被测量介质，测量管线应采取伴热或绝热的措施。

测量管线的敷设应避免管线内产生附加静压头、比密度差及气泡。

分析仪表取样管线、测量点至现场仪表的测量管线应尽量短，以减小滞后时间。

测量管线水平敷设时，根据介质的种类及测量要求，应有 10∶1～100∶1 的坡度。当介质为气体时，测量管线的最低点应设排液装置；当介质为液体时，测量管线的最高点应设排气装置；当介质含有沉淀物或污浊物时，在测量管线的最低点也应设排污装置。

在设计排放口时，不得将有毒和有腐蚀的介质任意排放，应采取措施将其排放到指定的地点或者排入密闭系统。

对超过 10MPa 的压力测量管线，应设置安全泄压设施并注意使排放口朝向安全侧。

第二节　配线设计

一、电线、电缆选用

（一）电线、电缆芯线截面

芯线截面的大小应满足测量系统对线路阻抗和施工对线路机械强度的要求。

芯线截面一般可按表 9-3 选择。

表 9-3 电线、电缆芯线截面选择

使用场所	铜芯电线/mm²	铜芯电缆/mm²	
		三芯及以下	四芯及以下
控制室总供电箱至控制室分供电箱	2.5～4	2.5～4	
控制室分供电箱至现场供电箱		1.5～2.5	
控制室分供电箱至仪表电源		1.5	
现场供电箱至现场仪表电源	1.5	1.5	
控制室至现场接线箱		1.5	1.0～1.5
现场接线箱至现场仪表信号线	1.0～1.5	1.0～1.5	1.0～1.5
控制室至现场仪表信号线		1.0～1.5	
控制室至现场仪表报警联锁线		1.5	
控制室至现场电磁阀线	1.5～2.5	1.5～2.5	
控制室至电机控制盘联锁线	1.5	1.5	

热电偶补偿导线的截面，一般为 1.5～2.5mm²。若采用多芯补偿电缆，只要线路阻抗满足要求，其线芯截面可为 0.75～1.0mm²。

（二）电线、电缆类型

一般情况下，电线宜选用铜芯聚氯乙烯绝缘线；电缆宜选用铜芯聚氯乙烯绝缘、聚氯乙烯护套电缆。

低温寒冷地区，应考虑电线、电缆允许使用温度的范围。

环境温度高于 65℃的高温场所，宜选用耐高温的聚四氟乙烯绝缘的电线或电缆。对火灾危险场所，宜选用阻燃型电线或电缆。

爆炸危险场所，当采用本安系统时，宜选用本安系统用的电线或电缆。

若环境有较强的交变磁场干扰时，宜选用对绞线或采取防磁场干扰的措施；若环境有强电场干扰时，宜选用屏蔽电线、电缆；若环境同时存在强电场、强磁场干扰时，宜选用屏蔽绞合电线、电缆。

DCS 或 PLC 系统配用的电缆，宜采用屏蔽型电缆或根据制造厂的要求选择。

若仪表制造厂对仪表信号传输有特殊要求时，应按制造厂推荐的电线、电缆型号选用。

热电偶补偿导线的选用，应与所使用的热电偶相对应，可按表 9-4 选择。

表 9-4 补偿导线型号选择

热电偶类别	分度号	补偿导线型号
铂铑 30-铂铑 6	B	BC
铂铑 10-铂	S	SC
镍铬-镍硅	K	KC
镍铬-铜镍	E	EX
铁-铜镍	J	JX
铜-铜镍	T	TX

根据补偿导线使用的场所，选用补偿导线的型式：一般场所选用普通型；高温场所选用耐高温型；火灾危险场所选用阻燃型；有电磁场干扰场所选用屏蔽型；爆炸危险场所选用阻燃型或本安型。

二、配线

电气线路应按最短途径集中敷设，横平竖直，整齐美观。应尽量避开热源、潮湿、腐蚀性介质排放口、工艺介质易泄漏的场所，也不应敷设在影响操作、妨碍设备维修、有碍运输和人行的位置，还要尽可能地避开电磁干扰场所，当无法避免时，应采取防护措施。

线路不宜平行敷设在高温工艺管道和设备的上方，也不宜敷设在具有腐蚀性液体介质的工艺管道和设备的下方。

仪表集中线路与具有交变电磁场的电气设备之间的净距离，当采用屏蔽电缆或穿金属保护管以及在汇线桥架内敷设时，应大于0.08m。

仪表信号电缆与电力电缆交叉敷设时，宜成直角；平行敷设时，两者之间的最小允许距离，应按表9-5规定执行。

表9-5 仪表电缆与电力电缆最小平行线的间距

动力电缆负荷	最小平行线的间距/mm
125V,10A	300
250V,50A	450
440V,200A	600
6300V,800A	1200

本安电路的配线，必须防止本安电路与非本安电路的混淆，必须防止本安电路受到非本安电路的静电感应或电磁感应。

本安电路与非本安电路平行敷设时，两者之间的最小允许距离，应按表9-6规定执行。

表9-6 本安电路与非本安电路最小平行线的间距 单位：mm

非本安电路的电压	非本安电路的电流			
	超过100A	100A以下	50A以下	10A以下
超过440V	2000	2000	2000	2000
440V以下	2000	600	600	600
220V以下	2000	600	600	500
110V以下	2000	600	500	300
60V以下	2000	500	300	150

现场测量点较多的情况下，同类信号线宜分片集中到接线箱，然后用多芯电缆经汇线桥架送到控制室。电缆应留有备用芯线，备用芯数不得少于工作芯数的10%～15%。

DCS控制室宜采用地沟进线方式，控制室内电缆可以在活动地板下面敷设。

采用地沟进线时，应防止雨水、尘埃、有害气体及小动物进入室内，室内沟底应高出室外沟底300mm以上，室内外地沟交接处必须进行密封处理。

常规仪表控制室宜采用架空进线方式，电缆穿墙处应采取密封措施。

三、仪表盘（箱、柜）内配管、配线

仪表盘（箱、柜）内配线，宜采用小型汇线槽配线。电线宜采用截面积为1mm^{2}或0.75mm^{2}的塑料多股铜芯软线。导线通过接线片与仪表和电器元件相接。导线与端子板的连接宜采用压接。

现场接线箱和小型继电器箱内配线，也可采用截面积为 1.0mm^2 或 1.5mm^2 的单芯塑料铜线明设。

补偿导线宜不经端子与盘上仪表直接相连，但需用扎带扎牢。

本质安全型仪表的信号线与非本质安全型仪表的信号线应加以分隔，接线端子之间的距离应大于50mm。本安仪表信号线和接线端子应有蓝色标志。当制造厂有特殊要求时，应按制造厂的规定进行配线。

每一个接线端子上最多允许接两根芯线。

仪表盘（箱、柜）内配管，宜采用 $\phi 6\times 1$ 紫铜管、聚乙烯或尼龙单管集中成排敷设，做到整齐、美观、固定牢固且不妨碍操作和维修。

仪表盘（箱、柜）与外部气动管线应采用穿板接头连接。

仪表设备的防护

石油化工生产具有易燃、易爆、高温、高压和有毒等特点，为保证自动化仪表安全、正常地运行，在自控设计中必须对在这些特殊条件下工作的仪表采取相应的防护措施。

第一节 仪表及管线伴热和绝热保温设计

一、伴热、保温设计的目的

仪表及测量管线保温的目的主要是保证在环境温度低时检测过程能正常运行。

被保温仪表管线内的介质基本是不流动的；它起着传递脉冲信号的作用。因此，它的温度允许有一定的波动范围，这是仪表保温的特点。

仪表及测量管线保温可保证连接过程的密封系统中的物料不致产生冻结、冷凝、结晶、析出、汽化等现象；可保证仪表处于技术条件所允许的工作温度范围之内。

需要指出的是，当工艺操作温度低于环境温度时，为了减少向周围环境散发冷量以减少冷量的损失，这时往往也需要采取保温措施，但这与上述情况不同，实际上它是一种隔热措施。

归结起来，仪表保温有三方面目的：

① 保证工艺设备的正常运转；

② 保证自动化仪表安全正常地运行，减小测量误差；

③ 减少热能损耗。

二、伴热、保温应达到的要求

① 使自动化仪表在技术条件所规定的温度范围内工作。

仪表管线内介质的温度为20～80℃；在使用环境温度下，保温箱内的温度为15～20℃；处于露天环境的保温系统，大气温度应取当地极端最低温度。而安装在室内的保温系统，应以室内最低气温作为计算依据。

② 使仪表测量管线不发生冻结、冷凝、结晶、析出、汽化等现象。

三、伴热、保温对象

（1）蒸汽伴热

① 在环境温度下有冻结、冷凝、结晶、析出等现象产生的物料的测量管线和检测仪表。

② 在环境温度下有冻结可能的分析取样管线。

③ 不能满足最低环境温度要求的仪表。

(2) 热水伴热

① 不宜采用蒸汽伴热的检测系统。

② 在没有蒸汽源的情况下。

(3) 绝热保温

① 对于热流体（例如蒸汽、热水或其他高温物料）的仪表检测系统的保温。

② 对于冷流体仪表检测系统的保温。

③ 采用绝热保温方式可保证仪表和管线正常工作时都应优先采用绝热保温。

具体对象如下：

① 安装于现场保温箱中的差压变送器、压力变送器和温度变送器；

② 安装于设备上的各类液位变送器；

③ 现场压力、流量、液位、分析等的测量管线；

④ 由孔板至平衡器之间的管段及敞开回水系统中、疏水器前的回水管线；

⑤ 测量低温介质的仪表管线，为防管内介质汽化，需绝热保冷。

四、伴热、保温方式方法

伴热方式分为重伴热和轻伴热。

重伴热是伴热管线直接接触仪表及仪表测量管线；轻伴热是伴热管线不接触仪表及仪表测量管线或它们之间加一层石棉板隔离开。

应当根据介质的特性，确定相应的伴热形式。如图 10-1 所示。

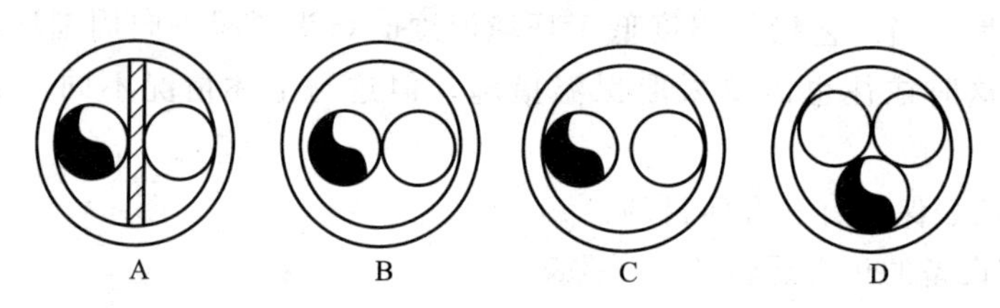

图 10-1　伴热结构

保温方法如下。

① 现场差压变送器、压力变送器及温度变送器安装于具备保温措施的专门的保温箱内进行保温。

② 仪表管线的保温可以采用管道保温中常规的现场绑扎法，也可采用测量管线、伴热管保温层和保护层一体化的管缆法。

保温结构是由保温层和保护层两部分组成。

对属于防寒保温性质的测量管线的保温，可在该管线上并列一根伴热蒸汽管（对于安全现场也可采用电伴热，这时则在该管线上绕制电热丝——需经绝缘处理），然后在它们的分面裹上保温层和保护层。

对保温层、保护层的材料和厚度要求以及具体做法可参考有关手册资料。

第二节 仪表隔离和吹洗设计

隔离或吹洗是防止腐蚀性、高黏度、沉淀及产生汽化、冷凝的工艺介质进入仪表或测量管线，保护仪表和实现各种测量的一种方法。

一、仪表隔离

（一）仪表隔离的应用范围

隔离是利用隔离液、隔离膜片使被测介质与仪表传感元件不直接接触，以保护仪表和实现测量的一种方法。

① 对于腐蚀性介质，当测量仪表的材质不能满足抗腐蚀的要求时，为保护仪表，应采用隔离。

② 测量黏稠性介质、含固体物介质、有毒介质或在环境温度下可能汽化、冷凝、结晶、沉淀的介质，可采用隔离。

（二）隔离方式

通常使仪表与被测介质脱离接触（即隔离）有如下三种方式，即管内隔离、容器隔离、膜片隔离。

1. 管内隔离

管内隔离是利用隔离管充注隔离液的一种隔离方式。采用这种方式时，测量管线和隔离管的配管要适当，使隔离液充注方便，储存可靠。

这种隔离方法是在仪表的测量管线内事先灌注上隔离液，这样被测介质就只与隔离液接触，而与仪表隔离。这种隔离方法如图 10-2 所示。

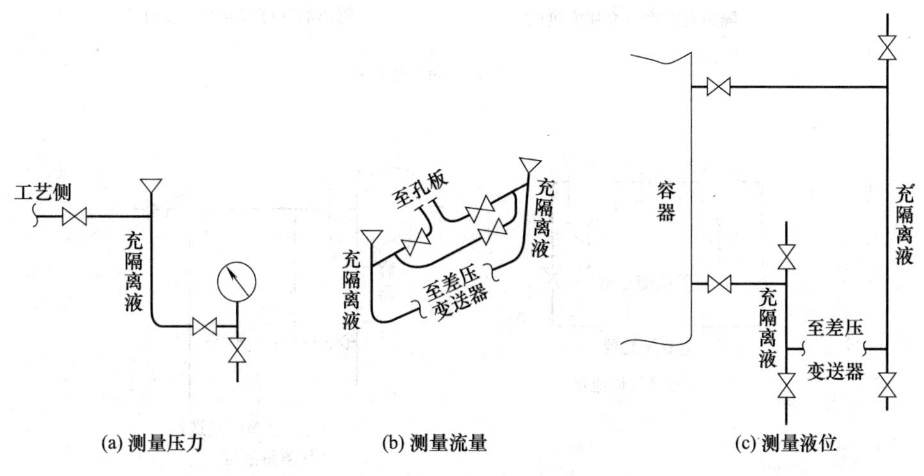

图 10-2 用隔离液进行管内隔离的方法

① 管内隔离适用于被测介质压力稳定、排液量较小的仪表。

仪表排液量是指仪表量程从最小值变至最大值时，由于测量室容积的增大而导致导压管中液体的排出量。

② 隔离管的管径和材质，一般与测量管线的管径和材质相同。

③ 管内隔离方式用于测量压力、流量的管路，连接图按化工部设计标准图《自控安装图册》选取。

2. 容器隔离

容器隔离是利用隔离容器充注隔离液的一种隔离方式。

这种隔离方法实际是在测量管线上设置一个专门的隔离器，并在隔离器至仪表的一侧事先灌注入隔离液，而达到使仪表与被测介质隔离的目的。

这种隔离方法如图 10-3 所示。

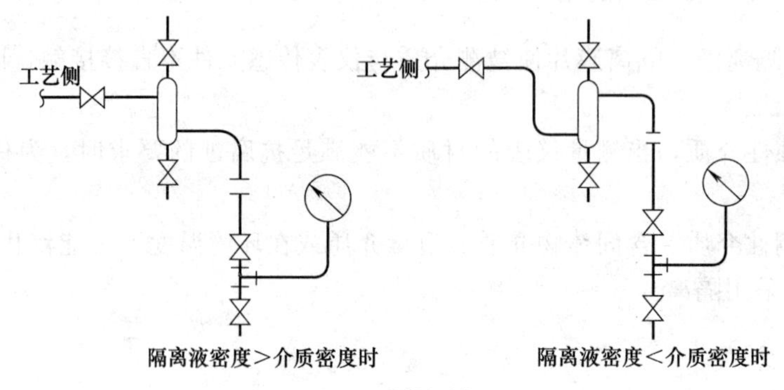

(a) 测量压力

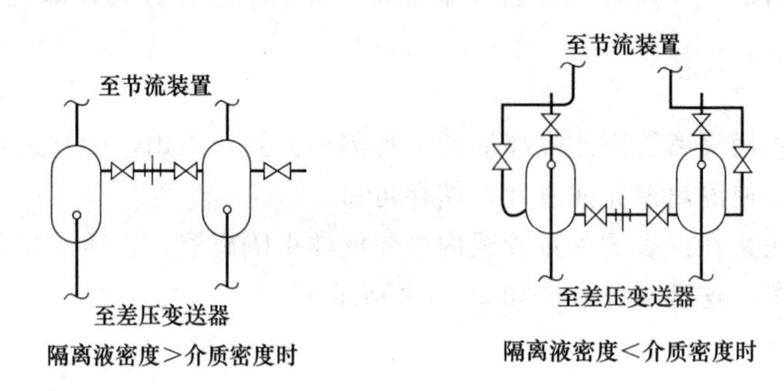

(b) 测量液体流量

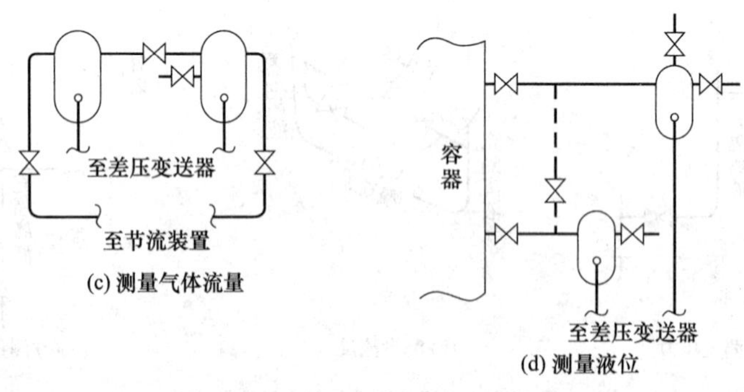

图 10-3　用隔离容器进行隔离的方法

容器隔离的方式适用于被测介质压力波动明显、排液量较大的仪表。

隔离容器的选择如下。

① 隔离容器的结构形式，应根据被测介质与隔离液比密度的大小、仪表和隔离容器安

装的相对位置等因素进行选择。

② 隔离容器应有良好的密封性、结构简单、清洗方便、互换性强。

③ 隔离容器的材质应根据被测介质在工作温度和浓度下的腐蚀性进行选择。

3. 膜片隔离

如图 10-4 所示，膜片隔离是利用耐腐的膜片将隔离液或填充液与被测介质隔离的一种隔离方式。

这种隔离方法是在介质进入仪表测量端的入口处设置一个耐腐蚀的膜片。这样介质只与膜片接触而不与仪表接触。为了传递介质压力，需在膜片至仪表的一侧填充对仪表无腐蚀性的液体。

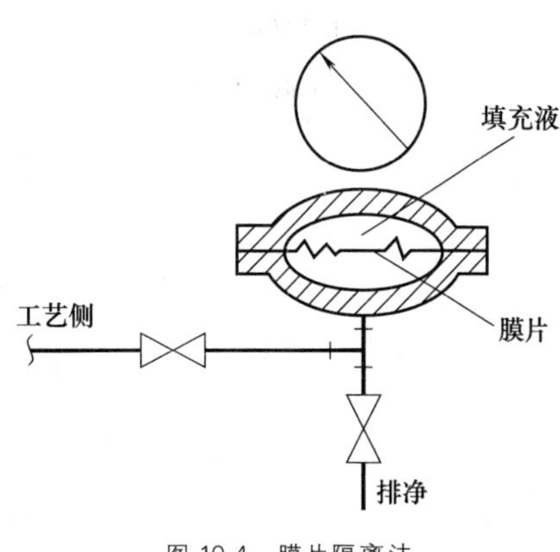

图 10-4　膜片隔离法

膜片隔离适应于强腐蚀性介质、难以采用管内隔离或容器隔离的场合。一般用于压力测量，不宜用于差压测量。

膜片隔离系统的设计应考虑排气、充液和封口等措施。

隔离膜片的选用如下。

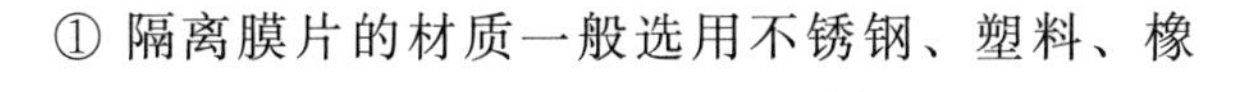

① 隔离膜片的材质一般选用不锈钢、塑料、橡胶，也可根据被测介质在工作温度和浓度之下的腐蚀性进行选择。

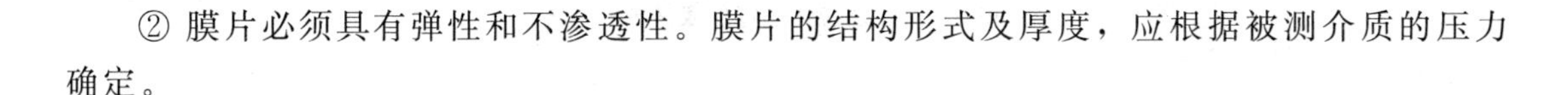

② 膜片必须具有弹性和不渗透性。膜片的结构形式及厚度，应根据被测介质的压力确定。

（三）隔离液

无论是管内隔离或是容器隔离，关键问题是隔离液的选择。所选用的隔离液应符合以下要求：

① 化学稳定性好，与被测介质不发生化学作用；

② 与被测介质不发生互溶；

③ 与被测介质具有不同的重度，且重度差值尽可能大，分层明显；

④ 沸点高、挥发性小；

⑤ 在环境温度变化时，不黏稠、不凝结；

⑥ 对仪表和测量管线无腐蚀。

二、吹洗

1. 吹洗应用范围

吹洗包括“吹气”和“冲液”。“吹气”是通过测量管线向测量对象连续定量地吹入气体。“冲液”是通过测量管线向测量对象连续定量地冲入液体。两者的目的都是使被测介质与仪表传感元件不直接接触，达到保护仪表实现测量的目的。

在采用隔离方式难以满足测量要求的场合，可采用吹洗方式，对腐蚀性、高黏度、结晶性、熔融性、沉淀性介质，进行液位、压力、流量测量，真空对象不宜采用吹洗。如图 10-5 所示。

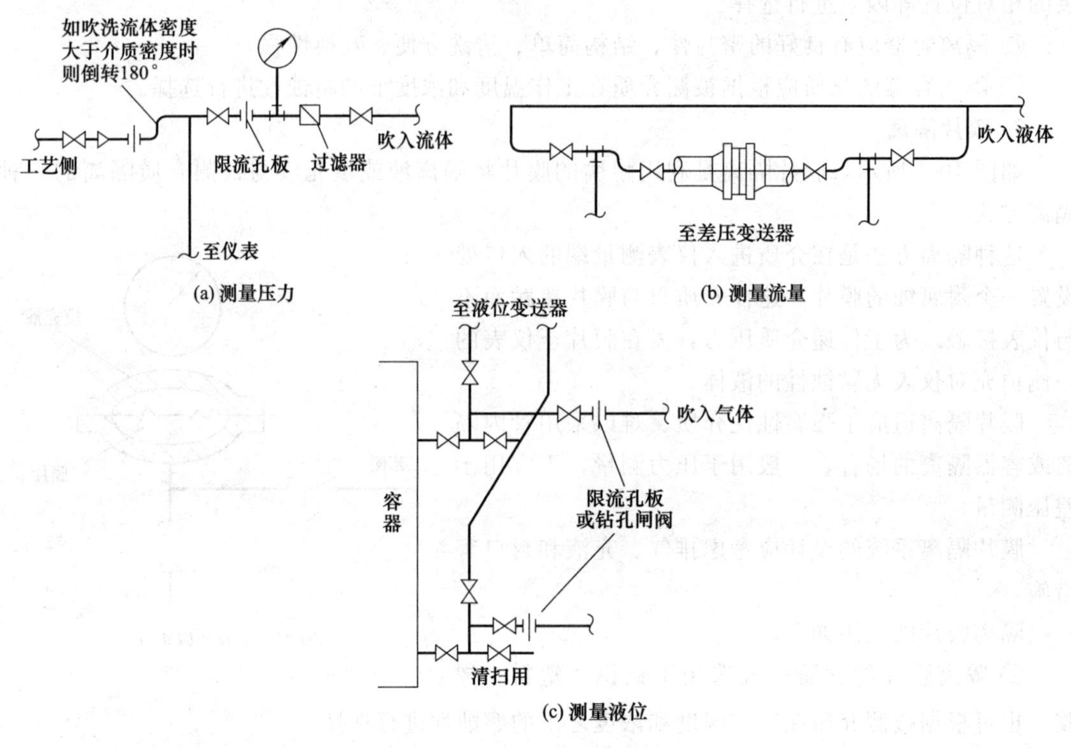

图 10-5　用吹洗流体进行仪表保护的方法

2. 吹洗流体

必须是被测工艺过程所允许的流体介质，一般应满足下列要求：

① 与被测对象的工艺介质不发生化学作用；

② 清洁、不含固体物质、不污染工艺介质；

③ 吹洗流体为液体时，在节流减压之后，不发生相变；

④ 无腐蚀性；

⑤ 流动性好。

吹洗流体通常采用空气、氮气、蒸汽冷凝液和其他被测工艺对象所允许的流体介质。

吹洗流体源应充分可靠，不受工艺操作的影响。

3. 吹洗流体的压力与流量

吹洗流体的压力，应高于被测对象的压力，以保证在吹洗过程中按预先的流量连续而稳定地吹洗。

吹洗流量应根据吹洗流体的种类、被测介质的特性，以及测量要求选取。各种情况下的吹洗流量可参考下列数值。

① 流化床：吹洗流体为空气或其他气体时，一般为 $0.85\sim3.4m^3/h$。

② 低压储槽液面：吹洗流体为空气或其他气体时，一般为 $0.03\sim0.045m^3/h$。

③ 一般流量测量：吹洗流体为气体时，一般为 $0.03\sim0.14m^3/h$；吹洗流体为液体时，一般为 $0.014\sim0.036m^3/h$。

吹洗流量的控制和指示，一般采用限流孔板、针形阀、钻孔闸阀、恒差继动器、恒差流量调节器等和转子流量计配合使用。当吹洗流体的压力明显高于被测对象压力时，应采用减压阀。当被测对象的压力波动或吹洗流体的压力波动较明显时，应采用压力自动调节。

第三节 仪表接地设计

仪表接地系统的设计也是自控设计中必须引起注意的一项内容，特别是电动Ⅲ型仪表和电子计算机的引入，仪表接地系统的设计尤其要引起重视。接地系统设计的错误，轻则可使仪表不能正常地工作，重则会导致发生设备和人身事故，会危及到人身的安全，因此，必须给予足够的重视。

一、接地的作用和要求

（一）保护性接地

保护接地完全是从设备和人身安全出发，以防设备带电而发生触电事故。

在正常情况下，用电仪表的外壳、电气设备的外表面，都应该是不带电的。但是如果这些仪表、设备的电气绝缘性能受到破坏，就有可能使这些仪表、设备的外表面带电，如果这些设备又未经良好的接地，那么一旦人去触及它，就会发生触电。轻则使人感到不适，重则会造成人身伤亡事故。因此，对于一切用电仪表及电气设备必须进行良好的接地。

在自控设计中，需要考虑保护性接地的有如下设备：

仪表盘；

仪表柜；

仪表箱；

PLC、DCS 机柜；

操作站及辅助设备；

供电盘和供电箱；

用电仪表的外壳；

接线盒；

电缆槽、电缆托盘；

穿线管；

铠装电缆的铠装护层等。

（二）工作接地

为保证仪表检测控制系统、PLC、DCS 系统、计算机能正常可靠地工作，它们应作工作接地。

这种接地的目的是为了抑制干扰的影响，提高仪表的测量精度，确保仪表能正常可靠地工作。

工作接地内容包括信号回路接地、屏蔽接地和本安仪表接地三种不同的类型。

1. 信号回路接地

在仪表、PLC、DCS 系统、计算机等电子设备中，需要建立一个统一的基准电位时，应进行信号回路接地。

当PLC、DCS系统、计算机与常规模拟仪表联用时，应对模拟系统与数字系统两者提供一个公共的信号回路接地点。

如为了减小热电偶的惰性和提高其抗干扰性能，可以将热电偶的端点与金属套管焊接在一起。由于热电偶安装于设备，通过设备的接地，热电偶的端点也就和大地连通了。这样一方面，由于热电偶的端点与金属套管焊接在一起，测量温度的惰性就大大减小了；另一方面，由于热电偶端点与大地相通，就可以克服热电偶所处场合由于周围电器漏电而对热电偶造成的干扰。

2. 屏蔽接地

所谓屏蔽就是用金属导体把被屏蔽的电气元件、组合件、电路、信号线等包围起来。屏蔽接地即是将这种金属屏蔽层接地。屏蔽接地应在控制室侧进行。

屏蔽接地是抑制电容性耦合干扰、提高仪表精确度的一项有效措施。

在自控设计中需要考虑屏蔽接地的有：电缆的屏蔽层；排扰线；仪表上的屏蔽接地端子。

在强雷击区室外架空敷设的多芯电缆，其备用芯宜作屏蔽接地，以避免雷击时在信号线路感应出高电压。

3. 本安仪表接地

本安仪表接地是系统在安全功能上防爆性质的具体措施之一。因此，本安仪表必须按防爆要求及仪表制造厂家的有关规定可靠接地。

本安仪表除导线屏蔽接地外，需要考虑接地的其他部分有：

安全保持器（即安全栅）的接地端子；

架装和盘装仪表的接地端子；

24V直流电源的负极；

现场仪表的金属外壳、现场仪表盘以及现场金属接地盒、导线管及汇线槽等。

二、接地设计的原则和方法

（一）接地设计的原则

用电仪表、PLC、DCS系统、计算机等电子设备的保护接地应接至厂区电气专业接地网，接地电阻小于4Ω。

用电仪表、PLC、DCS系统、计算机等电子设备的工作接地（信号回路接地、屏蔽接地）可按下述两种方式进行。

① 当厂区电气专业接地网接地电阻较小，如为1～4Ω，能满足自控专业的要求而仪表制造厂又无特殊要求时，则可直接接至厂区电气专业接地网。

② 当厂区电气专业接地网接地电阻值较大或仪表制造厂有特殊要求时，应独立设置仪表接地系统，接地电阻为1～4Ω。

本安仪表接地应独立设置接地系统，接地电阻1～4Ω或按制造厂要求决定。本安仪表的接地系统应保持独立，与厂区电气专业接地网或其他仪表系统接地网相距5m以上。

为了减少在信号传送中产生的干扰和误差，各仪表回路和系统只应有一个信号回路接地点，除非使用变压器耦合型隔离器或光电耦合型隔离器，把两个接地点之间的直流信号回路隔离开。

传送信号用导线的屏蔽层，一般应在仪表盘上的接地汇流排处接地，不应浮空或重复接地。

（二）接地方法

首先将盘装（或控制箱）每台仪表的接地端子通过接地支线引向接地汇流排，再将每块表盘的接地汇流排通过接地分干线与公用接地板相连，最后再用接地总干线将接地板与埋入地下的接地体（亦称接地极）相连，构成一个完整的工作接地系统。各汇流排、分干线应彼此绝缘。

仪表系统接地点的位置应做出明显的标志，接地连线应设置绿/黄色标记。

有关接地线、公用接地板及接地体的具体要求和实施方法请参看有关的设计资料。全厂仪表系统接地可参考图 10-6 所示。

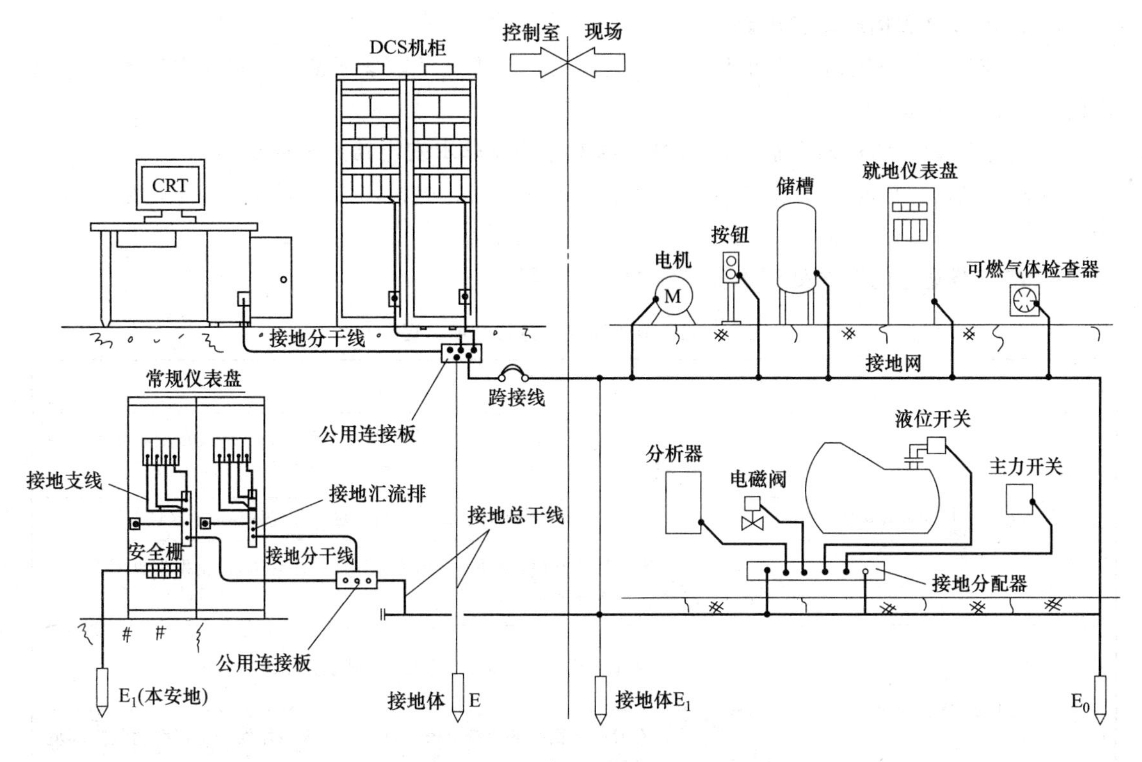

图 10-6 全厂仪表系统接地参考图

第四节 仪表防爆设计

一、防爆设计的重要性

石油、化工生产中所使用的原料及生产所得的成品和半成品往往具有易燃、易爆的特点。如果生产现场的空气中有这种易燃易爆物质的气体、蒸气或粉尘存在，一旦仪表或电气设备产生火花，就会产生燃烧或爆炸事故，这会直接危及到人身和设备的安全。因此，在自控设计中必须对安全防爆问题给予足够的重视。

二、防爆等级的划分

按照CD90A4—83的规范，爆炸场所的分区、最小点燃电流分级及引燃温度分组分别如表10-1、表10-2及表10-3所示，常用气体或蒸气爆炸性混合物的分级分组见表10-4。

三、防爆措施

1. 选用防爆型仪表

气动仪表具有本质安全防爆的特性，必要时可以选用。但由于气动仪表不便于与计算机配套，它的应用就受到了一定的限制。进入20世纪80年代以来，气动仪表已逐渐为电动仪表所代替。

本质安全型电动仪表可以应用于最高级别的爆炸危险的场所。

2. 应用安全栅构成本安电路

由于本安电路对电流、电压起到了限制作用，使进入危险场所的能量被限制在安全范围之内，起到了防爆的作用。

3. 在线路敷设和仪表盘盘后配线时将本安电路与非本安电路分开或隔离

这样做之后，就可以消除非本安电路中电源变压器、电机、放大器等的静电电磁感应的影响。

4. 按防爆规定的要求处理本安系统的接地问题

表10-1　爆炸和火灾危险场所分区

类　别	级别	说　明
一、气体及蒸汽爆炸危险场所	0区	连续地出现爆炸性气体环境，或预计会长期出现或短期频繁地出现爆炸性气体环境区域
	1区	在正常操作时，预计会周期地出现爆炸性气体环境的区域
	2区	在正常操作时，预计不会出现爆炸性气体环境，即使发生也可能不频繁并短时出现的区域
二、粉尘爆炸危险场所	10区	爆炸性粉尘混合物环境连续出现或长期出现的区域
	11区	有时会将积留下的粉尘扬起而偶然出现爆炸性粉尘混合物危险环境的区域
三、火灾危险场所	21区	具有闪点高于场所环境温度的可燃液体，在数量和配置上能引起火灾危险的区域
	22区	具有悬浮状、堆积状的爆炸性或可燃性粉尘，虽不可能形成爆炸混合物，但在数量和配置上能引起火灾危险的区域

表10-2　按最小点燃电流（MIC）分级

级别	最小点燃电流比MICR	级别	最小点燃电流比MICR
ⅡA	＞0.8	ⅡC	＜0.45
ⅡB	0.8＞MICR≥0.45		

注：$\text{MICR}=\dfrac{\text{被测气体或蒸汽的MIC}}{\text{实验室中甲烷的MIC}}$。

表 10-3 按引燃温度分组

级别	引燃温度/℃	级别	引燃温度/℃
T1	$t>450$	T4	$200\geqslant t>136$
T2	$450\geqslant t>300$	T5	$135\geqslant t>100$
T3	$300\geqslant t>200$	T6	$100\geqslant t>85$

表 10-4 常用气体或蒸汽爆炸性混合物的分级分组

序号	物质名称	级别	组别	序号	物质名称	级别	组别
1	甲烷	ⅡA	T1	20	醋酸乙酯	ⅡA	T2
2	乙烷	ⅡA	T1	21	氯甲烷 氯乙烷	ⅡA	T1
3	丙烷	ⅡA	T1	22	氯乙烯	ⅡA	T1
4	丁烷	ⅡA	T2	23	氨	ⅡA	T1
5	戊烷及己烷	ⅡA	T3	24	乙腈	ⅡA	T1
6	丙烯	ⅡA	T2	25	丙炔	ⅡB	T1
7	苯乙烯	ⅡA	T1	26	乙烯	ⅡB	T2
8	甲基苯乙烯	ⅡA	T1	27	1,3-丁二烯	ⅡB	T2
9	苯	ⅡA	T1	28	丙烯腈	ⅡB	T1
10	甲苯	ⅡA	T1	29	环氧乙烷	ⅡB	T2
11	二甲苯	ⅡA	T1	30	丙烯酸甲酯	ⅡB	T2
12	异丙苯	ⅡA	T2	31	丙烯醛	ⅡB	T3
13	石脑油	ⅡA	T3	32	焦炉煤气	ⅡB	T1
14	燃料油	ⅡA	T3	33	硫化氢	ⅡB	T3
15	甲醇	ⅡA	T2	34	氢气	ⅡC	T1
16	苯酚	ⅡA	T1	35	乙炔	ⅡC	T2
17	乙醛	ⅡA	T4	36	二硫化碳	ⅡC	T5
18	丙酮	ⅡA	T1	37	硝酸乙酯	ⅡC	T6
19	醋酸甲酯	ⅡA	T1	38	水煤气	ⅡC	T1

Chapter 11

第十一章 节流装置选型及计算方法

在石油化工生产中，流量计的应用非常广泛，而流量计中差压式流量计又占大部分，因而节流装置的选型及其设计是自控工程设计的重要组成部分。

差压式流量计历史悠久，对节流装置的研究比较充分，而且至今不少工业发达的国家仍在采用最现代化的试验手段对已有的节流件进行试验研究，同时也在不断设计和研制新型节流件。

追溯节流装置标准化的历史，回顾我国采用国际标准的过程，对认识和使用标准节流装置是有益的。差压式流量计早在20世纪初就已经开始在工业应用，在大量试验的基础上，美国在30年代出版ISA 9号和12号报告，德国在30年代末出版的工业标准DIN都是以国家标准的形式规范了节流装置。30年代中期，就已经有了国际间可能统一的基础条件。国际标准化组织ISO在40年代后期创建ISO第30号技术委员会（TC30），并在60年代后期发表了封闭圆管流的流量测量的两个推荐准则，即关于孔板和喷嘴的ISO R541以及关于文丘里管的ISO R781。在各国研究的基础上，已经把上述几种型式的节流装置标准化，称为标准节流装置。

国内的差压式流量计经历了仿制、统一设计和自行设计等阶段：我国1959年由国家计量局推荐苏联的27-54规程作为我国的暂行规程。它所规定的节流装置，多以查图为主设计计算。

1964年由中国计量技术和仪器制造学会推荐由上海热工仪表研究所编写的《流量测量节流装置设计计算手册》，1966年由上海工业自动化仪表研究所（由上海热工仪表研究所更名）编著出版了《流量测量节流装置设计手册》，其内容大体与苏联27-54规程一致，它需要较多的物料数据和大量图表，而且计算步骤繁琐，尽管如此，在五六十年代的自控工程设计大都采用这个规程进行设计计算。

70年代以后大量引进先进技术，逐步缩短了与国际水平的差距。1978年底我国制定出新的国家标准，它以ISO R541（1967）为基础。此标准直至1981年4月15日由中华人民共和国国家标准总局批准为GB 2624—81《流量测量　节流装置，第一部分：节流件为角接取压、法兰取压的标准孔板和角接取压的标准喷嘴》，于1982年3月1日执行。

国内在执行GB 2624—81时，1980年ISO组织又推行ISO 5167（80），包括孔板、喷嘴、文丘里管。此标准提出了许多的新观点，计算方法上作了简化。也就是说，我国在1982年推行了一个过时的1967年的ISO标准。ISO 5167（80）又经过多次修改，如90年版、91年版。

1989年我国决定等效采用国际标准ISO/DIS5167-1（89）的国家标准修订工作。1989

年机电部下达任务，委托上海工业自动化仪表研究所负责修订 GB 2624—81，修订工作刚刚开始于 1992 年我国收到 1991 年 12 月发布的国际标准正式文件 ISO-5167（1991），于是又决定着手使国家标准等效该国际标准的修订工作。三年之后，1993 年 2 月 3 日由国家技术监督局批准 GB/T 2624—93 代替 GB 2624—81，1993 年 8 月 1 日实施。该标准第一次等效采用 ISO 5167（1991）与国际接轨，这标志着我国现行的标准节流装置，在推广采用国际标准上的研究成果、提高测量精度方面，已取得了突破性的进展。

ISO 5167（1991）标准全称为《用差压装置测量流量　第一部分：安装在充满流体的圆形截面管道中的孔板、喷嘴和文丘里管》；

GB/T 2624—93 全称为《流量测量节流装置　用孔板、喷嘴和文丘里管测量充满圆管的流体测量》。

GB/T 2624—93 主要特点如下。

① 以流出系数 C 代替流量系数 α。C 值的计算中的 β 降阶计算由原流量系数 α_0 计算中的最高阶 β^{20} 降至流出系数 C 计算中的最高阶 β^8 次幂。

② 提出 5 种命题以适应自控工程各方面的需要。

③ 提出迭代计算方法，给出计算机计算程序框图。

④ 差压上限不再计算，需要由用户自行选定，要求设计者有更多的经验。

⑤ 管道粗糙度不再参加计算，而是计算结果出来后需验证。

目前，在流量测量中应用的节流装置除了标准节流装置外，还有非标准节流装置。

所谓“标准节流装置”就是它们的结构、尺寸和技术条件都有统一标准，有关计算步骤和方法都经过系统试验而有统一规定。按统一标准规定进行设计制造的节流装置，不必经过个别标定就可以使用。

在 GB/T 2624—93 中规定的标准节流装置有以下几种。

标准孔板：角接取压；法兰取压；径距取压（D-$D/2$）。

标准喷嘴：ISA1932 喷嘴；长径喷嘴。

文丘里管：文丘里喷嘴；经典文丘里管。

第一节　差压式流量计的组成和选型

一、组成形式

由节流装置、连接管路（导压管）和差压计（或差压变送器）组成一体，统称差压式流量计（或差压流量变送器），如图 11-1 所示，即为其组成原理图。

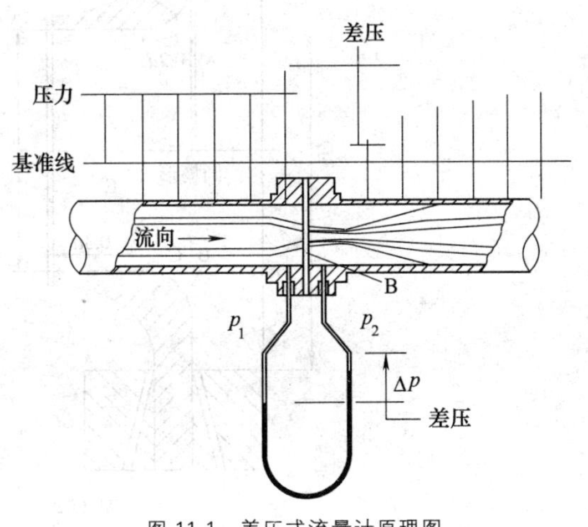

图 11-1　差压式流量计原理图

二、常用节流装置形式

按结构形式可分为以下几种。

1. 标准孔板

① 如图 11-2 所示，标准孔板中心开一个圆孔，开孔上游侧有一尖锐的直角边缘，

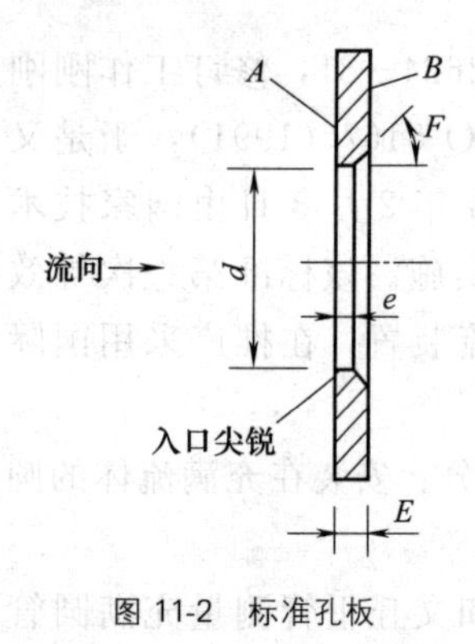

图 11-2　标准孔板

流出系数与尖锐程度密切相关，直角边缘的圆弧半径不能大于 $0.004d$。

② 圆柱形的喉部与圆管不同心会引起流出系数的变化。

③ 标准孔板两端面应平整和平行，标准孔板要有足够的厚度，标准规定 $e \leqslant E \leqslant 0.05D$，以防止弯曲和变形。

④ 圆柱形的喉部要正对流体入口，在标准孔板的背面应有斜角 F 为 45°±15°的斜面。

⑤ 标准孔板夹装在带有三种取压方式之一的法兰中，按标准规定有角接取压（或环隙取压）、法兰取压和径距取压，如图 11-3 所示。

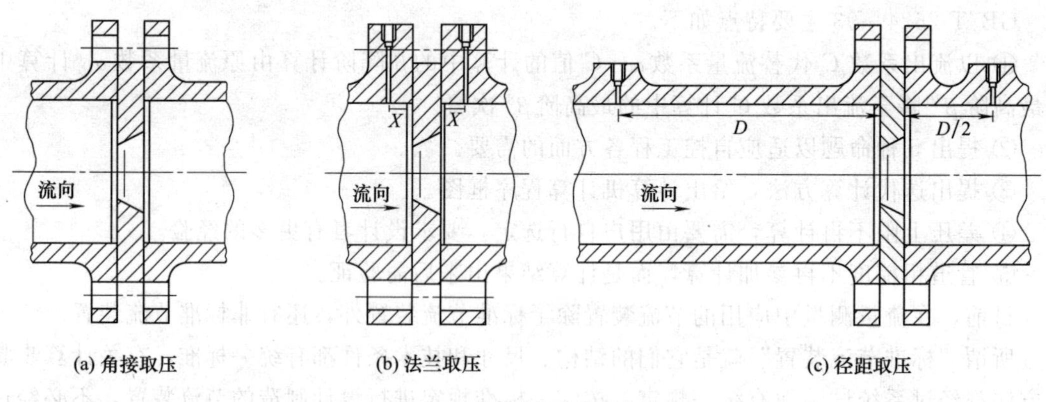

图 11-3　孔板的三种取压方式

2. 标准喷嘴

在标准中规定了两种形状的喷嘴，即 ISA1932 喷嘴和长径喷嘴，如图 11-4 所示。

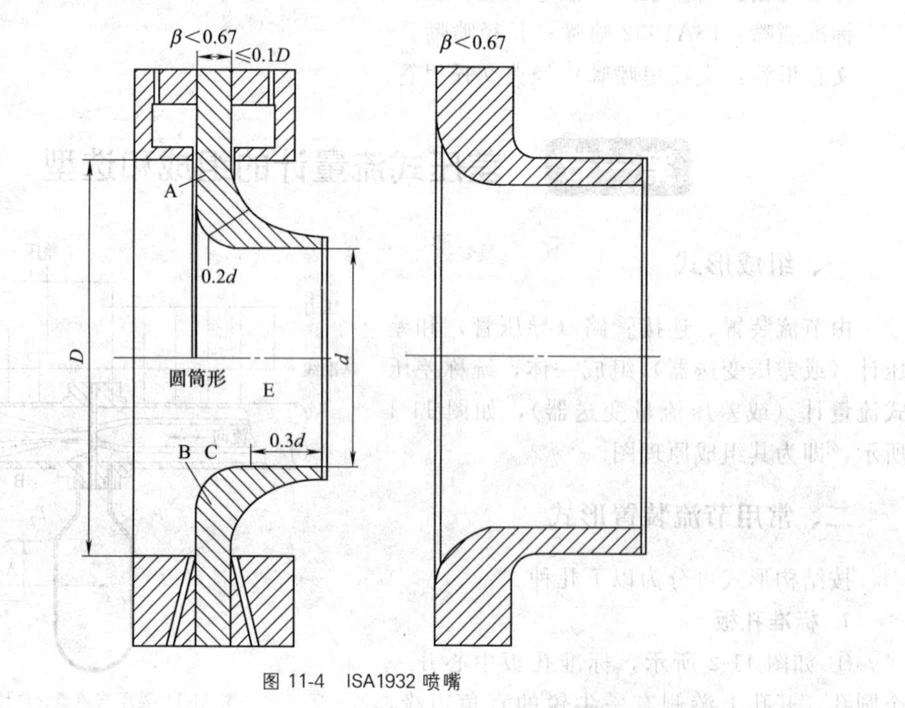

图 11-4　ISA1932 喷嘴

（1）ISA1932 喷嘴

喷嘴是由圆弧形收缩部分和圆筒形喉部组成，具体结构由四部分组成：

① 垂直于轴线入口平面部分 A；

② 由两段圆弧曲面 B 和 C 所构成入口收缩部分；

③ 圆筒形喉部 E；

④ 为防止边缘损伤所需的保护槽 F。

由于喷嘴喉部直径小于$\frac{2}{3}D$（即 $\beta<0.67$），入口平面部分的径向宽度小于 D，当 d 大于$\frac{2}{3}D$（即 $\beta<0.67$），该入口平面部分被环隙或法兰遮盖，为此要将喷嘴端面车去一部分，使平面部分的最小直径恰好等于管道内径 D。

入口收缩部分（圆弧曲面 B 和 C）的廓形应用样板进行检验。

（2）长径喷嘴

长径喷嘴轴向截面如图 11-5 所示，它有高比值喷嘴（$0.25<\beta<0.8$）和低比值喷嘴（$0.2<\beta<0.5$）两种形式，当 β 值介于 0.25 和 0.5 之间，可采用任意一种结构形式的喷嘴。

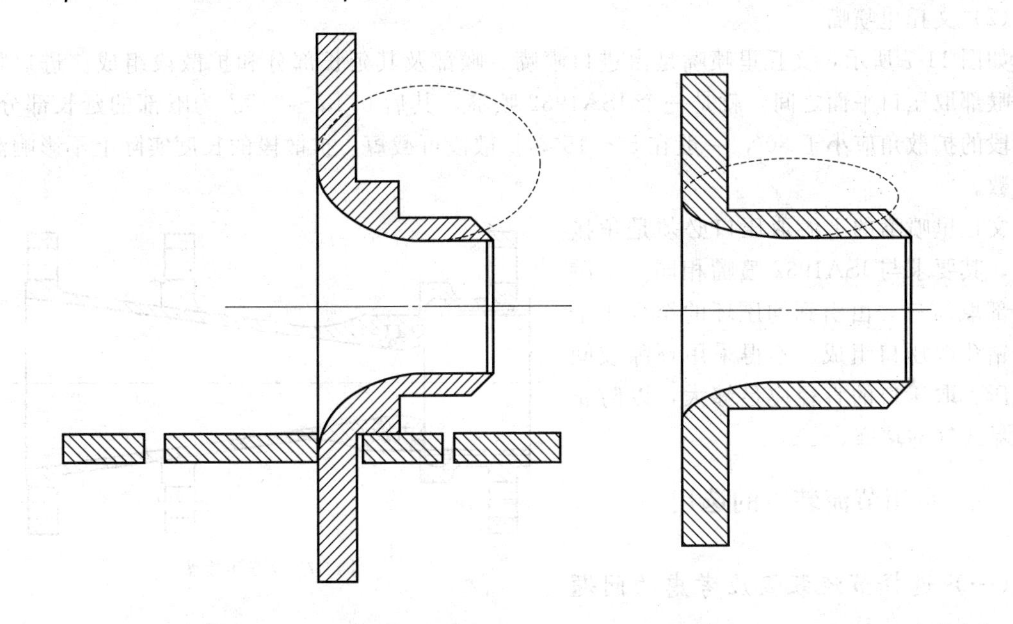

(a) 低比值($0.2<\beta<0.5$)的ASME长径喷嘴　　(b) 高比值($0.25<\beta<0.8$)的ASME长径喷嘴

图 11-5　长径喷嘴

高比值喷嘴的收缩段 A 的曲面形状为 1/4 椭圆，椭圆圆心距喷嘴轴线的距离为 $D/2$，椭圆的长轴平行喷嘴轴线，长半轴为 $D/2$，短半轴为$\frac{D-d}{2}$。

低比值喷嘴的收缩段 A 的曲面形状亦为 1/4 椭圆，椭圆的圆心到喷嘴轴线的距离为$\frac{7}{6}d$。椭圆的长轴平行喷嘴轴线，长轴半径等于 d；短轴半径等于$\frac{2}{3}d$。

3. 文丘里管

有下述两种不同形式的文丘里管。

(1) 经典文丘里管

经典文丘里管是由入口圆管段 A、圆锥收缩段 B、圆筒形喉部 C 和圆锥扩散段 E 组成，如图 11-6 所示。

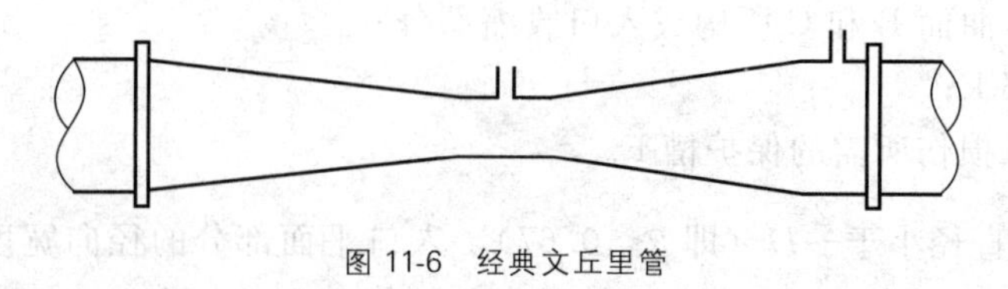

图 11-6 经典文丘里管

圆锥扩散段的夹角在 7°～15°之间。为了使压力损失最小，最好用 7°；为了要减小总长度，可将夹角 7°的圆锥扩散段截短，而不会对压力恢复产生很大影响。

经典文丘里管的上游取压口轴线距锥形收缩段 B 和入口圆管段 A 相交平面的距离应为 $0.5D$。下游取压口（即喉部取压口）轴线距锥形收缩段 B 和圆筒形喉部 C 相交平面的距离为 $0.5d$。上下游取压口应做成几个单独管壁取压口形式，用均匀环把几个单独管壁取压口连接起来。

(2) 文丘里喷嘴

如图 11-7 所示，文丘里喷嘴是由进口喷嘴、喉部及其延长部分和扩散段组成。进口喷嘴和喉部取压口平面之间，就是一个 ISA1932 喷嘴，其后 $0.4d$～$0.5d$ 为喉部的延长部分。扩散段的扩散角应小于 30°，一般在 5°～15°，扩散段可截短，扩散段的长度实际上不影响流出系数。

文丘里喷嘴的上游取压口必须是角接取压，其要求与 ISA1932 喷嘴相同。下游的喉部取压口，由引到均压环的至少 4 个单独钻孔取压口组成。不得采用环隙或间断取压。取压口的直径应足够大，以防止被污垢或气泡堵塞。

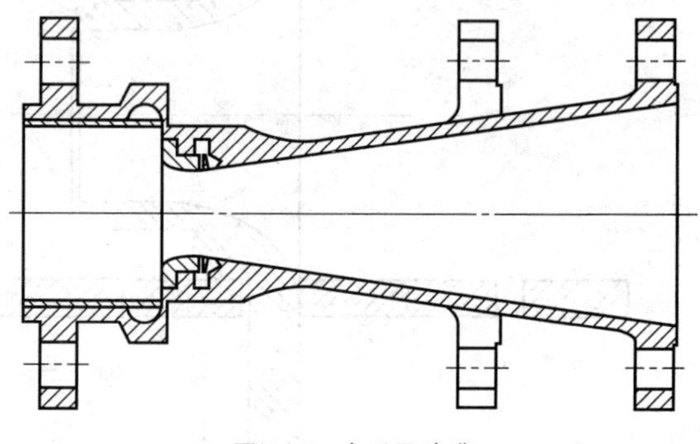

图 11-7 文丘里喷嘴

三、 常用节流装置的选用

(一) 选择节流装置应考虑的问题

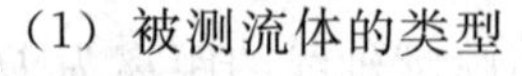

对下面五类问题若有一定的了解，就能帮助我们正确选用节流装置。

(1) 被测流体的类型

被测流体是液体、气体还是蒸气；被测流体是清洁的、肮脏的还是浆液；是否有腐蚀性或磨耗性。

(2) 被测介质的参数

被测介质的工作温度和压力；其他参数（如介质成分等）是否有特殊要求；流动是稳定的还是脉动的。

(3) 一次仪表的安装条件

待测管道内径；拟装一次仪表位置离开上游阻力件是否有足够的直管段长度；阻力件的类型；管道是否有剧烈的振动。

(4) 在仪表性能和测量方面总的要求

流量范围；测量精确度；在某一特定流量下使用，还是在一段流量范围内使用；若在工艺流程中用作流量控制，则还应知道所需的响应频率。

(5) 仪表安装和运行费用

仪表及辅助设备的购置费和安装费；对于压损较大的大口径一次仪表还要考虑泵送能耗费。

(二) 选用参考资料

为正确解答以上提示的问题，现提供下列资料，可供参考。

① 各节流装置的参数极限，详见表 11-1。

② 各节流装置的流出系数不确定度和压力损失估算公式，详见表 11-2。

③ 孔板、喷嘴和文丘里喷嘴所需最短直管段长度，详见表 11-3。经典文丘里管所要求的最短直管段长度，详见表 11-4。

④ 其他。

差压流量计固有特性是差压与流量成平方根关系。若仪表在特定流量下使用或用作流量控制，则差压流量计是有优点的。在满度值 50%以上，它能较等分刻度的流量计刻度宽，分辨率高，越接近满刻度，其刻度越宽，分辨率越高。若在一个流量范围内使用，差压式流量计就存在缺点，即量程比仅为 3：1 或 4：1。一种方法是选用经线性化处理的差压变送器或用流量计算机来实现；另一种方法是选用两台不同差压上限的变送器并接使用，以扩大其量程比。

根据差压流量计的基本公式：$g_m = K\sqrt{\Delta p \rho_1}$，只有在流体密度 ρ_1 不变时，差压 Δp 与质量流量 g_m 成平方根关系。在测量气体或蒸汽流量时，如果压力和温度都在变化，密度亦随之而变，则测的气体或蒸汽流量也在变化。为此，在此情况下就应选用温度、压力传感器来实现温度、压力自动补偿。如果密度不变，则只需选用差压流量计（或差压流量变送器）即可。

表 11-1　节流装置一次仪表的参数极限

节流件	标准孔板			ISA1932 喷嘴	长径喷嘴	经典文丘里管			文丘里喷嘴
取压方式	角接取压	法兰取压	径距取压	角接取压	径距取压	粗焊收缩段	焊铸收缩段	加工收缩段	
D/mm	50～1000	50～1000	50～1000	50～500	50～630	200～1200	100～800	50～250	65～500
β	0.20～0.75	0.20～0.75	0.20～0.75	0.30～0.80	0.20～0.80	0.40～0.70	0.30～0.75	0.40～0.75	0.316～0.775
Re_D	5×10^3～10^8	$1260\beta^2D$～10^8	$1260\beta^2D$～10^8	2×10^4～1×10^7	$1\times10^4\times$～1×10^7	2×10^5～2×10^6	2×10^5～2×10^6	2×10^5～1×10^6	1.5×10^5～2×10^6

表 11-2　节流装置一次仪表的流出系数不确定度和压力损失

名称		流出系数 C 的不确定度 $\frac{\delta C}{C}$	可膨胀系数 ε 的不确定度 $\frac{\delta\varepsilon}{\varepsilon}$	压力损失的估算式
标准孔板	角接取压	$\beta<0.6\ \frac{\delta C}{C}=\pm0.6\%$ $0.6<\beta<0.8\ \frac{\delta C}{C}=\pm\beta\%$	$0.23<\beta<0.75$ $\frac{\delta\varepsilon}{\varepsilon}=\pm4\frac{\Delta p}{p}\%$ $0.75<\beta<0.8$ $\frac{\delta\varepsilon}{\varepsilon}=\pm8\frac{\Delta p}{p}\%$	$\delta_p=(1-0.24\beta-0.52\beta^2-0.16)\Delta p$
	法兰取压	$\beta<0.6\ \frac{\delta C}{C}\pm0.6\%$ $\beta>0.6\ \frac{\delta C}{C}=\pm\beta\%$	$0.2<\beta<0.75$ $\frac{\delta\varepsilon}{\varepsilon}=\pm4\frac{\Delta p}{p}\%$	
	径距取压	$0.2<\beta<0.6\ \frac{\delta C}{C}=\pm0.6\%$ $0.6<\beta<0.75\ \frac{\delta C}{C}=\pm\beta\%$	$0.2<\beta<0.75$ $\frac{\delta\varepsilon}{\varepsilon}=\pm4\frac{\Delta p}{p}\%$	
喷嘴	ISA1932 喷嘴	$\beta<0.6\ \frac{\delta C}{C}=\pm0.8\%$ $\beta>0.6\ \frac{\delta C}{C}=\pm(2\beta-0.4)\%$	$\frac{\delta\varepsilon}{\varepsilon}=\pm2\frac{\Delta p}{p}\%$	$\delta_p=(1+0.014\beta-2.06\beta^2-1.18\beta^3)\Delta p$
	长径喷嘴	$\frac{\delta C}{C}=\pm2.0\%$	$\frac{\delta\varepsilon}{\varepsilon}=\pm2\frac{\Delta p}{p}\%$	
经典文丘里管	具有粗铸收缩段	$\frac{\delta C}{C}=\pm0.7\%$	$\frac{\delta\varepsilon}{\varepsilon}=\pm(4+100\beta^8)\frac{\Delta p}{p}\%$	$\delta_p=(0.218-0.42\beta+0.38\beta^2)\Delta p$
	具有机加工收缩段	$\frac{\delta C}{C}=\pm1.0\%$		
	具有粗焊铁板收缩段	$\frac{\delta C}{C}=\pm1.5\%$		
文丘里喷嘴		$\frac{\delta C}{C}=\pm(1.2+1.5\beta^4)\%$	$\frac{\delta\varepsilon}{\varepsilon}=\pm(4+100\beta^8)\frac{\Delta p}{p}\%$	
$\frac{1}{4}$圆孔板		$\beta>0.316\ \frac{\delta C}{C}=\pm2\%$ $\beta<0.316\ \frac{\delta C}{C}=\pm2.5\%$	$\frac{\delta\varepsilon}{\varepsilon}=\pm33(1-\varepsilon)\%$	
锥形入口孔板		$\frac{\delta C}{C}=\pm2.0\%$	$\frac{\delta\varepsilon}{\varepsilon}=\pm33(1-\varepsilon)\%$	
圆缺孔板			$\frac{\delta\varepsilon}{\varepsilon}=\pm3.3\frac{\Delta p}{p}\%$	
偏心孔板		$D=100\ \frac{\delta C}{C}=\pm0.95\%$ $D>100\ \frac{\delta C}{C}=\pm0.7\%$	$\frac{\delta\varepsilon}{\varepsilon}=\pm3.3\frac{\Delta p}{p}\%$	$\delta_p=(0.151-0.304\beta+0.182\beta^2)\Delta p$
道尔管		$\beta=0.4\sim0.75\ \frac{\delta C}{C}=\pm1.25\%$ $\beta=0.35\sim0.80\ \frac{\delta C}{C}=\pm1.50\%$	$\frac{\delta\varepsilon}{\varepsilon}=\pm4\frac{\Delta p}{p}\%$	
90°弯头流量计		$\frac{\delta C}{C}=\pm1.5\%\sim\pm2.5\%$		

注：Δp—差压；p—节流件前压力；δ_p—压力损失。

表 11-3 孔板、喷嘴和文丘里喷嘴所需最短直管段长度

第一上游阻流件名称	节流件第一上游侧阻流件形式和最短直管段长度 LU1								节流件第二上游侧阻流件形式和最短直管段长度 LU2 所有直径比 β
	直径比 β								
	0.2	0.3	0.4	0.5	0.6	0.7	0.75	0.80	
单个 90°弯头或三通（流体仅从一个直管流出）	10 (6)	10 (6)	14 (7)	14 (7)	18 (9)	28 (14)	36 (18)	46 (23)	14
在同一平面上的两个或多个 90°弯头	14 (7)	16 (8)	18 (9)	20 (10)	26 (13)	36 (18)	42 (21)	50 (25)	18
在不同平面上的两个或多个 90°弯头	34 (17)	34 (17)	36 (18)	40 (20)	48 (24)	62 (31)	70 (35)	80 (40)	31
渐缩管（在 1.5D～3D 的长度内由 2D 变为 D）	5	5	5	6 (5)	9 (5)	14 (7)	22 (11)	30 (15)	7
渐扩管（在 1D～2D 的长度内由 0.5D 变为 D）	16 (8)	16 (8)	16 (8)	18 (9)	22 (11)	30 (15)	38 (19)	54 (27)	15
球阀全开	18 (9)	18 (9)	20 (10)	22 (11)	26 (13)	32 (16)	36 (18)	44 (22)	16
全孔球阀或闸阀全开	12 (6)	12 (6)	12 (6)	12 (6)	14 (7)	20 (10)	24 (12)	30 (15)	10
直径比大于或等于 0.5 的对称轴缩异径管	30 (15)	30 (15)	30 (15)	30 (15)	30 (15)	30 (15)	30 (15)	30 (15)	15
直径比小于或等于 0.03D 的温度计套管和插孔	5 (3)	5 (3)	5 (3)	5 (3)	5 (3)	5 (3)	5 (3)	5 (3)	3
直径在 0.03D～0.13D 之间的温度计套管和插孔	20 (10)	20 (10)	20 (10)	20 (10)	20 (10)	20 (10)	20 (10)	20 (10)	10
	节流件下游最短直管段长度 LD1								
包括在本表中所有阻流件	4 (2)	5 (2.5)	6 (3)	6 (3)	7 (3.5)	7 (3.5)	8 (4)	8 (4)	

表 11-4 经典文丘里管所要求的最短直管段长度

第一上游阻流件名称	节流件第一上游侧阻流件形式和最短直管段长度 LU1						节流件第二上游侧阻流件形式和最短直管段长度 LU2 所有直径比 β
	直径比 β						
	0.3	0.4	0.5	0.6	0.7	0.75	
单个 90°短半径弯头	0.5	0.5	0.5 (0.5)	3.0 (1.0)	4.0 (2.0)	4.5 (3.0)	14
在同一平面上的两个或多个 90°弯头	1.5 (0.5)	1.5 (0.5)	2.5 (1.5)	3.5 (2.5)	4.5 (2.5)	4.5 (3.5)	18
在不同平面上的两个或多个 90°弯头	(0.5)	(0.5)	(8.5)	(17.5)	(27.5)	(29.5)	31
在 3.5D～3D 的长度范围内由 3D 变为 D 的渐缩管	0.5	2.5 (0.5)	5.5 (0.5)	8.5 (0.5)	10.5 (2.5)	11.5 (3.5)	7
在 D 长度范围内由 0.75D 变为 D 的渐扩管	1.5 (0.5)	1.5 (0.5)	2.5 (1.5)	3.5 (1.5)	5.5 (3.5)	6.5 (4.5)	15
全开球阀或闸阀	1.5 (0.5)	2.5 (1.5)	3.5 (1.5)	4.5 (2.5)	5.5 (3.5)	5.5 (3.5)	10
对称轴缩异径管			30 (15)	30 (15)	30 (15)	30 (15)	15
直径小于或等于 0.03 的温度计套管和插孔管	5 (3)	5 (3)	5 (3)	5 (3)	5 (3)	5 (3)	3
直径在 0.03D～0.13D 之间的温度计套管和插孔	20 (10)	20 (10)	20 (10)	20 (10)	20 (10)	20 (10)	10
	节流件下游最短直管段长度 LD1						
包括在本表中所有阻流件	4	4	4	4	4	4	

注：1. 表 11-3、表 11-4 所列数值为位于节流件上游或下游的各种阻流件与节流件之间所需的最短直管段长度。
2. 不带括号的值为“零附加不确定度”的值；带括号的值为“0.5%附加不确定度”的值。
3. 直管段长度均以直径 D 的倍数表示，它应从节流上游端面量起。

第二节 GB/T 2624—93 的设计计算方法

由于标准孔板作为节流件在差压式流量计中占有主要份额，其设计计算方法与喷嘴、文丘里管基本类同，故以下篇幅只讨论标准孔板的有关使用及其设计计算方法，有关喷嘴、文丘里管的设计计算可查阅 GB/T 2624—93 的有关规定。

一、标准孔板的取压方式

标准规定，标准孔板可有三种取压方式。

① 角接取压　上、下游侧取压口紧贴孔板前后端面。若上游端面到上游取压口的距离为 I_1，下游端面到下游取压口的距离为 I_2'，则可取 $I_1=I_2'=0$。

② 法兰取压　上、下游取压孔中心至孔板前后端面的距离均为 25.4mm，又称“1 英寸法兰取压”。这时，$I_1=I_2'=25.4\text{mm}$。

③ D 和 $D/2$ 取压（径距取压）　上游取压孔中心至孔板前端面的距离为 D，下游取压孔中心至孔板前端面的距离为 $D/2$。若孔板前端面至下游取压孔中心的距离为 I_2，即 $I_2=\frac{D}{2}$。按标准规定 I_2 实际上只是名义上等于 $0.5D$，但 I_2 值在下列数值之间时无需对流出系数进行修正：

当 $\beta\leqslant 0.60$ 时，I_2 值在 $0.48D\sim 0.52D$ 之间；

当 $\beta>0.60$ 时，I_2 值在 $0.49D\sim 0.51D$ 之间。

二、标准孔板的适用条件

① 流体必须是充满圆管；

② 流体通过测量段的流动必须是保持亚音速的、稳定的或仅随时间缓慢变化的流动；

③ 流体必须是单相流体或者可认为是单相流体；

④ 不适用于 $D<50\text{mm}$ 和 $D>1000\text{mm}$ 或者雷诺数低于 5000 的场合。

三、标准孔板的设计计算

（一）设计计算的五个命题（见表 11-5）

表 11-5　五种命题的迭代格式

序号	1	2	3	4	5
问题名称	$g_m=$	$d=$	Δp	$D=,d=$	$D=$
已知量	$D,d,\Delta p,\rho,\mu$	$D,g_m,\Delta p,\rho,\mu$	D,d,g_m,ρ,μ	$\beta,g_m,\Delta p,\rho,\mu$	$d,g_m,\Delta p,\rho,\mu$
要求出量	g_m	d	Δp	D,d	D
不变量	$A_1=\frac{\varepsilon d^2\sqrt{2\Delta p\rho}}{\mu D\sqrt{1-\beta^4}}$	$A_2=\frac{\mu Re_D}{D\sqrt{2\Delta p\rho}}$	$A_3=\frac{8(1-\beta^4)g_m^2}{\rho(C\pi d^2)^2}$	$A_4=\frac{4\varepsilon\beta^2 g_m\sqrt{2\Delta p\rho}}{\pi\mu^2\sqrt{1-\beta^4}}$	$A_5=\frac{\pi d^2\sqrt{2\Delta p\rho}}{4g_m}$
迭代方程	$A_1=\frac{Re_D}{C}$	$A_2=\frac{C\varepsilon\beta^2}{\sqrt{1-\beta^4}}$	$A_3=\Delta P\varepsilon^2$	$A_4=\frac{X^2}{C}$	$A_5=\frac{\sqrt{1-\beta^4}}{C\varepsilon}$

续表

序号	1	2	3	4	5
弦截法计算中的变量	$X=Re_D=CA_1$	$X=\frac{\beta^2}{\sqrt{1-\beta^4}}=\frac{A^2}{C\varepsilon}$	$X=\Delta p=\frac{A_3}{\varepsilon^2}$	$X=Re_D=\sqrt{CA_4}$	$X=\sqrt{1-\beta^4}=A_5C\varepsilon$
精确度判据	$\left\|\frac{A_1-X/C}{A_1}\right\|<5\times10^{-n}$	$\left\|\frac{A_2-XC\varepsilon}{A_2}\right\|<5\times10^{-n}$	$\left\|\frac{A_3-X\varepsilon^3}{A_3}\right\|<5\times10^{-n}$	$\left\|\frac{A_4-X^2/C}{A_4}\right\|<5\times10^{-n}$	$\left\|\frac{A_5-X/(C\varepsilon)}{A_5}\right\|<5\times10^{-n}$
第一个假定值	$C=C_\infty$（或 C_0）	$C=C_\infty$（或 C_0） $\varepsilon=1$	$\varepsilon=1$	$C=C_\infty$（或 C_0） $D=D_\infty$（法兰取压）	$\beta=0.5$
结果	$g_m=\frac{\pi\mu DX}{4}$	$d=D\left(\frac{X^2}{1+X^2}\right)^{0.2}$	$\Delta p=X$ 液体 Δp 在第一循环中获得	$D=\frac{4g_m}{\pi\mu X}$ $d=\beta D$	$D=\frac{d}{\beta}$

注：节流件为孔板时 $C_\infty=0.5959+0.0312\beta^{2.1}-0.1840\beta^8$；节流件为 ISA1932 喷嘴时 $C_\infty=0.9900+0.2262\beta^{4.1}$，$C_0$ 为近似值的第一个假设值，n 为正整数。

① 求流量 g_m（已知 D、Δp 和 d 条件下）；

② 求孔板孔径 d（已知 D、Δp 和 g_m 条件下）；

③ 求差压 Δp（已知 D、d 和 g_m 条件下）；

④ 求直径 D 和孔板孔径 d（已知 β、Δp 和 g_m 条件下）；

⑤ 求管道直径 D（已知 d、g_m、Δp 条件下）。

工程设计中，大多数情况下是设计节流装置，即求孔板的孔径 d，其他命题的求解方法与此大同小异，为此，以下只讨论孔板孔径的求解方法。

（二）标准孔板孔径 d 的计算方法

根据已知条件，若还不能采用直接计算方法求解时，按 GB/T 2624—93 标准推荐，需要用迭代计算方法。

迭代计算方法的基本流量方程：

$$g_m=\frac{C}{\sqrt{1-\beta^4}}\varepsilon_1\frac{\pi}{4}d^2\sqrt{2\Delta p\rho_1} \tag{11-1}$$

计算步骤如下。

① 首先根据题给已知条件，重新组合流量方程，将已知值组合在方程的一边，而将未知值放在方程的另一边，得

$$\frac{\mu\cdot Re_D}{D\sqrt{2\Delta p\rho_1}}=\frac{\varepsilon_1 C\beta^2}{\sqrt{1-\beta^4}}\text{(等式左边为已知量,右边为未知量)}$$

$$Re_D=\frac{4g_m}{\pi\mu D}$$

式中　g_m——质量流量，kg/s；

D——工作条件下，上游管段内径，m；

μ——流体的动力黏度，Pa·s

C——流出系数，无量纲；

ε_1——气体可膨胀系数，无量纲；

ρ_1——流体的密度，kg/m³；

d——工作条件下，孔板的孔径，m；

β——直径比，$\beta=d/D$，无量纲。

② 令 $A_2=\dfrac{\mu Re_D}{D\sqrt{2\Delta p\rho_1}}$，根据 GB/T 2624—93 推荐，假定 C 和已知的粗算值：设 $C_0=0.6060$，$\varepsilon_0=1$。由此得第一个假定值：$X_1=\dfrac{A_2}{C_0\varepsilon_0}$。

③ 由于已知值这边的各量是不变量，借助于第一个假定值 X_1 求出粗算的 β_1 值；然后利用 Stolz 方程给出的流出系数 C 的公式（11-2）和可膨胀系数 ε 的公式（11-3）求出粗算的 C_1 和 ε_1。

流出系数 C 由 Stolz 方程给出，见下式：

$$C=0.5959+0.0312\beta^{2.1}-0.1840\beta^8+0.0029\beta^{2.5}(10^6/Re_D)^{0.75}+0.0900L_1\beta^4(1-\beta^4)^{-1}-0.0337L_2'(\text{或}\ L_2)\beta^3 \tag{11-2}$$

当 $L_1\geqslant\dfrac{0.0390}{0.0900}$（$=0.4333$）时，$\beta^4(1-\beta^4)^{-1}$的系数用 0.0390。

式中 C——流出系数；

β——直径比，$\beta=d/D$；

Re_D——为管道雷诺数；

L_1——孔板上游端面到上游取压口的距离除以管道直径得出的商，$L_1=I_1/D$；

L_2——孔板上游端面到下游取压口的距离除以管道直径得出的商，$L_2=I_2/D$；

L_2'——孔板下游端面到下游取压口的距离除以管道直径得出的商，$L_2'=I'_2/D$。

对于角接取压方式：$L_1=L_2'=0$。

对于 D 和 $D/2$ 的取压方式：由于 L_1 总是大于 0.4333，因此对 $\beta^4(1-\beta^4)^{-1}$的系数将采用 0.0390，$L_1=1$，$L_2=0.47$。

对于法兰取压方式：$L_1=L_2=25.4/D$（D 值单位：mm）。

若 $D\geqslant58.62$mm，由于 $L_1\geqslant0.4333$，因此对 $\beta^4(1-\beta^4)^{-1}$的系数将采用 0.0390。

对于上述三种取压方式的孔板，气体可膨胀系数 ε 值可用经验公式（11-3）计算：

$$\varepsilon=1-(0.41+0.35\beta^4)\frac{\Delta p}{\kappa p_1} \tag{11-3}$$

此公式仅适用于标准孔板的使用极限范围，并且，在 $p_2/p_1\geqslant0.75$ 时，此公式才适用。

式中 Δp——孔板前后的最大差压，Pa；

p_1——孔板前的流体静压力（绝对压力），Pa；

κ——等熵指数，无量纲。

④ 经计算得到方程两边的差值：$\delta_1=A_2-\varepsilon_1X_1C_1$ 与某规定值比较，如 δ_1 不符合要求，可进行迭代计算。

⑤ 再设第二个假定值 X_2，如上法求解，同样可得 δ_2，再与某规定值比较，如仍不符合要求，继续迭代计算。

⑥ 再把 X_1、X_2、δ_1、δ_2 代入线性算法公式（即具有快速收敛的弦截法）：

$$X_n=X_{n-1}-\delta_{n-1}\frac{X_{n-1}-X_{n-2}}{\delta_{n-1}-\delta_{n-2}}(\text{当}\ n\geqslant3\text{时}) \tag{11-4}$$

计算出 X_3、δ_3、…、X_n、δ_n，直到 $|\delta_n|$ 值小于某个规定值$\left(\text{即}\ |E_n|=\left|\dfrac{\delta_n}{A_2}\right|<5\times10^{-10}\right)$时，说明计算已达到规定的精确度，迭代计算完毕。

（三）标准孔板孔径 d_{20} 的计算机框图（见图 11-8）。

管壁等效绝对粗糙度 K 值，如表 11-6 所示。

孔板上游管道的相对粗糙度上限值，如表 11-7 所示。

节流件和管道常用材质的线胀系数 λ，如表 11-8 所示。

表 11-6 管壁等效绝对粗糙度 K 值（参考件） 单位：mm

材料	条件	K
黄铜、紫铜、铝、塑料、玻璃	光滑，无沉淀物	<0.03
钢	新的，冷拔无缝管	<0.03
	新的，热拉无缝管	0.05～0.10
	新的，轧制无缝管	0.05～0.10
	新的，纵向焊接管	0.05～0.10
	新的，螺旋焊接管	0.10
	轻微锈蚀	0.10～0.20
	锈蚀	0.20～0.30
	结皮	0.50～2
	严重结皮	>2
	新的，涂覆沥青	0.03～0.05
	一般的，涂覆沥青	0.10～0.20
	镀锌的	0.13
铸铁	新的	0.25
	锈蚀	1.0～1.5
	结皮	>1.5
	新的，涂覆	0.03～0.05
石棉水泥	新的，有涂层的和无涂层的	<0.03
	一般的，无涂层的	0.05

表 11-7 孔板上游管道的相对粗糙度上限值

β	≤0.30	0.32	0.34	0.36	0.38	0.40	0.45	0.50	0.60	0.75
$10^4K/D$	25.0	18.1	12.9	10.0	8.3	7.1	5.6	4.9	4.2	4.0

表 11-8 节流件和管道常用材质的线胀系数 λ 单位：10^6℃$^{-1}$

材质	温度范围/℃										
	−100～0	20～100	20～200	20～300	20～400	20～500	20～600	20～700	20～800	20～900	20～1000
	λ										
15#钢，A3钢	10.6	11.75	12.41	13.45	13.85	13.85	13.90				
A3F，B3钢	—	11.5									
10#钢	—	11.60	12.60	12.80	13.00	13.80	14.60				
20#钢	—	11.16	12.12	12.78	13.38	13.93	14.38	14.81	12.93	12.48	13.16
45#钢	10.6	11.59	12.32	13.09	13.71	14.18	14.67	15.08	12.50	13.56	14.40
1Cr13，2Cr13	—	10.50	11.00	11.50	12.00	12.00					
Cr17	10.05	10.00	10.00	10.50	10.50	11.00					
12Cr1MoV	—	9.80	11.30	12.30	13.00	12.84	13.80	14.20			
		10.63	12.35	13.35	13.60	14.15	14.60	14.85			
10CrMo910	—	12.50	13.60	13.60	14.00	14.40	14.70		13.50		
Cr6SiMo	—	11.50	12.00	12.25	12.50	12.75	13.00				
X20CrMoWV121	—	10.80	11.20	11.60	11.90	12.10	12.30				
X20CrMoV121	—	10.80	11.20	11.60	11.90	12.10	12.30				
1Cr18Ni9Ti	16.2	16.60	17.00	17.20	17.50	17.90	18.20	18.60			
普通碳钢	—	10.60	11.30	12.10	12.90	13.70	13.50	14.70			
		12.20	13.00	13.50	13.90		14.30	15.00			

续表

材质	温度范围/℃										
	−100～0	20～100	20～200	20～300	20～400	20～500	20～600	20～700	20～800	20～900	20～1000
	λ										
工业用铜	—	16.60	17.10	17.60	18.00	18.35	18.60				
		17.10	17.20		18.10						
红铜	—	17.20	17.50	17.90							
黄铜	16.0	17.80	18.80	20.90							
1Cr3MoVSiTiB	—	10.31	11.46	11.92	12.42	13.14	13.31	13.54			
12CrMo(1)	—	11.20	12.50	12.70	12.90	13.20	13.50	13.80			
灰口铸铁(2)	8.3	10.5									
材质	温度范围/℃										
	—	0～425	0～485	0～540	0～595	0～650	0～705				
	λ										
Cr5Mo(3)	—	12.30	12.50	12.70	12.80	13.00	13.10				

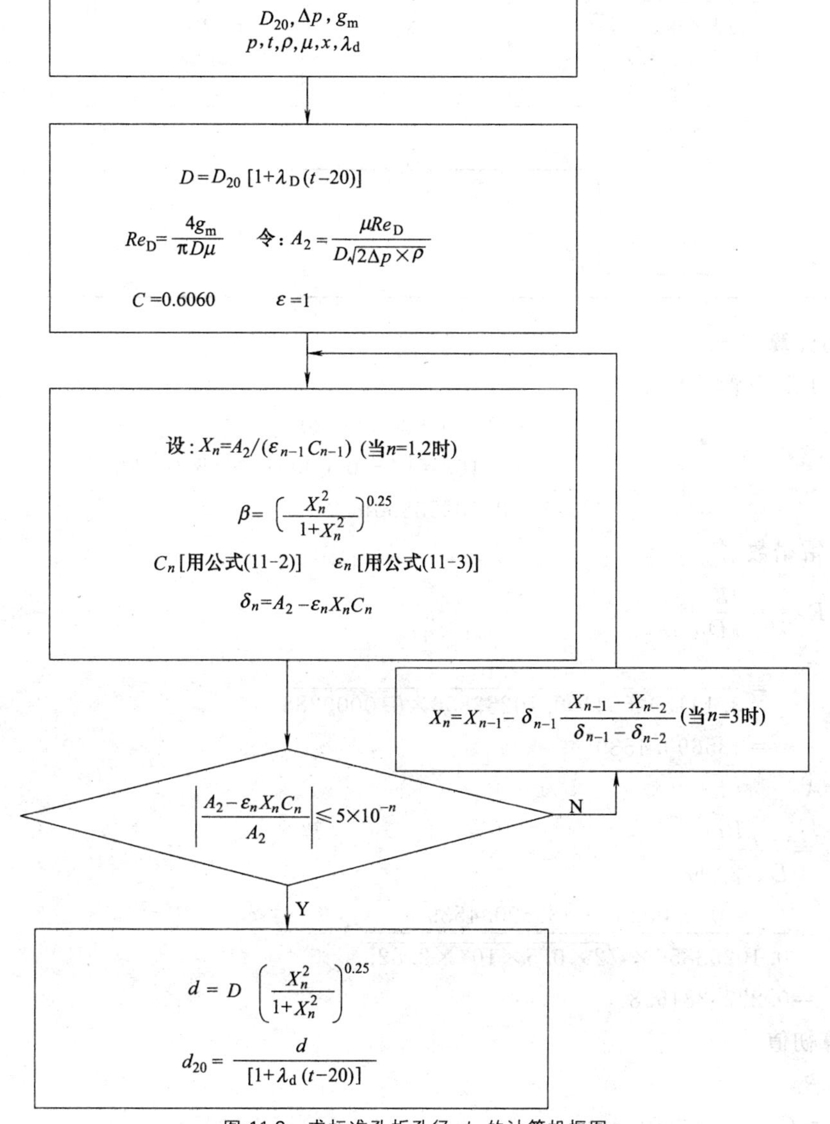

图 11-8 求标准孔板孔径 d_{20} 的计算机框图

（四）孔板孔径 d_{20} 的计算示例

［例 11-1］ 第二命题角接取压标准孔板直径计算（此题为 GB/T 2624—93 中的例题）。第二命题标准节流装置设计计算任务书如表 11-9 所示。

表 11-9 第二命题标准节流装置设计计算任务书

序号	项　　目	符　号	单　位	数　值
	已知条件：			
1	被测介质名称			蒸汽
2	被测介质温度	T	℃	500
3	被测介质压力(绝对压力)	p	Pa	10^6
4	管内径(20℃下实测值)	D_{20}	m	0.102
5	管道材料热膨胀系数	λ_D	℃$^{-1}$	0.000011
6	节流件材料热膨胀系数	λ_d	℃$^{-1}$	0.000016
7	等熵指数	κ		1.276
8	最大质量流量	g_m	kg/s	1
9	最大差压值	Δp	Pa	50000
10	工作状态下密度	ρ_1	kg/m³	2.8250
11	工作状态下黏度	μ	Pa·s	0.0000285
12	管道系统			

1. 辅助计算

（1）求工况下管道直径

$$D=D_{20}[1+\lambda_D(t-20)]$$
$$=0.102\times[1+0.000011\times(500-20)]$$
$$=0.10253856\text{m}$$

（2）求雷诺数

$$Re_D=\frac{4g_m}{\pi D\mu}$$
$$=\frac{4\times1}{3.141592654\times0.10253856\times0.0000285}$$
$$=435690.4539$$

（3）求 A_2

$$A_2=\frac{\mu Re_D}{D\sqrt{2\Delta p\rho_1}}$$
$$=\frac{0.0000285\times435690.4539}{0.10253856\times\sqrt{2\times0.5\times10^5\times2.825}}$$
$$=0.2278381598$$

2. 计算初值

（1）求 β_1

设：$C_0=C_\infty=0.6060$，$\varepsilon_0=1$

并令 $X_1=\frac{A_2}{C_0\varepsilon_0}=0.3759705607$

又 $\beta_1=\left(\frac{X_1^2}{1+X_1^2}\right)^{0.25}$

$=\left(\frac{0.3759705607^2}{1+0.3759705607^2}\right)^{0.25}$

$=0.5932282739$

(2) 求 ε_1

$$\varepsilon_1=1-(0.41+0.35\beta_1^4)\frac{\Delta p}{\kappa p}$$

$$=1-(0.41+0.35\times0.5932282739^4)\frac{0.5\times10^5}{1.276\times10\times10^5}=0.9822356335$$

(3) 求 C_1

$C_1=0.5959+0.0312\beta_1^{2.1}-0.1840\beta_1^8+0.0029\beta_1^{2.5}\quad(10^6/Re_D)^{0.75}$

故 $C_1=0.5959+0.0312\times(0.5932282739)^{2.1}-0.1840\times(0.5932282739)^8+0.0029\times(0.5932282739)^{2.5}\times(10^6/435690.4539)^{0.75}=0.6049648148$

因此 $\delta_1=A_2-X_1C_1\varepsilon_1$

$=0.2278381598-0.223408474$

$=0.0044296859$

(4) 精确度判据

所以 $|E_1|=\frac{\delta_1}{A_2}=\frac{0.0044296859}{0.2278381598}=0.0194422474$

$=1.94\times10^{-2}$

3. 进行迭代计算，设定第二个假定值 X_2

$$X_2=\frac{A_2}{C_1\varepsilon_1}$$

$$=\frac{0.2278381598}{0.6049648148\times0.9822356335}=0.3834252085$$

$$\beta_2=\left(\frac{X_2^2}{1+X_2^2}\right)^{0.25}=\left(\frac{0.3834252085^2}{1+0.3834252085^2}\right)^{0.25}=0.5983400415$$

$$\varepsilon_2=1-(0.41+0.35\beta_2^4)\frac{\Delta p}{\kappa p}$$

$$=0.9821763282$$

$$C_2=0.5959+0.0312\beta_2^{2.1}-0.1840\beta_2^8+0.0029\beta_2^{2.5}(10^6/Re_D)^{0.75}$$

$$=0.6049855465$$

因此 $\delta_2=A_2-X_2C_2\varepsilon_2$

$=0.2278381598-0.22783221=0.0000059481$

所以 $|E_2|=\frac{0.0000059481}{0.2278381598}=0.0000261106=2.61\times10^{-5}$

4. 进行迭代计算，设定第三个假定值 X_3，利用快速收敛弦截法公式（$n=3$ 起用）

$$X_3=X_2-\delta_2\times\frac{X_2-X_1}{\delta_2-\delta_1}$$

$$=0.3834352334$$

$$\beta_3=\left(\frac{X_3^2}{1+X_3^2}\right)^{0.25}$$

$$=0.5983468609$$

$$\varepsilon_3=1-(0.41+0.35\beta_3^4)\frac{\Delta p}{\kappa\rho}$$

$$=0.9821762481$$

$$C_3=0.5959+0.0312\beta_3^{2.1}-0.1840\beta_3^8+0.0029\beta_3^{2.5}(10^6/Re_D)^{0.75}$$

$$=0.6049855675$$

因此 $\delta_3=A_2-X_3C_3\varepsilon_3=0.0000000028$

所以 $|E_3|=\frac{0.0000000028}{0.2278381598}=0.00000000125=1.25\times10^{-8}$

5. 同上法，继续迭代计算

得 $X_4=0.3834352381$

$\beta_4=0.5983468641$

$\varepsilon_4=0.9821762481$

$C_4=0.6049855675$

故 $\delta_4=A_2-X_4C_4\varepsilon_4=0$

由于 $|E_4|=0.0000000002$，精确度达到要求。

6. 计算机编程求解。

工作温度下的管道直径 $D=0.10253856$

雷诺数 $Re_D=435690.4539$

不变量 $A_2=0.2278381598$

把精确度判据定为 5×10^{-10} 计算结果列于下表。

n	1	2	3	4
X	0.3759705607	0.3834252085	0.3834352334	0.3834352381
β	0.5932282739	0.5983400415	0.5983468609	0.5983468641
C	0.6049648148	0.6049855465	0.6049855675	0.6049855675
ε	0.9822356335	0.9821763282	0.9821762481	0.9821762481
δ	0.0044296859	0.0000059481	0.0000000028	0.0000000000
E	0.0194422474	0.0000261106	0.0000000125	0.0000000002

7. 计算结果

$$\beta=\beta_4=0.5983468641$$

$$C=C_4=0.6049855675$$

$$d=D\beta$$

$$=0.10253856\times0.5983468641$$

$$=0.0613536258253\text{m}$$

$$=61.3536258253\text{mm}$$

求 d_{20}：

$$d_{20}=\frac{d}{[1+\lambda_d(t-20)]}$$

$$=\frac{61.3536258253}{[1+0.000016(500-20)]}$$

$$=60.8860211826$$

最后得 $d_{20}=60.886\text{mm}$（此结果与 GB/T 2624—93 例题中结果完全相同）。

8. 确定最小直管段长度：

$$l_1=26D=2700\text{mm}$$

$$l_2=7D=720\text{mm}$$

$$l_0=14D=1500\text{mm}$$

9. 压力损失计算：

$$\Delta\omega=\frac{\sqrt{1-\beta^4}-C\beta^2}{\sqrt{1-\beta^4+C\beta^2}}\Delta p$$

$$=\frac{\sqrt{1-0.5983468641^4-0.6049855674\times0.5983468641^2}}{\sqrt{1-0.5983468641^4}+0.6049855675\times0.5983468641^2}\times50000$$

$$=31170.6\text{Pa}$$

10. 流量测量总误差的计算

根据标准误差的相对值公式：

$$\frac{\delta q_m}{q_m}=\left[\left(\frac{\delta C}{C}\right)^2+\left(\frac{\delta\varepsilon_1}{\varepsilon}\right)^2+\left(\frac{2\beta^4}{1-\beta^4}\right)^2\left(\frac{\delta D}{D}\right)^2+\left(\frac{2}{1-\beta^4}\right)^2\left(\frac{\delta d}{d}\right)^2+\frac{1}{4}\left(\frac{\delta\Delta p}{\Delta p}\right)^2+\frac{1}{4}\left(\frac{\delta\rho_1}{\rho_1}\right)^2\right]^{1/2}$$

$$\left(\frac{\delta C}{C}\right)^2=\beta^2=(0.6050)^2=0.366025$$

$$\left(\frac{\delta\varepsilon_1}{\varepsilon_1}\right)^2=(4\Delta p/p_1)^2=\left(4\times\frac{50000}{1000000}\right)^2=0.04$$

$$\left(\frac{2\beta^4}{1-\beta^4}\right)^2\left(\frac{\delta D}{D}\right)^2=\left(\frac{2\times0.6050^4}{1-0.6050^4}\right)^2\times0.4^2=0.01532$$

$$\left(\frac{2}{1-\beta^4}\right)^2\left(\frac{\delta d}{d}\right)^2=\left(\frac{2}{1-0.6050^4}\right)^2\times0.07^2=0.02613$$

$$\frac{1}{4}\left(\frac{\delta\Delta p}{\Delta p}\right)^2=0.25\times\left(0.333\times1.0\times\frac{50000}{50000\times0.7^2}\right)^2=0.1155$$

$$\frac{1}{4}\left(\frac{\delta\rho_1}{\rho_1}\right)^2=0.25\times1.5^2=0.5625$$

$$\frac{\delta q_m}{q_m}=(0.36602+0.04+0.01532+0.02613+0.1155+0.5625)^{\frac{1}{2}}\%=1.06\%$$

[例 11-2] 第二命题法兰取压标准孔板直径计算。

此题利用 GB/T 2624—93 中例题的已知条件，按法兰取压重新计算。

1. 计算机编程求解

工作温度下的管道直径 $D=0.10253856$

雷诺常数 $Re_D=435690.4539$

不变量 $A_2=0.2278381598$

与上题的区别在于流出系数 C 计算公式有区别，C 为：

$$C=0.5959+0.0312\beta^{2.1}-0.1840\beta^8+0.0029\beta^{2.5}(10^6/Re_D)^{0.75}+0.0900L_1\beta^4(1-\beta^4)^{-1}$$

$-0.0337L'_2(L_2)\beta^3$

当 $L_1 \geqslant \frac{0.0390}{0.0900}$（$=0.4333$）时，$\beta_4(1-\beta_4)^{-1}$ 的系数用 0.0390。

此题中的 $L_1=\frac{25.4}{102.53856}=0.24771169$，因此 L_1 的系数仍用 0.0900。

把精确度判据定为 5×10^{-10} 计算结果列于下表。

n	1	2	3	4
X	0.3759705607	0.3820320602	0.3819716757	0.3819716722
β	0.5932282739	0.5973909383	0.5973497364	0.597349734
C	0.6071709272	0.6072976511	0.607296408	0.607296408
ε	0.9822356335	0.982187451	0.9821879369	0.9821879369
δ	0.0036149869	−0.000036374	−0.0000000021	0.0000000000
E	0.0158664682	−0.000159652	−0.000000009	0.0000000001

2. 计算结果

$\beta=\beta_4=0.597349734$

$C=C_4=0.607296408$

$d=D\beta$

$=0.10253856\times0.597349734$

$=0.0612513815407\text{m}$

$=61.2513815407\text{mm}$

求 d_{20}：

$$d_{20}=\frac{d}{[1+\lambda_d(t-20)]}=\frac{61.2513815407}{[1+0.000016(500-20)]}=60.7845561495$$

最后得 $d_{20}=60.785\text{mm}$

[例 11-3] 第二命题角接取压标准孔板直径计算（原国标 GB 2624—81 中的例题）

第二命题标准节流装置设计计算任务书如表 11-10 所示。

表 11-10 第二命题标准节流装置设计计算任务书

序号	项目	符号	单位	数值
	已知条件：			
1	被测介质名称			水
2	被测介质温度	t	℃	30
3	被测介质压力(绝对压力)	p	Pa	700000
4	管内径(20℃下实测值)	D_{20}	m	0.100
5	管道材料热膨胀系数	λ_D	$℃^{-1}$	0.00001116
6	节流件材料热膨胀系数	λ_d	$℃^{-1}$	0.0000166
7	等熵指数	κ		61470667.13
8	最大质量流量	q_m	kg/s	16.67
9	最大差压值	Δp	Pa	100000
10	工作状态下密度	ρ_1	kg/m³	996.016
11	工作状态下黏度	μ	Pa·s	0.000797
12	管道系统			

1. 计算机编程求解

工作温度下的管道直径 $D=0.10001116$

雷诺数 $Re_D=266280.2368$

不变量 $A_2=0.1503490319$

流出系数 C 为

$C=0.5959+0.0312\beta^{2.1}-0.1840\beta^8+0.0029\beta^{2.5}\ (10^6/Re_D)^{0.75}$

把精确度判据定为 5×10^{-10} 计算结果列于下表。

n	1	2	3	4
X	0.2481007127	0.2490881309	0.2490781654	0.2490781656
β	0.4907140433	0.4916327411	0.491623481	0.4916234811
C	0.6035977362	0.603622131	0.6036218854	0.6036218854
δ	0.00059600347	−0.000006076	−0.0000000001	0.0000000000
E	0.0039641317	−0.0000404158	0.0000000006	−0.0000000002

2. 计算结果

$$\beta=\beta_4=0.4916234811$$

$$C=C_4=0.6036218854$$

$$\begin{aligned} d&=D\beta=0.10001116\times0.4916234811\\ &=0.049167834628\text{m}\\ &=49.167834628\text{mm}\end{aligned}$$

求 d_{20}：

$$\begin{aligned} d_{20}&=\frac{d}{[1+\lambda_d(t-20)]}\\ &=\frac{49.167834628}{[1+0.0000166(30-20)]}\\ &=49.1596741221\end{aligned}$$

最后得 $d_{20}=49.16\text{mm}$

[例 11-4] 第二命题法兰取压标准孔板直径计算。

与上题例 11-3 已知条件相同，只是取压方式改为法兰取压。

1. 计算机编程求解

工作温度下的管道直径 $D=0.10001116$

雷诺数 $Re_D=266280.2368$

不变量 $A_2=0.1503490319$

与上题的流出系数 C 计算公式一样，C 为

$C=0.5959+0.0312\beta^{2.1}-0.1840\beta^8+0.0029\beta^{2.5}(10^6/Re_D)^{0.75}+0.0900L_1\beta^4(1-\beta^4)^{-1}-0.0337L_2'$（或 L_2）β^3

当 $L_1\geqslant\dfrac{0.0390}{0.0900}(=0.4333)$ 时，$\beta^4(1-\beta^4)^{-1}$ 的系数用 0.0390。

此题中的 $L_1=\dfrac{25.4}{D}=\dfrac{25.4}{100.01116}=0.253971656<0.4333$，因此 L_1 的系数仍取 0.0900。

把精确度判据定为 5×10^{-10} 计算结果列于下表。

n	1	2	3
X	0.2481007127	0.2485504134	0.2485439459
β	0.4907140433	0.4911327388	0.4911267206
C	0.6049035681	0.6049195379	0.6049193084
δ	0.0002720255	−0.0000039693	0.000000000
E	0.0018092936	−0.0000264007	0.0000000003

2. 计算结果

$$\beta=\beta_3=0.4911267206$$

$$C=C_3=0.6049193084$$

$$\begin{aligned} d&=D\beta \\ &=0.10001116\times 0.4911267206 \\ &=0.0491181530342\text{m} \\ &=49.1181530342\text{mm} \end{aligned}$$

求 d_{20}：

$$\begin{aligned} d_{20}&=\frac{d}{[1+\lambda_d(t-20)]} \\ &=\frac{49.1181530342}{[1+0.0000166(30-20)]} \\ &=49.1100007741 \end{aligned}$$

最后得 $d_{20}=49.11\text{mm}$

［例 11-5］ 第二命题法兰取压标准孔板直径计算。

第二命题标准节流装置设计计算任务书如表 11-11 所示。

表 11-11 第二命题标准节流装置设计计算任务书

序号	项　目	符号	单位	数值
	已知条件：			
1	被测介质名称			空气
2	被测介质温度	t	℃	−100
3	被测介质压力(绝对压力)	p	Pa	150000
4	管内径(20℃下实测值)	D_{20}	m	0.100
5	管道材料热膨胀系数	λ_D	℃$^{-1}$	0.0000106
6	节流件材料热膨胀系数	λ_d	℃$^{-1}$	0.0000162
7	等熵指数	κ		1.4
8	最大质量流量	q_m	kg/s	0.85
9	最大差压值	Δp	Pa	85000
10	工作状态下密度	ρ_1	kg/m^3	2.8192
11	工作状态下黏度	μ	Pa·s	0.0000124
12	管道系统			

1. 计算机编程求解

工作温度下的管道直径 $D=0.0998728$

雷诺数 $Re_D=873896.792999$

不变量 $A_2=0.1567282199$

与上题的流出系数 C 计算公式一样，C 为

$$C=0.5959+0.0312\beta^{2.1}-0.1840\beta^{8}+0.0029\beta^{2.5}(10^{6}/Re_{D})^{0.75}+0.0900L_1\beta^{4}(1-\beta^{4})^{-1}-0.0337L'_2(\text{或}L_2)\beta^{3}$$

当 $L_1\geqslant\frac{0.0390}{0.0900}(=0.4333)$ 时，$\beta^4(1-\beta^4)^{-1}$ 的系数用 0.0390。

此题中的 $L_1=\frac{25.4}{D}=\frac{25.4}{99.8728}=0.254323499$，因此 L_1 的系数仍取 0.0900。

把精确度判据定为 5×10^{-10} 计算结果列于下表。

n	1	2	3	4	5
X	0.2586274256	0.3142242088	0.3148731142	0.3148766256	0.3148766258
β	0.5003887833	0.5475154739	0.5480296237	0.5480324038	0.548032404
C	0.6044582313	0.6060512937	0.6060680883	0.6060681791	0.6060681791
ε	0.825165883	0.8213168919	0.8212690049	0.8212687456	0.8212687455
δ	0.0277304696	0.0003199259	0.0000017219	0.0000000001	0.0000000000
E	0.1769334815	0.0020412783	0.0000109865	0.0000000007	0.0000000002

2. 计算结果

$$\beta=\beta_5=0.548032404$$

$$C=C_5=0.6060681791$$

$$\begin{aligned}d&=D\beta\\&=0.0998728\times0.548032404\\&=0.0547335306782\text{m}\\&=54.7335306782\text{mm}\end{aligned}$$

求 d_{20}：

$$\begin{aligned}d_{20}&=\frac{d}{[1+\lambda_d(t-20)]}\\&=\frac{54.7335306782}{[1+0.0000162(30-20)]}\\&=54.8401399102\end{aligned}$$

最后得 $d_{20}=54.84\text{mm}$

第三节 标准节流装置的计算机辅助设计计算

手工设计计算节流装置是按“设计规范”、“设计手册”中规定的传统计算方法，它是一种查阅大量图表加计算的方法，是一件费时费力、复杂艰苦的工作。而这种大型的计算对从事标准节流装置的制造或使用的自控工程技术人员来说，又是经常性的工作。从国内执行GB 2624—81 时开始，就开展了标准节流装置的计算机辅助设计计算工作。这是因为当时的GB 2624—81 只是提供了计算机计算流量系数 α 的公式，仅这一点就使应用计算机辅助设计计算节流装置成为可能。但是，具体处理流量系数 α 三次内插、直径比 β 三次内插和流束膨胀系数 ε 的三次内插的方法上 GB 2624—81 中并未给出。因此，在一段时间内国内许多人把

注意力放在 α、β、ε 计算上，出现了百花齐放、各抒己见、不断创新的局面。

新国标 GB/T 2624—93（即 ISO 5167—91）已经明确申明只能用计算机来迭代计算标准节流装置，并且给出了计算机程序框图，实践证明标准中所指定的方法是行之有效的，可以完成工程计算，因此就标准节流件设计计算本身已不成问题。焦点转向被测介质的物性参数计算上，然而在物性计算上存在大量问题。

一、 建立数据库

液体介质的标准节流装置计算需要求出工作状态下的密度 ρ_1、黏度 μ，气体介质则需要气体密度 ρ_1、黏度 μ、压缩系数 Z 和等熵指数 κ。气体还要考虑干气体和湿气体；标准状态（20℃、101.325kPa）体积流量和工作状态下的体积流量的差别。解决物性参数计算的方法就是建立数据库，实际程序编写中需要的数据库是很多的，它至少包括：

① 液体基本性质数据库、液体介质黏度数据库；

② 气体基本性质数据库、气体介质黏度数据库；

③ 水的密度数据库；

④ 水蒸气的密度数据库；

⑤ 管道内壁绝对平均粗糙度数据库；

⑥ 节流件（孔板、喷嘴）上、下游侧最小直管段长度数据库；

⑦ 节流件（经典文丘里管）上、下游侧最小直管段长度数据库；

⑧ 常用材质的热膨胀系数数据库；

⑨ 节流件（孔板、ISA 1932 喷嘴、文丘里喷嘴）上游管道的相对粗糙度上限值数据库。

建立这些必要的数据库是计算机计算的基础。应用中是根据需要随机地取出所需的数据，有时要经适当的计算、单位换算，才能得到所需的数据。

二、 选择适当的物性参数的计算公式或建立适当的经验公式

此项工作比较困难，现成的公式远不能适应工程计算的需要。在以前的手册中很多物性参数的计算是查图表，图表的形式多种多样，难易程度不一。图表上中所采用的单位往往与现行的国际单位制相差太远，即使换算也绝非易事（例如压缩系数 Z、等熵指数 κ）。尤其是高温、高压、低温、低压气体的物性参数计算，显得更加困难。

目前采取的解决方法如下。

① 对现成的图进行数字计算的处理，即实现计算机查图，例如，本书编者曾对液体黏度、气体黏度等成功地实现计算机查图。

② 广泛收集文献中有价值的某一物性参数的经验公式，并认真验证，去伪存真。例如水蒸气的密度、黏度公式、气体压缩系数公式等。

③ 采用回归、拟合、插值的数学方法处理数据表格使其实现公式化。

④ 对非常温、常压流体物性参数计算历来都是棘手的问题。对少数流体可以采用先进行常温、常压状态下的计算，再后加修正值的方法。对大多数流体尚需进一步研究。

三、 选择功能强大的计算机语言

计算机语言的选择是因人而异的。但对于工程设计应选择 Windows 界面下的语言，如 Visual Basic、FoxPro、VP＋＋支持大内存的高级语言，并真正实现模块化程序设计。

自控工程设计关于标准节流装置的设计计算，最终要实现的要求是，只输入基本的已知条件件，就可以直接得到经验算通过的符合工程计算要求的计算结果。对于第二命题来说已知条件是：流体名称；最大流量；管道内径、材质；节流件材质；工作压力；工作温度；最大差压；管道阻流件情况。计算结果中包括，流出系数 C、直径比 β、20℃下的节流件开孔直径 d_{20}、直管段长度 l_0、l_1、l_2，总误差（精确度）。

要实现流体的物性参数的自动搜索，就必须使用大量的数据库，占用较大的内存空间。这是 DOS 下难以解决的。模块化结构设计有利于程序本身的编写效率，有利于程序调试，同时也可以节省内存，使某一命题用不到的程序、数据库不调入内存。

Windows 下的人机界面也相当友好，新颖别致的设计使人耳目一新。多媒体的运用就可使程序图、文、声并茂，更加完美。

四、 计算机辅助设计计算程序的功能

标准装置的计算机辅助设计计算程序的功能应包括 GB/T 2624—93 中的全部内容。

① 流体介质包括：液体；气体；蒸汽；混合气体（天然气）。

② 节流件种类包括：角接孔板、法兰孔板、径距孔板；ISA 1932 喷嘴、长径喷嘴；文丘里喷嘴、经典文丘里管。

③ 节流装置计算中所需的流体介质物性参数自动检索和计算。

④ 节流装置计算中所需的专用图表的自动检索和计算，如直管段长度、粗糙度上限。

⑤ 五种命题迭代算法。精确度判据为 5×10^{-10}。计算数据大都采用双精度数据类型。

⑥ 验算，即给出计算设计的精确度。

⑦ 理想的输出格式。要设计好输出的表格格式，有条件的话还应采用 AutoCAD 绘出加工的节流件的零件图纸、安装图纸，再附上一份符合工程设计要求的工程设计计算说明书。

第四节 天然气流量的孔板计量标准 SY/T 6143—1996

一、天然气行业标准 SY/T 6143—1996 的技术背景

标准节流装置在天然气流量计量方面仍占有主要地位，发达国家较早地致力于天然气流量的标准节流装置的计量工作，由于天然气流量测量的特殊性，美国专门针对天然气流量进行了大量的实验研究工作，从 1924 年至今未间断。美国煤气协会标准 AGA No3 报告就是在这些实验研究资料和现场使用经验的基础上总结出来的一个采用孔板测量天然气流量的专门标准，此标准已修改了两次，1990 年版是最新版本。日本天然气矿业会计量方法专门委员会为了满足天然气高压大流量的需要，制定和颁布了修订过的《天然气计量方法 M 8010—1977》。在仪器仪表工业十分发达的国家中，气体的计量早已利用气体密度计实测天然气工作密度 ρ_1 和标准状况下的 ρ_n，通过电子计算机系统计算出标准体积流量 Q_n 值。

在天然气流量计量中，ISO 5167 及 AGA No3 是长期处于主导地位的两份计量文件。近年来，随着实验研究的深入以及现场实践经验的积累，两份计量文件都相继作了大幅度的修订，为了尽快吸收国外先进的技术研究成果，1993 年国家技术监督局决定等效采用 ISO 5167（91）并由此推出 GB/T 2624—93。这一系列变化必然引起天然气行业标准 SY L04—83 的全面修订，于是 1996 年中国石油天然气总公司推出《天然气流量的标准孔板计量方

法》（SY/T 6143—1996）标准。

1983 年的石油天然气总公司行业标准 SY L04—83 在十多年实施过程中，在促进节流装置设计、制造的标准化，促进计量装置改造，统一供需双方计量方法，促进站场配气技术的革新，提高计量管理水平等方面取得了不少成绩。十几年来，由于计量技术飞速发展，相关科学逐步标准化、系列化和法律化，利用节流装置测量流体流量的国际标准 ISO 5167 和国家标准 GB 2624—81 不断修改、补充和完善，美国天然气孔板计量专用标准 AGA No3 也已修改，因此，1994 年开始对原 SY L04—83 标准进行修改，于 1996 年完成并以 SY/T 6143—1996 标准颁布发行。天然气流量计量面临着新旧标准的更替，新 SY/T 6143—1996 标准具有国际标准的先进性。标准修改后，在原天然气计量装置的孔板孔径不变的情况下，必须重新按照新的标准核算天然气的流量，即重新标定出在一定差压下的流量大小，否则旧的天然气流量孔板不能相继再继续使用。原因在于计算方法及某些系数的本质变化。随着电子计算机进入天然气流量计量领域，改变了计量的面貌，由于增加可补偿修正，使计算精度大大提高，利用计算机本身的优势，使显示、报表甚至用一台机实现多台计量装置的计量控制成为可能。

二、SY/T 6143—1996 标准的特点

SY/T 6143—1996 标准在编制原则上尽量采用美国天然气计量标准 AGA No3 1990 年版，这是为了满足天然气计量技术的进步和发展需要。

它与原标准 SY L04—83 相比主要具有以下几个特点。

（1）内容系统、形式简洁

即引进了新的技术成果，又兼顾了我国天然气行业的实际情况，尽可能地消除了查图表的繁琐和由此引入的人为误差。

（2）采用国际单位制

为了与国际惯例接轨，标准文本中的计量单位全部由原来的工程制改为国际单位制。

（3）流出系数 C 代替流量系数 α

① 流出系数 C 等同采用 ISO 5167—91 中提供的 Stolz 公式进行计算，形式简洁，算法简单。

② 在进行流量计算的过程中，流出系数不需要再进行管道雷诺数系数 F_r、管道粗糙度系数 γ_{Re} 和孔板尖锐度系数 b_k 的修正。

（4）超压缩系数 F_Z 的定义和计算方法发生了变化

① 新标准中超压缩系数 F_Z 定义为：标准状况（20℃，0.101325MPa）与实际工况条件下气体压缩因子之比的平方根，即 $F_Z=(Z_n/Z_1)^{1/2}$；原标准中超压缩系数定义为实际工况条件下气体压缩因子倒数的平方根，即 $F_Z=(1/Z_1)^{1/2}$。

② 新标准中超压缩因子 F_Z 是计算得来，即采用美国煤气协会于 1962 年出版的《确定天然气的超压缩系数手册》（NX—19 手册）中提供的公式直接计算出超压缩系数 F_Z；原标准是通过查表的方法得到压缩因子 Z_1，然后再根据定义计算超压缩系数 F_Z。

（5）相对密度系数 F_G 的定义和计算方法发生了变化

新标准中相对密度系数 F_G 的定义为 $F_G=(1/G_r)^{1/2}$，其中真实相对密度

$$G_r=\frac{\text{理想相对密度 } G_i\times\text{标准状态下空气的压缩因子 } Z_a}{\text{同种状态下天然气的压缩因子 } Z_g}$$

原标准中相对密度系数定义为 $F_G=(1/G_i)^{1/2}$，其中，理想相对密度

$$G_i=\frac{\text{天然气的分子量 } M_g}{\text{空气的分子量 } M_a}$$

（6）在线天然气气体分析在计算中的重要性

在线天然气全组分分析早已成了国外在天然气流量计量中的技术手段，新标准中多处利用气分析得来的数据，这就要求把气体分析仪器引入天然气流量计量。

（7）以迭代算法为主的计算方法，使天然气流量计量中引进计算机技术

新 SY/T 6143—1996 标准中明确规定："凡有条件运用计算机计算天然气流量的计量点可采用计算机实时计算天然气流量……同时计算瞬时流量和积累流量"，并给出计算机计算程序框图。

在线气体分析加计算机技术将使天然气的流量计量达到一个新的水平。

三、SY/T 6143—1996 标准的计算方法

我国目前天然气流量计量是以标准状态下（温度 20℃，压力 0.101325MPa）的体积流量 Q_n 来衡量天然气量值的多少，在采输计量中、量值交接和统计上报时均以此量值为准。

新 SY/T 6143—1996 标准中给出的计量天然气流量的基本方程为

$$Q_n=ACE\varepsilon d^2F_GF_ZF_T\sqrt{p_1\Delta p} \tag{11-5}$$

式中 A——与各系数单位采用且与计量单位有关的一个系数，简称计量系数，当节流孔板直径 d 以 mm、温度 T 以 K、工作压力 p_1 以 MPa、孔板前后的压差 Δp 以 Pa 为单位，当 Q_n 为秒流量时，则 $A=A_S=3.1794\times10^{-6}$；

C——流出系数；

E——渐进速度系数；

ε——气流流束膨胀系数；

F_G——相对密度系数；

F_Z——超压缩系数；

F_T——流动温度系数。

这些系数的有关计算下面加以介绍。

（一）流出系数 C 值的计算

计算公式与 GB/T 2624—93 及 ISO 5167—91 给出的公式是一致的。对于用于天然气流量计量的标准孔板（法兰和角接取压孔板），C 值计算公式在形式上是一样的，即

$$C=0.5959+0.0312\beta^{2.1}-0.1840\beta^8+0.0029\beta^{2.5}(10^6/Re_D)^{0.75}+0.0900L_1\beta^4(1-\beta^4)^{-1}-0.0337L_2\beta^3$$

目前国家标准 GB/T 2624—93 等效采用 ISO 5167—91 版。ISO 5167 和 AGA No3 报告 90 年版均采用流出系数 C 的概念。流出系数 C 值的计算公式中包括了流量测量过程中管径雷诺数变化对 C 值的影响，不存在修正问题。测量管内壁粗糙度和孔板直角入口边缘尖锐度给出了标准规定：出厂的节流装置必须符合标准规定，不符合标准规定的属废品，不能出厂；使用中的节流装置应定期进行检验，符合标准的继续使用，不符合的应及时修理、更换或报废，也不存在修正问题。因此，新流量计算公式中取消了原标准 SY L04—83 中雷诺数系数 F_r、粗糙度系数 γ_{Re} 和尖锐度系数 b_k，另外还取消了原标准中的孔板热膨胀系数 F_a。

（二）气流流速膨胀系数 ε 的计算

在满足孔板下游的绝对静压 p_2 与孔板上游气流的绝对静压 p_1 之比大于或等于 0.75 条件时，按 GB/T 2624—93 公式计算：

$$\varepsilon = 1-(0.41+0.35\beta^4)\frac{\Delta p}{10^6 p_1 k} \tag{11-6}$$

（三）相对密度系数 F_G 的计算

$$F_G=\sqrt{\frac{1}{G_r}} \tag{11-7}$$

式中，G_r 为天然气在标准状态下的密度 ρ_n 与同状态下干空气密度 ρ_a 之比，称为天然气的真实相对密度，其值由分析单位定期在计量点上取样作全组分分析，再根据 GB 11062—89 标准给出的计算方法计算 G_r，进而计算出相对密度系数 F_G。计算公式为

$$G_r=\frac{G_i Z_a}{Z_n}$$

$$G_i=\sum_{j=1}^{n} X_j G_{ij}$$

$$Z_n=1-\left(\sum_{j=1}^{n} X_j\sqrt{b_j}\right)^2+0.0005(2X_H-X_H^2)$$

式中 G_r——天然气真实相对密度；

G_i——天然气的理想相对密度；

Z_a——干空气在标准状态下的压缩因子，其值为 0.99963；

Z_n——天然气在标准状态下压缩因子；

X_j——天然气 j 组分的摩尔分数，由气分析给出；

G_{ij}——天然气 j 组分的理想相对密度，由 GB 11062—89 或 SY/T 6143—1996 中查表得到；

n——天然气组分总数，由气分析给出；

$\sqrt{b_j}$——天然气 j 组分的求和因子，由查表得到；

X_H——天然气中氢气含量的摩尔分数，由气分析给出。

（四）流动温度系数 F_T

流动温度系数 F_T 是天然气流经节流装置时，气流的平均热力学温度 T_1 偏离标准状态热力学温度而导出的修正系数。其值为

$$F_T=\sqrt{\frac{293.15}{T_1}}$$

式中，$T_1=t_1+273.15$，t_1 为天然气流过节流装置时实测之气流温度，℃。

（五）超压缩系数 F_Z 计算公式

$$F_Z=\sqrt{\frac{Z_n}{Z_1}}$$

F_Z 是因天然气特性理想气体定律而导出的修正系数。这一项与原标准有较大区别，前面已经讨论过，计算方法上的变化如下。

现定义 Z_n 为天然气在标准状态下的压缩系数：Z_1 为天然气在流动状态下的压缩系数。当天然气以甲烷为主加上乙烷和少量重烃，且相对密度 G_r 小于等于 0.75，氮气和二氧化碳摩尔分数不超过 15%时，Z_1 按 SY/T 6143—1996 中规定用美国 NX-19 手册计算方法得到。

公式为

$$F_Z=\frac{\sqrt{\frac{B}{D}-D+\frac{n}{3H}}}{1+\frac{0.00132}{\tau^{3.25}}}$$

式中所涉及的参数众多，不再赘述。

标准中也说明“天然气真实相对密度 G_r 和组分变化较大，或必须进行精确计算时，建议采用在线组分分析仪及计算机，按美国煤气协会输气计量委员会 8 号报告（AGA Report No. 8，1992）《天然气及其他烃类气体的压缩性和超压缩性》进行计算”。

（六）天然气密度 ρ_1 的计算

在利用国标 GB 11062—89 计算出 G_r，并求出压缩系数 Z_1 以后，采用公式求出天然气密度 ρ_1：

$$\rho_1=\frac{M_a Z_n}{RZ_a}\times\frac{G_r p_1}{Z_1 T_1}$$

式中 M_a——干空气的相对分子质量，其值为 28.9625；

R——气体通用常数，其值为 0.00831441；

Z_a——干空气在标准状态下的压缩因子，其值为 0.99963；

Z_n——天然气在标准状态下的压缩因子，其值视天然气组分而定；

G_r——天然气的真实相对密度；

p_1——天然气流量时上游侧的绝对压力（MPa），$p_1=p'_1+p_a$，其中 p'_1 为孔板上游侧取压孔实测表压值，P_a 为当地大气压，均为 MPa；

Z_1——天然气在流动状态下的压缩因子；

T_1——天然气流动时的热力学温度，K。

对于天然气的黏度 μ_1、等熵指数 κ，标准中对以甲烷（占 80%以上）为主要组分的天然气，在计算天然气的黏度和等熵指数 κ 时，推荐以甲烷相应参数代替，但容许运用有关资料计算天然气在流动状态下的以上参数。

四、迭代计算方法

与 GB/T 2624—93 类似提出三种命题，同样采用迭代计算方法。三种命题为：

① 计算标准状态下的体积流量 Q_n；

② 孔板开孔直径 d_{20} 的设计计算；

③ 选择差压计量程 Δp_K 的设计计算。

第一命题流量迭代计算时，不变量为

$$A_1=\frac{1.53\times10^6 G_r}{\mu_1 D}(AsEF_G d^2 \varepsilon F_Z F_T\sqrt{p_1\times\Delta p})$$

迭代方程为 $A_1=\frac{Re_D}{C_n}$

线性算法中的变量为 $X_n=Re_D=C_nA_1$

精确度判据为 $\left|\frac{A_1-X/C}{A_1}\right|<5\times10^{-10}$

迭代第一假定值：$Re_D=10^6$

天然气流量计算结果：

$$Q_n=A_1\frac{\mu D}{1.53\times10^6G_r}C_n$$

其他计算步骤与 GB/T 2624—93 规定类似，天然气流量计量的设计关键在于天然气本身物性参数的求取。孔板流量计是一种瞬时流量计，理想的配置是电动变送器加计算机在线检测计算流量值。有条件的地方加天然气全组分在线分析仪与计算机配套进行流量计量或能量计量也是十分重要的。

Chapter 12

第十二章 调节阀选型及口径计算

调节阀是自动化仪表和自动调节系统的重要组成部分之一，在调节系统中称为终端控制元件。它直接与介质接触，使用条件差，尤其是在高压、高压差、高温、深冷、强腐蚀、高黏度、易结晶、闪蒸、汽蚀等各种恶劣条件下工作时，调节阀在自动调节系统中的重要性就更为突出。

经验证明，调节系统中每个环节的好坏，都对系统质量有直接影响。但使调节系统不能正常运行的原因多数发生在调节阀上，而这些问题又多集中在调节阀的工作特性和结构参数上。

例如气动调节阀，气动调节阀的特性一般可以用传递函数$\frac{K}{T_{\mathrm{v}}s+1}$的形式表示。放大系数 K 是阀的静特性，直接反映了阀的流通能力，是由阀芯形状、弹簧特性、工作特性和使用范围而定的。而表示一阶环节动特性的时间常数 T_{v}，则由阀的鼓膜容积所决定。随着工业生产的迅速发展，调节阀的品种、规格日益繁多，为此，对调节阀的选用技术要求也越来越高，如果选用不当，必然会降低调节质量。另外，在工程计算中，调节阀口径计算是个关键问题。它不仅关系到调节系统的调节质量，还关系到生产的经济性，适用的可靠性和稳定性等问题。

调节阀口径计算的主要内容有流量系数 K_{v} 值计算及口径选定等。表示调节阀流量系数的符号有 C、C_{v}、K_{v} 等，它们各自有不同的定义，运算单位也不同。

符号 C，在 IEC 出版物 534-2-1～3 等标注中，是作为各种运算单位的通用符号来使用的，不同运算单位计算出的流量系数，用公式中的数字常数 Ni 来区分。

符号 C，过去还表示为工程单位制的流量系数，在我国长期使用。其定义为：温度 5～40℃的水，在 1kgf/cm^2（1kgf/cm^2＝98.0665kPa）压降下，1h 内流过调节阀的立方米数。

符号 C_{v}，是英制单位的流量系数。它是定义为温度为 60°F 的水在 1bf/in^2（1bf/in^2＝6894.76Pa）压降下，流过调节阀的每分钟美加仑数。

符号 K_{v}，是国际制单位的流量系数。它定义为：温度 5～40℃的水，在 10^5Pa 压降下，流过调节阀的每小时立方米数。

为向国际标准接轨，我国已正式规定推行国际单位制，国内调节阀流量系数原使用 C 系列将变为 K_{v} 系列。应该指出，我国原使用的 C 与 K_{v} 在数值上很接近，因为 1kgf/cm^2 等于 9.80665×10^4Pa，所以可以计算得 K_{v} 为 $1.01C$。下文在讨论流量系数时，将统一采用符号 K_{v}。

由于20世纪80年代调节阀行业的迅速发展，引进技术的不断增加，因此目前国内调节阀产品类型繁多，生产厂也增加不少，给调节阀的工业应用带来很大选择余地。

第一节 调节阀流量特性的选择

一、流量特性

调节阀的流量特性是指介质流过阀门的相对流量与阀门的相对开度的关系，即

$$\frac{Q}{Q_{\max}}=f(l/L)$$

式中 $Q/Q_{\max}$——相对流量，调节阀在某一开度时流量与全开时流量之比；

l/L——相对开度，调节阀在某一开度时，阀杆行程与全开时行程之比。

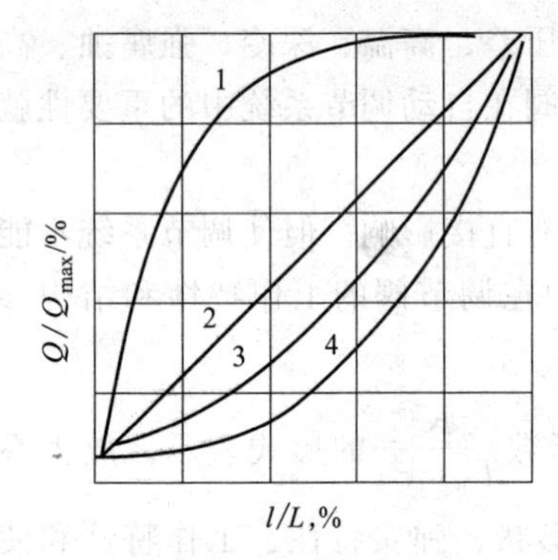

图12-1 理想流理特性
1—快开；2—直线；
3—抛物线；4—等百分比

当阀前后的压差一定的情况下（$\Delta P=$常数），得到的相对流量与相对开度的关系，称为理想特性。

当在工作状态下，阀前后压差变化的情况下，阀的相对开度与相对流量的关系就称为工作特性。调节阀在使用的情况下，重要的是工作特性，它可以根据理想流量特性并联系实际情况通过计算求得。

目前我国生产的调节阀，大多为直线、等百分比（对数）和快开三种理想特性，少量也有抛物线特性。如图12-1所示。

（一）直线流量特性

直线流量特性是指调节阀的相对开度与相对流量成直线关系，即单位位移变化所引起的流量变化数。可表示为

$$\frac{d(Q/Q_{\max})}{d(l/L)}=K(\text{常数})$$

式中，K为常数，即调节阀的放大系数。

将上式积分，可得$\frac{Q}{Q_{\max}}=K\frac{l}{L}+C$，将下列边界条件代入：当$l=0$时，$Q=Q_{\min}$，当$l=L$时，$Q=Q_{\max}$，得

$$C=\frac{Q_{\min}}{Q_{\max}}=\frac{1}{R}$$

式中 C称为积分常数。

$$K=1-C=1-\frac{1}{R}$$

于是：

$$\frac{Q}{Q_{\max}}=\frac{1}{R}\left[1+(R-1)\frac{l}{L}\right]$$

式中，R为调节阀所能控制的最大流量$Q_{\max}$与最小流量$Q_{\min}$的比值，称为调节阀的可调范围或可调比。直线流量特性在变化相同行程情况下，流量小时，流量相对值变化大，而

流量大时，流量相对值变化小。也就是说，直线流量特性阀门在小开度（小负荷）情况下的调节作用太强，调节性能不好，不容易控制，往往会产生振荡，而在大开度时，调节缓慢，不够及时。

(二) 等百分比（对数）流量特性

等百分比（对数）流量特性指单位行程变化所引起的流量变化与此点的相对流量成正比关系，即调节阀的放大系数随相对流量的增加而增大，亦即

$$\frac{d\left(\frac{Q}{Q_{max}}\right)}{d\left(\frac{l}{L}\right)}=K\frac{Q}{Q_{max}}$$

将上式积分得

$$\ln\frac{Q}{Q_{max}}=K\frac{l}{L}+C$$

将前述边界条件代入，可得

$$C=\ln\frac{Q_{min}}{Q_{max}}=\ln\frac{1}{R}=-\ln R,K=\ln R$$

最后得

$$\frac{Q}{Q_{max}}=R^{\left(\frac{l}{L}-1\right)}$$

由此可知，相对开度与相对流量成对数关系。曲线的斜率即放大系数是随行程的增大而递增的，在同样的行程变化值下，流量小时，流量变化小，流量大时，则流量变化大。这种阀的调节精度在全行程范围内是不变的。

等百分比特性的调节阀在接近关闭时，工作和缓平稳，而接近全开状态时，放大作用大，调节灵敏度有效，在一定程度上可以改善调节品质。

(三) 快开流量特性

这种流量特性在开度较小时，就有较大的流量，随着行程开度的增大，流量很快就达到最大，故称快开特性。快开特性的阀芯形状为平板式，适用于迅速启闭的切断阀或双位调节系统。快开特性的数学表达式为

$$\frac{Q}{Q_{max}}=1-\left(1-\frac{1}{R}\right)\left(1-\frac{l}{L}\right)^{2}$$

(四) 抛物线流量特性

指相对流量$\frac{Q}{Q_{max}}$与相对行程$\frac{l}{L}$的二次方比例关系，在直角坐标上为一条抛物线，它介于直线及对数曲线之间，其数学表达式为

$$\frac{Q}{Q_{max}}=\frac{1}{R}\left[1+(\sqrt{R}-1)\frac{l}{L}\right]^{2}$$

二、流量特性的选择

在具体工程设计中怎样选取调节阀的特性是值得探讨的问题。

目前调节阀流量特性的选择，多采用经验准则，一般从下述几方面来考虑。

（一）从调节系统的调节质量分析

如图 12-2 所示为一热交换器的自动调节系统，它是由对象、变送器、调节仪表和执行器等环节组成的。

虽然系统总的放大系数 K 为 $K=K_1K_2K_3K_4K_5$，K_1、K_2、K_3、K_4、K_5 分别为变送器、调节仪表、执行机构、调节阀、调节对象的放大系数。在负荷变动的情况下，为使调节系统仍能保持预定的品质指标，希望总的放大系数在调节系统整个操作范围内保持不变。通常，变送器、调节器（已整定好）和执行机构的放大系数是一个常数，但调节对象的放大系数却总是随着操作条件、负荷变化而变化，所以对象的特性往往是非线性的。因此，应适当地选择调节阀的特性，以阀的放大系数的变化来补偿对象放大系数的变化，使系统总的放大系数保持不变或近似不变，从而提高调节系统的质量。

因此，调节阀流量特性的选择原则应符合：

$$K_4K_5=K'_4K'_5=\text{常数}$$

式中　K_4、K'_4——分别表示调节阀在原负荷、负荷变化后的放大系数；

K_5、K'_5——分别表示调节对象在原负荷、负荷变化后的放大系数。

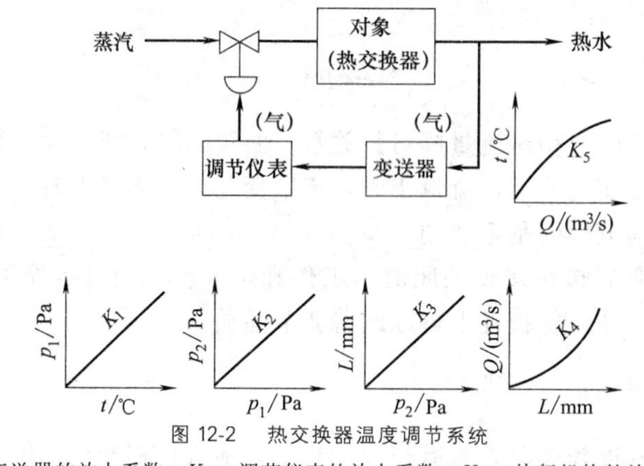

图 12-2　热交换器温度调节系统

K_1—变送器的放大系数；K_2—调节仪表的放大系数；K_3—执行机构的放大系数；K_4—调节阀的放大系数；K_5—调节对象的放大系数

对于放大系数随负荷的加大而变小的对象，假如选用放大系数随负荷加大而变大的等百分比特性调节阀，便能使两者的变化影响抵消，合成的结果使总的放大系数保持不变，近似于线性。当调节对象的放大系数为线性时，则应采用直线流量特性，使系统总的放大系数保持不变。

（二）根据调节系统的特点，选取工作流量特性

以上讨论的是当滞后的影响较小，过程变化缓慢或不知动态特性的情况下，只是按静态关系来选取合适的调节阀特性的例子。为使调节器所整定的参数能够适应系统的负荷变化，那么就应该使调节阀与调节对象传递函数的总成绩不变或近似不变，如以上所述。

但是，生产上往往由于工况复杂，很难严格地用数学规律描述对象的静态特性，或者不能完全忽略对象动态特性的影响，但又对动态特性不够了解，这样就只能凭借模拟试验对实验结果经分析整理后提供的经验准则来选择调节阀的特性了，如表 12-1 所示。

表 12-1 工作流量特性选择

系统及被调参数	干扰	流量特性	说明
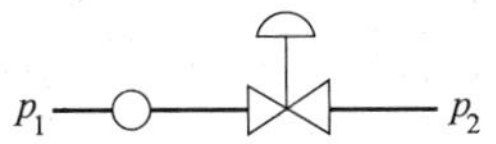 流量控制系统	给定值	直线	变送器带开方器
	p_1,p_2	等百分比	
	给定值	快开	变送器不带开方器
	p_1,p_2	等百分比	
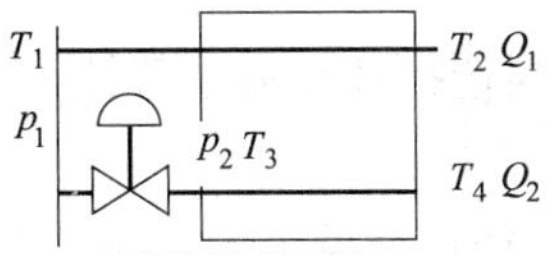 温度控制系统	给定值	直线	
	p_1,p_2,T_3,T_4,Q_1	等百分比	
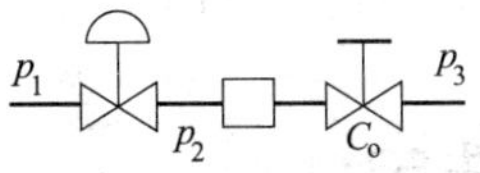 压力控制系统	给定值,p_1,p_3,C_o	直线	液体
	给定值,p_1,C_o	等百分比	气体
	p_3	快开	
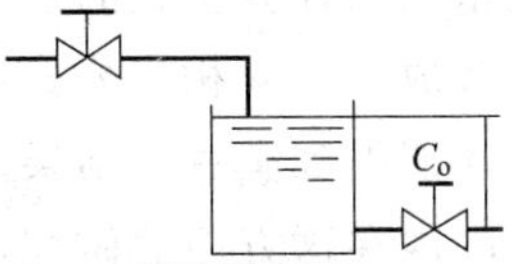 液位控制系统	给定值	直线	
	C_o	直线	
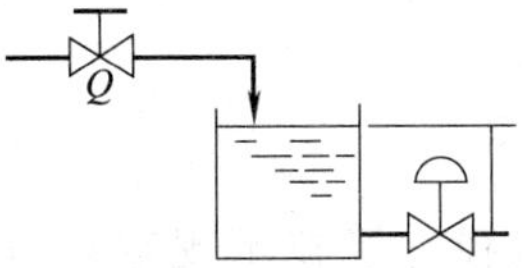 液位控制系统	给定值	等百分比	
	Q	直线	

使用本准则注意事项如下。

① 使调节阀静态工作点发生变化的工艺参数叫干扰因素。干扰因素的变化范围叫干扰范围。在干扰范围内调节阀静态工作点不变化或虽然工作点变化，但变化范围很窄的，可以选择任意流量特性的调节阀。

只有在干扰范围内，调节阀静态工作点有较大幅度变化的，可按本准则来选择调节阀流量特性。

② 系统中如果存在多种干扰因素，调节阀特性的选择按主干扰因素来选择。所谓主干扰因素就是在干扰范围内使调节阀静态工作点变化幅度最大的干扰因素。

③ 按本准则选择的阀流量特性是工作特性，应根据工艺配管情况，即 S 值大小，去选取调节阀的理想流量特性。

（三）根据工艺配管情况，即 S 值的大小选取理想流量特性

S 表示调节阀全开时阀上压差与阀全开状态下前后临近两个压力基本稳定点之间系统总压差的比值。由于调节阀总是与管道、设备等连在一起使用，因此系统配管情况不同，配管阻力的存在都会引起调节阀上压降的变化，所以阀的工作流量特性与阀的固有理想流量特性也不会相同，必须根据系统的特点按经验准则选择希望得到的工作特性，然后根据配管情况得到的 S 值大小来选择相应的理想特性，如表 12-2 所示。

表 12-2 理想流量特性选择

调节阀与系统之压降比 S	1～0.6			<0.6		
工作流量特性	快开	直线	等百分比	快开	直线	等百分比
选用的固有流量特性	快开	直线	等百分比	直线	等百分比	等百分比

（四）其他

由于缺乏某些条件，按表 12-2 选择有困难时，可参考下述原则选择理想流量特性。

① 若调节阀流量特性对系统影响很小时，则可任意选择。

② 若 S 值很小（$S<0.6$ 时）或由于涉及依据不足，或阀门口径选择偏大时，则应选择等百分比特性。但流量、压力调节系统需要快开工作特性的场合，选用直线特性。

第二节 调节阀的口径计算与选定

调节阀口径计算的主要内容有流量系数计算及口径选定等，流量系数计算公式的建立与发展已有半个多世纪的历史，其中气体与液体的单相流计算公式比较成熟，双相流公式还有待进一步完善。精度较高的计算公式，还需要有正确的原始数据，才能得到满意的结果。

近十几年来，国外在这方面作了大量研究，取得了重大进展，国内在这方面的研究，也取得了重要成果，并且也在推荐新的计算方法。

国内调节阀口径计算的公式还没有统一。大致有以下三种方法。

① 由平均重度法延续下来的公式，即 C 值的计算公式。

② 1985 年 12 月由原化工部基建局 CD50A12—84《调节阀口径计算技术规定》，计算 C 值。

③ 1991 年由原化工部自动控制设计技术中心站、中国石油化工总公司自动控制设计技术中心站出版，由上海工业自动化仪表研究所奚文群、谢海维编写的《调节阀口径计算指南》，它是在贯彻国际电工委员会标准中，结合了国产调节阀特性参数现状的一本设计手册。比起以前采用的算法大有进步，并采用了国际单位制。以下扼要介绍这一个推荐标准的有关内容。关于 CD50A12—84《调节阀口径计算技术规定》另分一节单独介绍。

一、方法与步骤

（一）确定计算所需的主要数据及使用条件

① 介质名称、性质及主要物化参数（ρ，v，M，p_c、p_v、K、Z 等）。

② 工艺参数（Q、p_1、p_2、T 等）。

③ 配管情况（型式、阀前后管径、系统阻力计算、预算 S 值等）。

④ 调节对象类型、特点，如主调参数及主要干扰因素等。

⑤ 调节性能要求，如泄漏量、稳定性等要求。

（二）初步确定阀型

阀型的选择是一项重要而复杂的工作，为了计算流量系数、预估噪声等，需要初步选择阀体结构形式。若计算结果不符合要求，还应重选阀型，并重新计算，直至满足要求。

选择阀型的依据是根据介质性质、工艺参数、使用要求等条件。若所给条件可以选用两种以上阀型，则可以依据经济性、订货周期等条件进行选择。常用阀的特点及使用场合，可见表 12-3 所示。

选择阀型的同时，还应决定阀的流向及流量特性；根据资料查取需要系列的参数，如 DN（公称通径）、p_N（公称压力）、K_v 等，以及阀的特性参数，如 X_T、F_L 等。如表 12-4 所示。

表 12-3　常用阀的特点及使用场合

名称、型号	特点及使用场合
单座阀(VP,JP)	泄漏量小(额定 K_v 值的 0.01%)，允许压差小，JP 型阀并具有体积小、重量轻等特点。适用于一般流体，要求泄漏量小或切断场合
双座阀(VN)	不平衡力小，允许压差较单座阀大；流路复杂；流量系数比 VP 型阀大；泄漏量大(额定 K_v 值的 0.1%)。适用于压差较大，对泄漏量要求不严的一般流体
套筒阀(VM,JM)	稳定性好，允许压差较大，容易更换、维护阀内件，JM 型阀并具有体积小、重量轻等特点。适用于一般流体，在较大压差场合使用更优于 VN 型阀
角形阀(VS)	流路简单，便于自净和清洁，并具有 VP 型阀的特点。适用于高黏度、含颗粒等物的介质，特别适用于要求直角连接场合
偏心旋转阀(VZ)	体积小，重量轻，密封性强，允许压差大。适用于要求泄漏量小，允许压差较大的场合
蝶阀(VW)	结构紧凑，重量轻，流量系数大，价格低。适用于大流量，低压力，泄漏量要求不高的场合，尤其适用于浓浊浆状及含有悬浮颗粒的流体控制
球阀(VO,VV)	结构紧凑，重量轻，流量系数大，密封性好。适用于要求切换及纸浆、污水和含有纤维质、颗粒物等介质控制
备注	系列参数等见附录

表 12-4　调节阀 F_L、X_T 数值

<table>
<tr><td rowspan="2">阀型</td><td colspan="4">单座阀</td><td>双座阀</td><td colspan="2">套筒阀</td><td colspan="2">角形阀</td><td colspan="2">偏心旋转阀</td><td colspan="2">蝶阀</td></tr>
<tr><td colspan="2">VP</td><td colspan="2">JP</td><td>VN</td><td>VM</td><td>JM</td><td colspan="2">VS</td><td colspan="2">VZ</td><td colspan="2">VW</td></tr>
<tr><td>流向</td><td>流开</td><td>流关</td><td>流开</td><td>流关</td><td>任意</td><td>任意</td><td>任意</td><td>流开</td><td>流关</td><td>流开</td><td>流关</td><td>任意(90°)</td><td>任意(90°)</td></tr>
<tr><td>F_L</td><td>0.93</td><td>0.75</td><td>0.92</td><td>0.85</td><td>0.84</td><td>0.91</td><td>0.84</td><td>0.93</td><td>0.80</td><td>0.88</td><td>0.62</td><td>0.61</td><td>0.72</td></tr>
<tr><td>X_T</td><td>0.58</td><td>0.46</td><td></td><td></td><td>0.61</td><td>0.69</td><td></td><td>0.56</td><td>0.53</td><td>0.56</td><td>0.40</td><td>0.27</td><td>0.52</td></tr>
</table>

（三）流量系数 K_v 值计算

1. 计算流量和计算差压的确定

在提供工艺参数时，应给出 Q_{max}、Q_{nor}、Q_{min} 三个流量值。最大流量 Q_{max} 及正常流量 Q_{nor} 都可作为计算流量。

在 K_v 计算中，压差 Δp_v 是一个重要参数，也是一个较难确定的参数。在调节系统确定后，一般经过系统阻力计算才能得到分配到调节阀上的压差 Δp_v 值。如设系统总压降为 Δp_s，各部件阻力件（如弯头、手动阀、管路等）的压降之和为 $\sum p_i$，则有

$$\Delta p_v = \Delta p_s - \sum p_i \tag{12-1}$$

阀上压差 Δp_v 是口径计算的关键参数，调节系统要给适当的压力损失，才能起到调节

流量的作用。调节阀压差 Δp_v 值还与 S 值有关，如前定义所述，可表示为

$$S=\frac{\Delta p_v}{\Delta p_s} \tag{12-2}$$

2. 判断工况，选择合适的 K_v 计算式

根据 IEC 标准推荐的算式，突出的一点是明确了阻塞流的概念，确认了在阻塞流条件下流经调节阀的流量已不随阀后压力的降低而增加的现象，和对流量系数 K_v 的影响。

《指南》提供了工况的判别式及其相应的 K_v 计算式，并引入了表征各种调节阀结构对流体在阀内流动状态影响的压力恢复系数 F_L、临界压差比 X_T 等系数，较精确地得出了产生阻塞流的条件，因而使 K_v 值计算的精度大大地提高了。如表 12-5 所示。

表 12-5 K_v 值计算公式汇总

流体	工况判别式	计算公式	备注
不可压缩流体	非阻塞流 $\Delta p<F_L^2(p_1-F_F p_v)$	$K_v=0.01Q_L\sqrt{\frac{\rho_L}{p_1-p_2}}$ 或 $K_v=\frac{0.01W_L}{\sqrt{\rho_L(p_1-p_2)}}$	① p_1、p_2、p_v 等压力单位为 MPa(绝压) ② $F_F=0.96-0.28\sqrt{\frac{p_v}{p_c}}$ ③ Q_L 单位为 m^3/h；W_L 单位为 kg/h；ρ_L 单位为 kg/m^3 ④ F_R 值根据 Re_v 值从图查取
	阻塞流 $\Delta p\geqslant F_L^2(p_1-F_F p_v)$	$K_v=0.01Q_L\sqrt{\frac{\rho_L}{F_L^2(p_1-F_F p_v)}}$ 或 $K_v=\frac{0.01W_L}{\sqrt{\rho_L F_L^2(p_1-F_F p_v)}}$	
	低雷诺数 $Re_v<10^4$	$K'_v=\frac{K_v}{F_R}$	
可压缩流体	非阻塞流 $X<\frac{K}{1.4}X_T$ 阻塞流 $X\geqslant\frac{K}{1.4}X_T$	$K_v=\frac{Q_g}{24600p_1F_g f(X,K)}\sqrt{\frac{MT_1Z}{X}}$ 或 $K_v=\frac{W_g}{1100p_1F_g f(X,K)}\sqrt{\frac{T_1Z}{XM}}$ 阻塞流时 X 用 X_T 代入	① p_1、Δp 等单位为 MPa；Q_g 单位为 Nm^3/h；W_g 单位为 kg/h；ρ_N 单位为 kg/m^3 ② $M=22.4\rho_N$ ③ F_g，$f(X,K)$ 见后文注解
两相流体	① 液体与非凝性气体 ② 液体与蒸汽，其中蒸汽占绝大部分	$K_v=\frac{W_g+W_L}{100\sqrt{\rho_e(p_1-p_2)}}$ 式中： $\rho_e=\frac{W_g+W_L}{\frac{W_g}{\rho_1F_g{}^2f^2(X,K)}+\frac{W_L}{\rho_L}}$	① 两相流体均为非阻塞流 ② 压力、流量、密度等单位都同单相流体 ③ F_g 值与 $f(X,K)$ 计算式同可压缩流体计算式
	液体与蒸汽，其中液体占绝大部分	$K_v=\frac{W_g+W_L}{100F_L\sqrt{p_1\rho_m(1-F_F)}}$ 式中： $\rho_m=\frac{W_g+W_L}{\frac{W_g}{\rho_1}+\frac{W_L}{\rho_L}}$	
可压缩流体备注	① $f(X,K)=1.47-0.66\frac{X}{KX_T}$ 为通用式，$F_g=0.69$； ② $f(X,K)=1.62-0.87\frac{X}{KX_T}$ 为蝶阀专用式，$F_g=0.62$； ③ $f(X,K)=1.32-0.49\frac{X}{KX_T}$ 为角形阀专用式，$F_g=0.74$		

表 12-5 的文字符号说明如下。

p_1——阀入口取压点测得的绝对压力，MPa；

p_2——阀出口取压点测得的绝对压力，MPa；

Δp——阀入口和出口间的压力差，即（p_1-p_2），MPa；

p_v——阀入口温度饱和蒸气压（绝压），MPa；

p_c——热力学临界压力（绝压），MPa；

F_F——液体临界压力比系数，无量纲；

F_L——液体压力恢复系数，无量纲；

F_R——雷诺数系数，无量纲；

ρ_L——液体密度，kg/m^3；

Q_L——液体体积流量，m^3/h；

W_L——液体质量流量，kg/h；

X——压差与入口绝对压力之比（$\Delta p/p_1$），无量纲；

X_T——压差比系数，无量纲；

K——比热比，无量纲；

Q_g——气体（或蒸汽）体积流量，Nm^3/h；

W_g——气体（或蒸汽）质量流量，kg/h；

ρ_N——标准状况（273K，1.013×10^2kPa）密度，kg/Nm^3；

ρ_1——密度（p_1、T_1 条件），kg/m^3；

T_1——入口热力学温度，K；

M——分子量，无量纲；

Z——压缩系数，无量纲；

F_g——压力恢复系数（气体），无量纲；

$f(X, K)$——压差比修正系数，无量纲；

ρ_e——两相流有效密度，kg/m^3；

ρ_m——两相流密度（p_1、T_1 条件），kg/m^3。

3. 根据需要对 K_v 值进行低雷诺数修正或管件形状修正

（1）低雷诺数修正

当流经调节阀的流体雷诺数 $Re_v<10^4$ 时，其流量系数 K_v 需要用雷诺数修正系数修正，修正后的流量系数为

$$K'_v=\frac{K_v}{F_R} \tag{12-3}$$

在求得雷诺数 Re_v值后，可查图得 F_R 值。

计算调节阀雷诺数 Re_v公式如下。

① 对于只有一个流路的调节阀，如单座阀、套筒阀、球阀等：

$$Re_v=\frac{70700Q_L}{\nu\sqrt{F_L K_v}} \tag{12-4}$$

式中 Q_L——液体体积流量，m^3/h；

ν——运动黏度，cSt（$1cSt=10^{-6}m^2/s$）；

F_L——液体压力恢复系数。

② 对于有两个流路的调节阀，如双座阀、蝶阀、偏心旋转阀等：

$$Re_v=\frac{49490Q_L}{\nu\sqrt{F_L K_v}} \tag{12-5}$$

(2) 管件形状修正

当调节阀两端装有渐缩器、渐扩器等管件时，使流体在上面产生一个附加的压力损失，从而使调节阀的实际流量系数变小，因此，对计算得到的流量系数需加修正。但是由于管件形状修正的计算比较麻烦，为了简化，除了在阻塞流条件下各类调节阀均需作此项修正外，对于低压力恢复特性的阀，或 $K_v/DN^2<0.02$（DN，单位：mm）的阀，如单、双座阀、套筒阀、角形阀、偏心旋转阀等，一般可以不作管件形状修正。管件形状修正公式见表12-6和表 12-7。

4. 阻塞流工况需作噪声预估

调节阀噪声预估是一项重要而复杂的问题。国际上，20 世纪 60 年代已普遍开展该项试验研究工作。IEC 出版物给出了调节阀气体、液体动力噪声预估方法，但该方法计算内容较多、较繁，适用于计算机计算。经分析比较现有的噪声预估方法，《指南》推荐了一种计算较方便的数值计算方法。由于篇幅所限，这里仅推荐一种预估液体动力噪声的方法，见图 12-3 及表 12-8 所示。

表 12-6 管件形状修正公式（不可压缩流体）

流动工况	非阻塞流	阻塞流
判别式	$\Delta p<\left(\frac{F_{LP}}{F_P}\right)^2(p_1-F_F p_v)$	$\Delta p\geqslant\left(\frac{F_{LP}}{F_P}\right)^2(p_1-F_F p_v)$
计算公式	低雷诺数：$K''_v=\frac{K'_v}{F_P}$ 高雷诺数：$K''_v=\frac{K'_v}{F_P}$	$K''_v=\frac{K_v}{F_{LP}}$
备注	① K_v 为表 12-5 公式计算值；K'_v 为用式(12-3)方法修正后所得值；K''_v 为管件形状修正后所得值 ② 需管件形状修正时，在作低雷诺系数修正时，其雷诺数 Re_v 计算公式应由式(12-4)、式(12-5)中给出的改为： $Re_v=\frac{70700Q_L}{\nu\sqrt{F_P F_L K_v}}$；$Re_v=\frac{49490Q_L}{\nu\sqrt{F_P F_L K_v}}$ ③ $F_P=\frac{1}{\sqrt{1+\frac{\sum\zeta}{0.0016}\left(\frac{K_v}{d^2}\right)^2}}$；$F_{LP}=\frac{F_L}{1+F_L^2\frac{\zeta+\zeta_{B1}}{0.0016}\left(\frac{K_v}{d^2}\right)^2}$ 式中： $\sum\zeta=\zeta_1+\zeta_2+\zeta_{B1}-\zeta_{B2}$；$\zeta_{B1}=1-\left(\frac{d}{D_1}\right)^4$；$\zeta_{B2}=1-\left(\frac{d}{D_2}\right)^4$ 若阀出入口管件相同，则： $\zeta_{B1}=\zeta_{B2}$；$\sum\zeta=\zeta_1+\zeta_2$ $\zeta_1=0.5\left[1-\left(\frac{d}{D_1}\right)^2\right]^2$；$\zeta_2=1.0\left[1-\left(\frac{d}{D_2}\right)^2\right]^2$；$\zeta_3=1.5\left[1-\left(\frac{d}{D_3}\right)^2\right]^2$	

表 12-7 管件形状修正公式（可压缩流体）

流动工况	非阻塞流	阻塞流
判别式	$X<\frac{K}{1.4}X_{TP}$	$X\geqslant\frac{K}{1.4}X_{TP}$
计算公式	$K''_v=\frac{K_v}{F_P}$	

续表

流动工况	非阻塞流	阻塞流
备注	① K_v 为表 12-5 公式计算值；K''_v 为本节修正后计算值；K_v 公式中 X_T 用 X_{TP}代入；阻塞流时 X 用 X_{TP}代入； ② $X_{TP}=\frac{X_T}{F_P^2}\left[1+\frac{X_T}{0.0018}(\zeta_1+\zeta_{B1})\left(\frac{K_v}{d^2}\right)^2\right]^{-1}$	

符号说明如下：

F_P——管件（渐缩器、渐扩器）几何形状修正系数，无量纲；

F_{LP}——有附接管件的阀的流体压力恢复系数，无量纲；

X_{TP}——有附接管件阀的压差比系数，无量纲；

ζ——管件压头损失系数，无量纲；

ζ_1——上游管件阻力系数，无量纲；

ζ_2——下游管件阻力系数，无量纲；

ζ_{B1}——入口伯努利系数，无量纲；

ζ_{B2}——出口伯努利系数，无量纲；

d——阀公称直径（DN），mm；

D_1——阀上游管道直径（内径），mm；

D_2——阀下游管道直径（外径），mm；

D——管道直径。

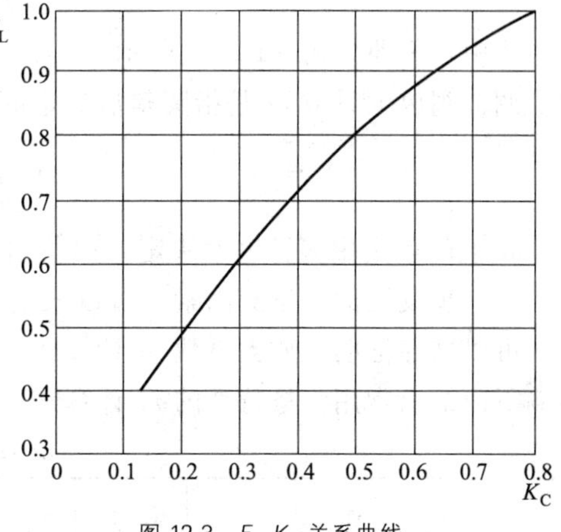

图 12-3 F_L-K_C 关系曲线

表 12-8 液体动力噪声计算公式

公式	(1)流体流动噪声($\Delta p<\Delta p_i$) $SPL=10\lg(1.17K_v)+20\lg(10\Delta p)-30\lg t+70.5$ (2)初始化噪声($\Delta p_i<\Delta p\leqslant\Delta p_c$) $SPL=10\lg(1.17K_v)+20\lg(10\Delta p)+5\left[\frac{\frac{\Delta p}{p_1-p_r}-K_C}{F_L^2-K_C}\right]\lg[145(p_2-p_v)]-30\lg t+70.5$ (3)完全空化($\Delta p>\Delta p_c$,$p_2>p_v$) $SPL=10\lg(1.17K_v)+20\lg(10\Delta p)+5\left[\frac{\frac{\Delta p}{p_1-p_v}-K_C}{F_L^2-K_C}\right]\lg[145(p_2-p_v)]-30\lg t-5\lg(\Delta p-\Delta p_c)+64.5$
备注	①$\Delta p=K_C(p_1-p_v)$；②$\Delta p_c=F_L^2(p_1-p_v)$；③$K_C$ 值从图查取 SPL—声压级,dBA；t—管道壁厚,mm；K_C—初始空化系数,无量纲；F_L—液体压力恢复系数,无量纲；p_v—入口温度饱和蒸气压(绝压),MPa；p_1—阀入口压力(绝压),MPa；p_2—阀出口压力(绝压),MPa；Δp—阀前后压差,p_1-p_2,MPa；Δp_i—初始空化压差,MPa；Δp_c—完全空化压差,MPa

由于我国尚未进行液体动力噪声试验研究工作，上述算法源自 Masoneilan 公司的数值计算法。考虑到实际情况，为化简方法，对非阻塞流工况，即液体 $\Delta p<F_L^2(p_1-F_F p_v)$；气体 $p/p_1<(K/1.4)X_T$，一般可不作噪声预估。

5. 重新计算

根据计算 K_v 值及噪声预估后，若需要更改阀型，则在更改阀型后，需按上述步骤重新计算及查取有关资料。

（四）口径选定

1. 根据所选的阀型及流量特性进行可调比 R 验算与 K_v 值的放大

可调比 R 是指调节阀能够控制的最大流量与最小流量之比，即

$$R=\frac{Q_{max}}{Q_{min}} \tag{12-6}$$

国产阀 R 值一般有 30 和 50 两种，这是生产厂给出的固有可调比。在调节系统中，阀的工作可调比为

$$R'=R\sqrt{S} \tag{12-7}$$

式中，S 即为式（12-2）所示。

调节阀放大系数 m 是指圆整后选定的 K_v 与计算 $K_{v计}$ 值之比，即

$$m=\frac{K_v}{K_{v计}} \tag{12-8}$$

m 值的取定由多种因素决定，如所给计算条件、采用的流量特性、选择的工作开度及生产进一步发展的余量等因素，可以取定不同的 m 值。

可以推导证明，放大系数 m 计算式，就是调节阀理想流量特性表达式 $f(l/L)$ 的倒数。

下面给出常用流量特性的 m 计算式及计算值（见表 12-9）。

表 12-9　m 计算值

R	l/L	0.1	0.2	0.3	0.4	0.5	0.6	0.7	0.8	0.9
30	直线	7.69	4.41	3.09	2.38	1.94	1.63	1.41	1.24	1.11
	等百分比	21.4	15.2	10.8	7.07	5.48	3.90	2.77	1.97	1.41
	平方根	4.61	2.62	1.90	1.53	1.32	1.18	1.10	1.04	1.01
	抛物线	14.3	8.35	5.46	3.85	2.86	2.21	1.76	1.43	1.18
50	直线	8.47	4.63	3.18	2.43	1.96	1.64	1.42	1.24	1.11
	等百分比	33.8	22.9	15.5	10.4	7.07	4.78	3.23	2.19	1.48
	平方根	4.85	2.68	1.92	1.54	1.32	1.18	1.10	1.04	1.01
	抛物线	19.4	10.2	6.28	4.25	3.07	2.32	1.81	1.46	1.20

注：$\frac{l}{L}$为相对行程（即开度）。

直线：

$$m=\frac{R}{\frac{l}{L}(R-1)+1} \tag{12-9}$$

等百分比：

$$m=R^{\left(1-\frac{l}{L}\right)} \tag{12-10}$$

平方根（快开）：

$$m=\frac{1}{1-\frac{1}{R}(R-1)\left(1-\frac{l}{L}\right)^2} \tag{12-11}$$

抛物线：

$$m=\frac{R}{\left[1+(\sqrt{R}-1)\frac{l}{L}\right]^2} \tag{12-12}$$

2. K_v 值圆整与开度验算

（1）用最大流量计算

用最大流量 Q_{max} 及相应的其他参数计算 K_v 值，可以根据计算值从选定的阀型系列 K_v 值中向上圆整。圆整后 K_v 值的放大系数 m 值应不小于 1.15。

在最大流量时，阀的开度不应超过 90%，开度验算可以根据下式计算。

直线：

$$\frac{l}{L}=\frac{R-m}{(R-1)m} \tag{12-13}$$

等百分比：

$$\frac{l}{L}=1-\frac{\lg m}{\lg R} \tag{12-14}$$

平方根（快开）：

$$\frac{l}{L}=1-\sqrt{\frac{R(m-1)}{m(R-1)}} \tag{12-15}$$

抛物线：

$$\frac{l}{L}=\frac{\sqrt{\frac{R}{m}}-1}{\sqrt{R}-1} \tag{12-16}$$

（2）用正常流量计算

用正常流量计算 K_v 值，必须先确定阀正常工作开度，并根据选用阀的流量特性从式（12-9）～式（12-12）中，选择合适的公式计算放大系数 m 值，或从表 12-9 中查取 m 值，得到放大后的流量系数 $K_v=mK_{v计}$；然后按所选阀系列 K_v 值圆整。设圆整后的流量系数为 K'_v，则实际放大系数为 m'，它等于 $\frac{K'_v}{K_{v计}}$。根据所选阀流量特性，从式（12-13）～式（12-16）中选择合适的公式进行开度验算。

若同时给出 Q_{max} 和 Q_{min}，则应该用相应的其他参数计算出 K_{vmax} 和 K_{vmin}，并用圆整后的 K'_v 值求得各放大系数，然后再进行开度验算。要求最大流量时，阀开度不应超过 90%，最小流量时，阀开度不应小于 10%。

二、计算实例

［例 12-1］ 液体

已知：水循环调节，对阀泄漏要求不严，根据配管情况，确定 S 值为 0.4。

其他已知条件为：$t=18$℃，$p_1=0.5$MPa（绝压），$p_2=0.3$MPa（绝压），$\rho_L=999\text{kg/m}^3$，$W_{Lmax}=20000$kg/h，$p_v=0.002$MPa（绝压），$p_c=22.5$MPa（绝压）。

计算：

（1）根据已知条件可选双座阀（VN）

由于 $S<0.6$，可选等百分比流量特性，查表得：$F_L=0.84$，$R=30$。

(2) 判断工况

因为 $F_F=0.96-0.28\sqrt{\frac{p_v}{p_c}}=0.96-0.28\times\sqrt{\frac{0.002}{22.5}}\approx0.96$

所以 $F_L^2(p_1-F_F p_v)=0.84^2\times(0.5-0.96\times0.002)\approx0.35\text{MPa}$

而 $\Delta p=0.5-0.3=0.2\text{MPa}$

所以 $\Delta p<F_L^2(p_1-F_F p_v)$，即为非阻塞流。

(3) 计算 K_v

$$K_v=\frac{0.01W_L}{\sqrt{\rho_L(p_1-p_2)}}=\frac{0.01\times20000}{\sqrt{999\times(0.5-0.3)}}\approx14.1$$

(4) 选定口径

① K_v 值圆整，放大

查产品目录，取 $K_v=16(DN32)$。

其放大系数为 $$m=\frac{16}{14.1}=1.13$$

查表 12-9 知满足 $m=1.13$ 时，阀最大开度>90%，所以 K_v 值应再向上取一挡，即取 $K_v=25(DN40)$。

此时 $$m=\frac{25}{14.1}=1.77$$

② 开度验算

$\frac{l}{L}=1-\frac{\lg m}{\lg R}=1-\frac{\lg1.77}{\lg30}\approx0.83$，即开度83%可满足要求

(5) 结论

选定双座阀，取 $DN40$ 为选定口径，因为非阻塞流工况，故不作噪声预估及管件形状修正。

因未给出 Q_{max} 值，按 $\frac{Q_{max}}{Q_{min}}\leqslant3$ 考虑，$R=30\sqrt{0.4}=18.97>3$，可调比满足要求。

[例 12-2] 气体

已知：驰放气（H_2，N_2，Ar，CH_4，石脑油 0.52%），调节按调节阀管路配管压降决定 $S=0.5$。且已知 $t_1=45℃$，$p_1=2.65\text{MPa}$，$p_2=0.22\text{MPa}$，$Q_g=8334\text{Nm}^3/\text{h}$，$\rho_N=0.48\text{kg/m}^3$，$K=1.37$，$Z\approx1$，工艺管道 $D=80\text{mm}$，上述参数为正常工况参数。

计算

(1) 选择阀型根据已知条件，阀前后压差大，考虑工作的稳定性，宜选用套筒阀(VM)，等百分比流量特性。则 $R=30$，$X_T=0.69$。

(2) 判断工况

因为 $\frac{K}{1.4}X_T=\frac{1.37}{1.4}\times0.69\approx0.675$

而 $X=\frac{\Delta p}{p_1}=\frac{2.65-0.22}{2.65}\approx0.917$

所以 $X>\frac{K}{1.4}X_T$，为阻塞流。

(3) 计算 K_v

因为 $f(X, K)=1.47-0.66\times\frac{X_T}{KX_T}=1.47-0.66\times\frac{1}{1.37}\approx0.988$

所以 $K_{v计}=\frac{8334}{5190\times2.65\times0.69\times0.988}\times\sqrt{\frac{(273+45)\times0.482\times1}{0.69}}\approx13.2$

（4）初定口径

① K_v 值圆整，放大

因为 $K_{v计}$ 为 13.2，如果工艺希望正常工况下阀开度为 70%，查表 12-9 可得放大系数 m 值为 2.77，所以放大后 K_v 值为

$$K_v=mK_{v计}=2.77\times13.2=36.6$$

圆整后 K'_v 为 40（$DN50$），因此，实际放大系数为 $m'=\frac{K'_v}{K_{v计}}=\frac{40}{13.2}\approx3.03$。

② 开度验算

$$\frac{l}{L}=1-\frac{\lg m'}{\lg R}=1-\frac{\lg3.03}{\lg30}=0.67$$

即实际开度为 67%，满足工艺要求。

（5）管件形状修正

因为

$$\zeta_1=0.5\left[1-\left(\frac{d}{D_1}\right)^2\right]^2=0.5\left[1-\left(\frac{50}{80}\right)^2\right]^2\approx0.186$$

$$\zeta_2=1.0\left[1-\left(\frac{d}{D_1}\right)^2\right]^2=1.0\left[1-\left(\frac{50}{80}\right)^2\right]^2\approx0.371$$

$$\zeta_{B1}=1-\left(\frac{d}{D_1}\right)^4=1-\left(\frac{50}{80}\right)^4\approx0.847$$

所以

$$F_P=\frac{1}{\sqrt{1+\frac{\sum\zeta}{0.0016}\left(\frac{K_{v计}}{d^2}\right)^2}}=\frac{1}{\sqrt{1+\frac{0.186+0.371}{0.0016}\left(\frac{13.2}{50^2}\right)^2}}\approx0.995$$

$$X_{TP}=\frac{X_T}{F_P^2}\left[1+\frac{X_T}{0.0018}(\zeta_1+\zeta_B)\times\left(\frac{K_{v计}}{d^2}\right)^2\right]^{-1}=\frac{0.69}{0.995^2}\left[1+\frac{0.69}{0.0018}\times(0.186+0.847)\times\left(\frac{13.2}{50^2}\right)^2\right]^{-1}\approx0.689$$

重新判断工况：

因为 $\frac{K}{1.4}\times X_{TP}=\frac{1.37}{1.4}\times0.689=0.674$，而 $X=0.917$，所以 $X>\frac{K}{1.4}\times X_T$，即仍为阻塞流。

修正值 K_v 为

$$K''_v=\frac{K_v}{F_P}=\frac{Q_g}{F_P\times5190p_1F_gf(X,K)}\times\sqrt{\frac{T_1\rho_NZ}{X_{TP}}}=\frac{8334}{0.995\times5190\times2.65\times0.69\times0.988}\times\sqrt{\frac{318\times0.482}{0.689}}\approx13.3$$

若保守计算，即 F_P 与 X_{TP}公式中 $K_{v计}$(13.2) 用初选口径的 K'_v(40) 代，则可算得 F_P 为 0.957，X_{TP}为 0.684，修正 K_v 值为

$$K''_v=\frac{K_v}{F_P}=\frac{13.3}{0.957}=13.9$$

将 K''_v 这两个值分别作开度验算：

① $K''_v=13.3$，$m''=\frac{40}{13.3}\approx 3.01$

$$\frac{l}{L}=1-\frac{\lg m''}{\lg R}=1-\frac{\lg 3.01}{\lg 30}\approx 0.68$$

② $K''_v=13.9$，$m''=\frac{40}{13.9}\approx 2.88$

$$\frac{l}{L}=1-\frac{\lg m''}{\lg R}=1-\frac{\lg 2.88}{\lg 30}\approx 0.61$$

可见选 DN=50mm 口径是合适的。

(6) 噪声预估

因为是阻塞流工况，并且流量最大，所以有必要进行噪声预估（可参阅《调节阀口径计算指南》的有关计算式）。

第三节 IEC 标准调节阀口径计算公式

在调节阀口径的计算方法中，奚文群、谢海维发表的《调节阀口径计算指南》尚没有作为正式标准颁布，新的国家标准或部颁标准也没有出台，现行的标准中仍然是 CD50A12—84《调节阀口径计算技术规定》。

1985 年 12 月由原化工部基建局颁布了 CD50A12—84《调节阀口径计算技术规定》作为行业标准。它实际上是国际电工委员会（IEC-534-2—1980）标准。具体来说，对于一般流体（液体、气体、蒸汽）基本上套用了 IEC 颁布的计算方法；对于两相流，由于 IEC 没有推荐计算方法，因此采用了 ISA（美国仪器仪表学会）推荐的有效比容法。

奚文群、谢海维的《调节阀口径计算指南》中的绝大部分观点就来自于 CD50A12—84《调节阀口径计算技术规定》，即 IEC 标准，只是用调节阀的流量系数 K_v 来代替流量系数 C 值。两种流量系数的主要区别在调节阀“流通能力”的定义上。K_v 系列用：温度 5～40℃的水，在 10^5Pa 压降下，流过调节阀的每小时立方米数。而 C 系列用：温度 5～40℃的水，在 1kgf/cm^2 压降下，每小时流过调节阀的立方米数。这样，我国原使用的 C 值与 K_v 在数值上很接近，因为 1kgf/cm^2=9.80665×10^4Pa，所以可以计算得 $K_v=1.01C$。

“压力”单位在计算中都用 Pa（或 kPa），在 IEC 标准中采用 kPa 。

这里仅对流量系数 C 值具体计算公式作一下介绍。

一、液体介质时流量系数 *C* 值的计算

（一）计算时所需准备的教据

① 最大体积流量 Q_{max}(m^3/h) 通用符号为 Q_L 或质量流量 W_{max}(kg/h) 通用符号为 W_L；

② 正常体积流量 Q_n(m^3/h) 或质量流量 W_n(kg/h)；

③ 正常情况下阀上压降 Δp_n（kPa）；

④ 阀前压力 p_1（kPa）；

⑤ 正常情况下阀阻比 S_n；

⑥ 液体密度 ρ(g/cm^3)；

⑦ 液体的运动黏度 ν(cSt)；

⑧ 介质临界压力 p_c(单位同 Δp_n、p_1)；

⑨ 阀入口温度下介质饱和蒸气压 p_v（单位同 Δp_n、p_1）；

⑩ 阀上游管道直径 D_1(mm)；

⑪ 阀下游管道直径 D_2(mm)。

（二）C 值计算步骤

① 选定调节阀的类型，并据此查表 12-10 得压力恢复系数 F_L。

② 按下式计算液体的临界压力比系数 F_F。

$$F_F = 0.96 - 0.28\sqrt{\frac{p_v}{p_c}} \tag{12-17}$$

表 12-10 各种调节阀系数

调节阀型式	阀内组件形式	流向	F_L	X_T	$\frac{C_{100}}{d^2}$	F_P			F_{LP}			X_{LP}			F_{LP}/F_P		
						D/d 1.25	D/d 1.5	D/d 2.0	D/d 1.25	D/d 1.5	D/d 2.0	D/d 1.25	D/d 1.5	D/d 2.0	D/d 1.25	D/d 1.5	D/d 2.0
单座阀	柱塞形	流开	0.90	0.72	0.0146	0.99	0.97	0.95	0.87	0.86	0.85	0.70	0.71	0.72	0.88	0.89	0.90
	柱塞形	流闭	0.80	0.55	0.0146	0.99	0.97	0.95	0.78	0.77	0.76	0.54	0.55	0.56	0.79	0.79	0.80
	V形	任意	0.90	0.75	0.0126	0.99	0.98	0.96	0.88	0.87	0.86	0.73	0.74	0.75	0.89	0.89	0.89
	套筒形	流开	0.90	0.75	0.0186	0.98	0.95	0.92	0.85	0.83	0.82	0.71	0.73	0.75	0.86	0.87	0.89
	套筒形	流闭	0.80	0.70	0.0212	0.97	0.94	0.90	0.76	0.74	0.72	0.66	0.68	0.71	0.78	0.79	0.80
双座阀	柱塞形	任意	0.85	0.70	0.0172	0.98	0.96	0.93	0.82	0.80	0.79	0.67	0.68	0.71	0.83	0.83	0.85
	V形	任意	0.90	0.75	0.0166	0.98	0.96	0.94	0.86	0.85	0.83	0.72	0.73	0.75	0.88	0.88	0.89
偏心旋转阀		流开	0.85	0.61	0.0190	0.98	0.95	0.92	0.81	0.79	0.78	0.59	0.61	0.64	0.82	0.83	0.85
角形阀	套筒形	流开	0.85	0.65	0.0159	0.99	0.97	0.94	0.82	0.81	0.80	0.63	0.65	0.66	0.83	0.84	0.85
	套筒形	流闭	0.80	0.60	0.0159	0.99	0.97	0.94	0.78	0.76	0.76	0.59	0.60	0.62	0.79	0.79	0.80
	柱塞形	流开	0.90	0.72	0.0225	0.97	0.93	0.89	0.83	0.81	0.79	0.68	0.70	0.73	0.86	0.86	0.88
	柱塞形	流闭	0.80	0.65	0.0265	0.96	0.91	0.85	0.74	0.71	0.69	0.61	0.63	0.68	0.77	0.78	0.81
	文丘里	流闭	0.50	0.20	0.0291	0.95	0.90	0.83	0.48	0.47	0.46	0.21	0.23	0.26	0.50	0.53	0.56
球阀	标准O	任意	0.55	0.15	0.0398	0.92	0.83	0.74	0.50	0.49	0.47	0.17	0.19	0.24	0.55	0.59	0.64
	特性孔	任意	0.57	0.25	0.0331	0.94	0.87	0.80	0.53	0.52	0.51	0.26	0.29	0.34	0.57	0.59	0.64
蝶阀	90°全开	任意	0.55	0.20	0.0398	0.92	0.83	0.74	0.50	0.49	0.47	0.21	0.25	0.30	0.55	0.59	0.64
	60°全开	任意	0.68	0.38	0.0225	0.97	0.93	0.89	0.65	0.64	0.63	0.38	0.40	0.43	0.67	0.68	0.71

③ 判断流体是否为阻塞流。

当 $\Delta p < F_L^2(p_1 - F_F p_v)$ 时为非阻塞流；

当 $\Delta p \geqslant F_L^2(p_1 - F_F p_v)$ 时为阻塞流。

④ 计算 C 值(未经任何修正时 C 值)。

对于非阻塞流情况：

$$C=10Q_L\sqrt{\rho_L/(p_1-p_2)} \tag{12-18}$$

或

$$C=10^{-2}W_L\sqrt{\rho_L(p_1-p_2)} \tag{12-19}$$

对于阻塞流的情况：

$$C=10Q_L\sqrt{\rho_L/F_L^2(p_1-F_F p_v)} \tag{12-20}$$

或

$$C=10^{-2}W_L\sqrt{\rho_L F_L^2(p_1-F_F p_v)} \tag{12-21}$$

⑤ 计算管道雷诺系数 Re。

对于双座阀、蝶阀、偏心旋转阀等具有两个平等流路的调节阀按下式计算 Re：

$$Re=49490Q_L/\sqrt{\nu\sqrt{C}} \tag{12-22}$$

对于直通单座阀、套筒阀、球阀等只有一个流路的调节按下式计算 Re：

$$Re=70700Q_L/\sqrt{\nu\sqrt{C}} \tag{12-23}$$

式中，C 为按式（12-18）～式（12-21）所计算的值。

⑥ 进行低雷诺数修正。

当按式（12-22）或式（12-23）算得的 $Re<3500$ 时需对所求得的流量系数 C 进行修正。

修正方法是按式（12-22）或式（12-23）计算所得 Re 值，查 F_R-Re_v 关系曲线图可得雷诺系数修正系数 F_R，于是经低雷诺数修正后的流量系数应为

$$C'=C/F_R$$

⑦ 根据式（12-18）～式（12-23）算得的 C 值，初选调节阀口径 d，并与管径 D 比较。若 $d=D$，则不必考虑管件形状修正；如 $d<D$，则根据附加管件后流体流经调节阀是否为阻塞流，决定是否进行管件形状修正。

⑧ 按下式判断附加管件后是否为阻塞流：

$$\text{当 } \Delta p<\left(\frac{F_{LP}}{F_P}\right)^2(p_1-F_F p_v)\text{，为非阻塞流} \tag{12-24}$$

$$\text{当 } \Delta p\geqslant\left(\frac{F_{LP}}{F_P}\right)^2(p_1-F_F p_v)\text{，为阻塞流} \tag{12-25}$$

式中 F_{LP}——附接管件时的压力恢复管件形状组合修正系数；

F_P——管件形状修正系数。

F_{LP} 及 F_P 根据 D/d 值的大小和调节阀型式在表 12-10 中可以查到。

⑨ 进行管件形状修正。

在第⑧判断中，如附加管件后为非阻塞流，可不考虑管件形状的修正问题。如要修正，可按下式计算修正的流量系数 C'：

$$C'=C/F_P \tag{12-26}$$

当判断附加管件后为阻塞流时，则应考虑管件形状的修正问题。这里引进一个附加管件后的压力恢复系数 F'_L，它可按下式计算：

$$F'_L=\frac{F_L}{F_P}\frac{1}{\sqrt{1+F_L^2\frac{\sum\xi}{0.0016}\left(\frac{C_{100}}{d^2}\right)^2}} \tag{12-27}$$

式中 $\sum\xi$——管件压力损失系数的代数和；

C_{100}——初选调节阀的额定流量系数。

$\sum\xi$ 值可按下式计算：

$$\sum\xi=\xi_1+\xi_2+\xi_{B1}+\xi_{B2} \tag{12-28}$$

式中 ξ_1——上游阻力系数，且

$$\xi_1=0.5\left[1-\left(\frac{d}{D_1}\right)^2\right]^2 \tag{12-29}$$

ξ_2——下游阻力系数，且

$$\xi_2=\left[1-\left(\frac{d}{D_2}\right)^2\right]^2 \tag{12-30}$$

ξ_{B1}——阀入口处伯努利系数，且

$$\xi_{B1}=1-\left(\frac{d}{D_1}\right)^4 \tag{12-31}$$

ξ_{B2}——阀出口处伯努利系数，且

$$\xi_{B2}=1-\left(\frac{d}{D_2}\right)^4 \tag{12-32}$$

当上游管径 D_1 与下游管径 D_2 相同时

$$\sum\xi=\xi_1+\xi_2=1.5\left[1-\left(\frac{d}{D}\right)^2\right]^2 \tag{12-33}$$

将式（12-33）计算结果代入式（12-27）求得 F'_L 后，即可按下面公式计算出管件形状修正后的流量系数 C'：

$$C'=\left(\frac{10Q}{F'_L}\sqrt{\frac{\rho}{p_1-F_F p_v}}\right)\frac{1}{F_P} \tag{12-34}$$

⑩ 按修正后的 C'重新选择调节阀口径 d。

必须指出，如果属于既需进行低雷诺数的修正，又需进行管件形状修正的情况，经过两者修正的流量系数 C'应在式（12-34）的基础上再乘 $1/F_R$。当然，出现这种情况是少见的。因为雷诺数小意味着流量小，既然流量小，一般不会出现阻塞流的情况。

二、气体介质时流量系数 C 值的计算

气体是可压缩性流体，在调节阀内，气体介质由于压力降低而膨胀，其密度也将减少。这时不论选用阀前的流体密度或是阀后的流体密度代入流量系数基本公式进行计算，其计算结果与实际情况都会有较大的偏差，因此必须对这种压缩效应进行修正。

目前国际上推荐用膨胀系数法来解决这一问题。这种方法考虑了阀的结构对流体压力恢复的影响，并以实际数据作为依据，因此比较合理和精确。

膨胀系数的校正法实质上是引进一个膨胀系数 Y 来修正气体密度的变化，认为阀前气体密度乘以 Y^2 平方后就可按不可压缩气体性流体密度看待，进行流量系数的计算。理论上膨胀系数与下列因素有关：

① 节流口面积与阀入口面积比；

② 阀入流路的形状；

③ 压差比 $X(X=\Delta p/p_1)$；

④ 比热比系数 $F_K(F_K=\kappa/1.4)$；

⑤ 雷诺数 Re。

工程应用中，气体的流速都比较高，雷诺系数的影响可以忽略不计。因此，Y 值可按下式求取：

$$Y=1-\frac{X}{3F_K X_T} \tag{12-35}$$

（一）计算时所需准备的数据

① 介质的最大体积流量 Q_{gmax}（Nm^3/h）；
② 介质的正常体积流量 Q_{gn}（Nm^3/h）；
③ 标准状态(273K，1.013×10^2kPa) 下气体密度 ρ_H（kg/Nm^3）；
④ 气体压缩系数 Z；
⑤ 气体分子量 M；
⑥ 调节阀压差 Δp(kPa)；
⑦ 调节阀前压力 p_1(kPa)；
⑧ 气体相对密度 G（空气为 1)；
⑨ 气体的绝热指数 κ；
⑩ 气体入口温度 T_1（K）。

（二）C 值计算步骤

① 计算压差比 X 及比热比系数 F_K。

$$X=\Delta p/p_1 \tag{12-36}$$

$$F_K=\kappa/1.4 \tag{12-37}$$

式中　κ——绝热指数。

② 选择调节阀类型，并查表找出临界压力比系数 X_T。
③ 计算膨胀系数 Y，按公式（12-35）计算。
④ 判断流体流经调节阀内时是否为阻塞流。
当 $X<F_K X_T$ 时为非阻塞流；
当 $X\geqslant F_K X_T$ 时为阻塞流。
对于非阻塞流，C 值按下面公式计算：

$$C=\frac{Q_g}{5.19p_1Y}\sqrt{\frac{T_1\rho_H Z}{X}} \tag{12-38a}$$

$$C=\frac{Q_g}{24.6p_1Y}\sqrt{\frac{T_1MZ}{X}} \tag{12-38b}$$

$$C=\frac{Q_g}{4.57p_1Y}\sqrt{\frac{T_1GZ}{X}} \tag{12-38c}$$

对于阻塞流，C 值按下面公式计算：

$$C=\frac{Q_g}{2.9p_1}\sqrt{\frac{T_1\rho_H Z}{\kappa X_T}} \tag{12-39a}$$

$$C=\frac{Q_g}{13.9p_1}\sqrt{\frac{T_1MZ}{\kappa X_T}} \tag{12-39b}$$

$$C=\frac{Q_g}{2.58p_1}\sqrt{\frac{T_1GZ}{\kappa X_T}} \tag{12-39c}$$

注：式（12-38）和式（12-39）每种情况都给出三个公式，使用时可根据准备的数据情况，决定选用其中的一个进行计算即可。

⑤ 根据式（12-38）和式（12-39）算出 C 值，初选调节阀口径 d，并与管径 D 比较。当 $d<D$ 时，需考虑管件形状修正问题。

⑥ 进行管件形状修正($d<D$ 时)。

对于气体介质，X_T 及 Y 也因附加管件后而发生变化，其变化后的数值以 X_{TP} 及 Y_P 表示。它们分别按下式计算：

$$X_{TP}=\frac{X_T}{F_F^2}\left[\frac{1}{\sqrt{1+\frac{X_T}{1.8\times10^{-3}}(\xi_1+\xi_{B1})\left(\frac{C_{100}}{d^2}\right)^2}}\right] \tag{12-40}$$

$$Y_P=1-\frac{X}{3F_K-X_{TP}}$$

⑦ 判断附加管件后，是否为阻塞流。

当 $X<F_KX_{TP}$ 时为非阻塞流；

当 $X\geqslant F_KX_{TP}$ 时为阻塞流。

⑧ 计算经管件形状修正后的 C' 值。

对于非阻塞流，C' 值按下面公式计算：

$$C'=\frac{Q_g}{5.19p_1Y_PF_P}\sqrt{\frac{T_1\rho_HZ}{X}} \tag{12-41a}$$

$$C'=\frac{Q_g}{24.6p_1Y_PF_P}\sqrt{\frac{T_1MZ}{X}} \tag{12-41b}$$

$$C'=\frac{Q_g}{4.57p_1Y_PF_P}\sqrt{\frac{T_1GZ}{X}} \tag{12-41c}$$

对于阻塞流，C' 值按下面公式计算：

$$C'=\frac{Q_g}{2.9p_1F_P}\sqrt{\frac{T_1\rho_HZ}{\kappa X_{TP}}} \tag{12-42a}$$

$$C'=\frac{Q_g}{13.9p_1F_P}\sqrt{\frac{T_1MZ}{\kappa X_{TP}}} \tag{12-42b}$$

$$C'=\frac{Q_g}{2.58p_1F_P}\sqrt{\frac{T_1GZ}{\kappa X_{TP}}} \tag{12-42c}$$

⑨ 根据式（12-41）和式（12-42）中任一式计算所得 C'，重新选择调节阀口径 d。

三、蒸汽流量系数 C 值的计算

蒸汽与气体一样，也是可压缩性流体，也可采用膨胀系数修正法计算流量系数。为计算时方便，流量采用质量流量 W_s（kg/h），密度采用阀入口温度、压力下的密度 ρ_s。

（一）计算时所需准备的数据

① 介质的最大质量流量 W_{smax}(kg/h)；

② 介质的正常质量流量 W_{sn}(kg/h)；

③ 调节阀上压差 Δp(kPa)；

④ 调节阀前压力 p_1(kPa)；

⑤ 阀前温度 T_1(K)；

⑥ 蒸汽压缩系数 Z；

⑦ 蒸汽分子量 M；

⑧ 蒸汽的绝热指数 κ。

（二）C 值计算步骤

① 计算压差比 X 及比热比系数 F_K。

$$X=\Delta p/p_1 \tag{12-43}$$

$$F_K=\kappa/1.4 \tag{12-44}$$

式中 κ——绝热指数。

② 选择调节阀类型，并查表找出临界压力比系数 X_T。

③ 计算膨胀系数 Y。

$$Y=1-\frac{X}{3F_K X_T} \tag{12-45}$$

④ 根据阀入口压力 p_1 及入口温度 T_1 查有关图表找出蒸汽密度 ρ_s。

⑤ 判断流体流经调节阀内时是否为阻塞流。

当 $X<F_K X_T$ 时为非阻塞流；

当 $X\geqslant F_K X_T$ 时为阻塞流。

⑥ 根据公式算出 C 值。

对于非阻塞流，C 值按下面公式计算：

$$C=\frac{W_s}{3.16Y}\sqrt{\frac{1}{Xp_1\rho_s}} \tag{12-46a}$$

$$C=\frac{W_s}{1.1Yp_1}\sqrt{\frac{T_1 Z}{XM}} \tag{12-46b}$$

对于阻塞流，C 值按下面公式计算：

$$C=\frac{W_s}{1.78}\sqrt{\frac{1}{\kappa X_T p_1\rho_s}} \tag{12-47a}$$

$$C=\frac{W_s}{0.62p_1}\sqrt{\frac{1}{\kappa X_T M}} \tag{12-47b}$$

⑦ 根据式（12-46）和式（12-47）算出 C 值，初选调节阀口径 d，并与管径 D 比较，决定是否进行管件形状修正。如需修正时继续往下进行。

⑧ 计算管件形状修正系数 F_P（同气体情况）。

⑨ 计算附接有管件时的临界压差比 X_{TP} 及膨胀系数 Y_P。

⑩ 判别附接有管件时流体是否为阻塞流。

当 $X<F_K X_{TP}$ 时为非阻塞流；

当 $X\geqslant F_K X_{TP}$ 时为阻塞流。

⑪ 计算经管件形状修正后的 C' 值。

对于非阻塞流，C'值按下面公式计算：

$$C'=\frac{W_s}{3.16Y_P F_P}\sqrt{\frac{1}{Xp_1\rho_s}} \tag{12-48a}$$

$$C'=\frac{W_s}{1.1Y_P p_1 F_P}\sqrt{\frac{T_1 Z}{XM}} \tag{12-48b}$$

对于阻塞流，C'值按下面公式计算：

$$C'=\frac{W_s}{1.78F_P}\sqrt{\frac{1}{\kappa X_{TP} p_1\rho_s}} \tag{12-49a}$$

$$C'=\frac{W_s}{0.62p_1 F_P}\sqrt{\frac{1}{\kappa X_{TP} M}} \tag{12-49b}$$

⑫ 根据式（12-48）和式（12-49）中任一式计算所得C'，重新选择调节阀口径d。

四、两相混合流体流量系数C值的计算

两相混合流体有两种类型：其一是液体与气体的混合流体；其二是液体与其自身蒸汽的混合流体。

对于液体与气体混合的流体，只要流体不产生闪蒸和阻塞流现象，液体和气体介质在调节阀不发生相变，它们各自的质量也就保持不变。然而液体是不可压缩性流体，其密度可以认为是不变的，而气体则是可压缩性流体，其密度是随压力的变化而变化的，只有当气体密度经过膨胀系数修正后才可视为不可压缩性流体。因此，液体与气体混合流体流量系数计算：首先，用膨胀系数修正法求得修正后的气体密度，然后再与液体部分的密度一起，求出整个流体的有效密度ρ_c；其次，判断是否符合计算条件；最后计算C值。

对于液体与其自身蒸汽构成的混合流体的情况，C值得计算又要复杂一些。当蒸汽的质量百分数在混合流体中占绝大多数时，可按上述液体与气体混合流体的C值计算方法计算C值；当液体的质量百分数在混合流体中占绝大多数时，蒸汽质量的微小变化会引起中的有效密度产生较大的改变，这时再用上述方法计算C值将会产生很大误差，建议尽量避免调节阀在这种情况下使用。详细计算请参考有关标准或文献。

需要说明的一点是调节阀也是一种节流装置，一方面流体会与阀芯、阀体等发生冲击以及流体的不规则的压力波动会引起阀门的可动部件产生振动；另一方面如果流体是液体，当其流经调节阀时可能会产生空化现象，如果流体是气体，当流经最小截面处时，流量可能达到音速，形成冲击波、喷射流、旋涡流等乱流，所以这些都不可避免地会产生噪声。尤其流体为气体，噪声会更大和更难以对付。一般可采用专门结构的低噪声调节阀来加以克服，或者在阀的下游另行安装低分贝的格子板、消音器等阻尼部件。有关噪声等级及调节阀噪声分析和计算请参考相关标准或文献。

Chapter 13

自控专业工程设计用典型表格

按照国家石油和化学工业局推行“新体制”，即国际通用设计体制和方法的要求，自控专业工程设计对一项具体工程的自控设计，仅仅完成上述内容的工作量还是不够的。随着设计阶段的进展，即从A版到G版，“新体制”中需要的文字、表格、图纸量逐步增加。

“新体制”中表格类型的文件占相当大的比例，体现了“设计文件表格化”的原则。在国际通用设计方法中，为保证各类表格栏目的完整性、实用性，满足仪表采购、施工安装和工厂维护的需要，使其达到规范化、标准化给出的大量的典型表格。这些表格主要适用于详细工程设计阶段，部分表格也适用于基础设计/初步设计阶段。

第一节 自控专业工程设计用典型表格示例

自控专业工程设计用的各类表格，不论是采用常规仪表的工程项目，还是采用DCS的工程项目，都可以根据需要选用到合适的典型表格。

典型表格分为工程设计表格和仪表数据表两大类。工程设计表格为中英文对照版，编制方法为填写式；仪表数据表为中文版或英文版，编制方法为选择式。

一、表格的选用

1. 典型表格

(1) 中英文对照版工程设计表格

① 设计文件目录；

②（设计文件）首页；

③（设计文件）索引；

④ 仪表索引；

⑤ 仪表数据表；

⑥ 报警联锁设定值表；

⑦ 电缆表；

⑧ 管缆表；

⑨ 铭牌表；

⑩ 仪表伴热绝热表；

⑪ 仪表空气分配器表；

⑫ 仪表安装材料表；

⑬ 控制室内电缆表；

⑭ 电缆分盘表；

⑮ DCS-I/O 表；

⑯ DCS 监控数据表。

（2）中文版仪表数据表

（3）英文版仪表数据表

2. 表格的选用

如需要采用“新体制”中未包含的其他类型表格时，设计者可自行编制，但其格式（包括语种、内容编制方式等）应与已选用的表格格式一致。

（设计文件）首页与（设计文件）索引用于同一种设计文件篇幅较多的情况。

当各类表格中的技术规格栏和其他的栏目不全时，设计者可增加栏目和说明。

对于三种版本的仪表数据表，国内工程项目可选用中英文对照版或中文版，出口工程项目可涉外工程项目可选用中英文对照版或英文版。

对于填写式仪表数据表，在同一张表上只能填写同一类型的仪表；对于选择式仪表数据表，一般情况下对每个选择栏目只能有一种选择。

对于较复杂的仪表系统，可利用空白仪表数据表用文字及系统图（原理图）予以说明。

二、典型表格

因为标准中所列表格太多，这里仅节选部分表格供参考。

1. 中英文对照版工程设计表格

自控专业工程设计用典型表格目录见标准 HGT 20639.1—1998 中表 3.1.1。

自控专业工程设计用典型表格见标准 HGT 20639.1—1998 中表 3.1.1～表 3.1.95（共 95 幅，这里只节选了其中 8 个表格，见表 13-1～表 13-8）。

2. 中文版仪表数据表

自控专业工程设计用中文版仪表数据表目录见标准 HGT 20639.1—1998 中表 3.2.1。

自控专业工程设计用中文版仪表数据表见标准 HGT 20639.1—1998 中表 3.2.1～表 3.2.37（共 37 幅，这里只节选了其中 8 个表格，见表 13-9～表 13-16）。

3. 英文版仪表数据表

自控专业工程设计用英文版仪表数据表目录见标准 HGT 20639.1—1998 中表 3.3.1。

自控专业工程设计用英文版仪表数据表见标准 HGT 20639.1—1998 中表 3.3.1～表 3.3.37（共 37 幅，这里只节选了其中 8 个表格，见表 13-17～表 13-24）。

第二节 自控专业工程设计用典型条件表

设计条件是各专业开始工程设计的重要条件之一。根据“新体制”的原则，规定了统一格式。它同样适用于基础工程设计和详细工程设计阶段。

一、设计条件表的分类

（一）自控专业接受的条件表

① 工艺专业提交的设计条件表；
② 系统专业提交的设计条件表；
③ 热工专业（包括软化水）提交的设计条件表；
④ 水道专业提交的设计条件表；
⑤ 粉体专业提交的设计条件表。

注：管道专业向自控专业提交的“管道平面布置图”和“管架布置图”等的条件图不包括在本条件表中。

（二）自控专业提交的设计条件表

① 自控专业提交工艺专业的设计条件表；
② 自控专业提交系统专业的设计条件表；
③ 自控专业提交管道专业的设计条件表；
④ 自控专业提交设备专业的设计条件表；
⑤ 自控专业提交电气专业的设计条件表；
⑥ 自控专业提交土建专业的设计条件表；
⑦ 自控专业提交暖通专业的设计条件表；
⑧ 自控专业提交电信专业的设计条件表；
⑨ 自控专业提交概算专业的设计条件表；
⑩ 自控专业提交水道专业的设计条件表。

注：自控专业提交的“控制室平面布置图”和“桥架布置图”不包括在本条件表中。

二、设计条件表使用说明

设计条件表是一种传统的表达设计条件的方法，但不是唯一的方法，随着管理方法和使用工具的进步，表达设计条件的方式也在改变，在使用时可根据情况进行修改。

“新体制”中设计条件表仅包含自控专业开展过程设计用的接受和提交设计条件的各类典型表格，某些相同类型的条件表，如流通式电导率变送器和pH计安装要求相同，可使用同一种表格。

调节阀安装条件，由于调节阀品种较多，无法一一列出，使用中可按同类表格修改后使用。现列举其中8个典型表格以供参考，见表13-25～表13-32所示。

转子流量计、电磁流量计等的条件表中未提供带过滤器的安装条件表，如果需要带过滤器，则在该条件表上添加即可。

“条件表”的接受和提交时间，校审及收发管理，应遵守：《自控专业工程设计的任务》（HG/T 20636.6）；《自控专业工程设计质量保证程序》（HG/T 20636.8）；《自控专业工程设计文件的校审提要》（HG/T 20636.9）；《自控专业工程设计文件控制程序》（HG/T 20636.10）。

空白条件表用于列出的条件表外的各输入/输出条件表。

从所列的典型条件表（图）中可以看出，编制方式大部分为填写式，有些则用选择与填写相结合式。

表 13-1 自控专业工程设计表格示例 1

（设计单位）	仪表数据表 INSTRUMENT DATA SHEET 指示调节器 INDICATING CONTROLLER		项目名称 PROJECT		
			分项名称 SUBPROJECT		
			图号 DWG. NO.		
	合同号 CONT. NO.		设计阶段 STAGE		第 张共 张 SHEET OF

位号 TAG NO.			
用途 SERVICE			
刻度范围 SCALE			
刻度分度号 SCALE FACTOR			
P&ID 号 P&ID NO.			
调节器规格 CONTROLLER SPECIFICATION			
型号 MODEL			
作用形式 ACTION			
调节规律 CONTROL MODE			
输入信号 INPUT SIGNAL			
输出信号 OUTPUT SIGNAL			
精度 ACCURACY			
设定值 SET POINT			
串级 CASCADE			
内给定 INTERNAL SET POINT			
外给定 REMOTE SET POINT			
电源 POWER SUPPLY			
附件 ACCESSORIES			
输入报警 INPUT ALARM			
上限设定值 HIGH SET POINT			
下限设定值 LOW SET POINT			
触点容量 CONTACT RATING			
外形尺寸 CASE SIZE			
安装盘号 INSTAL. PANEL NO.			
制造厂 MANUFACTURER			
备注 REMARKS			

修 改 REV.	说 明 DESCRIPTION	设计 DESD	日期 DATE	校核 CHKD	日期 DATE	审核 APPD	日期 DATE

INST.202—001

表 13-2　自控专业工程设计表格示例 2

（设计单位）	仪表数据表 INSTRUMENT DATA SHEET 可编程调节器 PROGRAMMABLE CONTROLLER		项目名称 PROJECT		
			分项名称 SUBPROJECT		
			图号 DWG. NO.		
	合同号 CONT. NO.		设计阶段 STAGE		第　张共　张 SHEET　OF

位号 TAG NO.			
用途 SERVICE			
刻度范围 SCALE			
刻度分度号 SCALE FACTOR			
P&ID 号 P&ID NO.			
调节器规格 CONTROLLER SPECIFICATION			
型号 MODEL			
作用形式 ACTION			
调节规律 CONTROL MODE			
模拟输入信号 ANALOG INPUT SIGNAL			
模拟输入点数 ANALOG INPUT QNTY			
数字输入信号 DIGIT. INPUT SIGNAL			
数字输入点数 DIGIT. INPUT QNTY			
电压输出信号 VOLT. OUTPUT SIGNAL			
电压输出点数 VOLT. OUTPUT QNTY			
电流输入信号 CURR. INPUT SIGNAL			
电流输入点数 CURR. INPUT QNTY			
数字输出点数 DIGIT. OUTPUT QNTY			
数字输出类型 DIGIT. OUTPUT STYLE			
输出触点容量 OUTPUT CONT. RATING			
输入指示点数 INPUT INDI. QNTY			
输出指示点数 OUTPUT INDI. QNTY			
精度 ACCURACY			
电源 POWER SUPPLY			
设定方式 SET TYPE			
设定值 SET POINT			
消耗功率 POWER CONSUMPTION.			
外形尺寸 CASE SIZE			
安装盘号 INSTAL. PANEL　NO			
编程器 PROGRAMMER			
制造厂 MANUFACTURER			
备注 REMARKS			

修　改 REV.	说　明 DESCRIPTION	设计 DESD	日期 DATE	校核 CHKD	日期 DATE	审核 APPD	日期 DATE

INST.202—002

表 13-3 自控专业工程设计表格示例 3

<table>
<tr><td rowspan="4">（设计单位）</td><td colspan="2" rowspan="3">仪表数据表
INSTRUMENT DATA SHEET
多笔记录仪
MULTI-PEN RECORDER</td><td colspan="2">项目名称
PROJECT</td><td></td></tr>
<tr><td colspan="2">分项名称
SUBPROJECT</td><td></td></tr>
<tr><td colspan="3">图号 DWG. NO.</td></tr>
<tr><td>合同号
CONT. NO.</td><td></td><td>设计阶段
STAGE</td><td></td><td>第 张共 张
SHEET OF</td></tr>
</table>

位号 TAG NO.			
用途 SERVICE			
刻度范围 SCALE			
刻度分度号 SCALE FACTOR			
P&ID 号 P&ID NO.			
记录仪规格 RECORDER SPECIFICATION			
型号 MODEL			
输入信号形式 INPUT SIGNAL TYEP			
电压输入信号 VOLT. INPUT SIGNAL			
电流输入信号 CURR.INPUT SIGNAL			
热电偶输入分度号 TC. GRADUATION			
热电阻输入分度号 RTD. GRADUATION			
打印点数 PRINT NUMBER			
全行程时间 TRAVEL TIME			
打印周期 PRINT CYCLE			
记录纸速度 PAPER SPEED			
电源 POWER SUPPLY			
精度 ACCURACY			
报警设定方式 ALARM SET TYPE			
触点容量 CONTACT RATING			
上限设定值 HIGH SET POINT			
下限设定值 LOW SET POINT			
消耗功率 POWER CONSUPMTION			
外形尺寸 CASE SIZE			
安装盘号 INSTAL. PANEL NO.			
制造厂 MANUFACTURER			
备注 REMARKS			

修 改 REV.	说 明 DESCRIPTION	设计 DESD	日期 DATE	校核 CHKD	日期 DATE	审核 APPD	日期 DATE

INST.202—008

表 13-4　自控专业工程设计表格示例 4

（设计单位）	仪表数据表 INSTRUMENT DATA SHEET 节流装置 PRIMARY ELEMENT		项目名称 PROJECT		
			分项名称 SUBPROJECT		
			图号 DWG. NO.		
	合同号 CONT. NO.		设计阶段 STAGE		第　张共　张 SHEET　OF

项目					
位号 TAG NO.					
用途 SERVICE					
P&ID 号 P&ID NO.					
管道编号 LINE NO.					
管道材质 PIPE MATERIAL					
管道内径 PIPE INTER. DIAM.（mm）					
操作条件 OPERATING CONDITIONS					
工艺介质 PROCESS FLUID					
操作压力 OPER. PRES. MPa(G)					
操作温度 OPER. TEMPER. ℃					
流量 FLOW	气体 GAS Nm^3/h	最大 MAX.			
	蒸汽 VAPOR kg/h	正常 NOR.			
	液体 LIQUID m^3/h	最小 MIN.			
基准密度 REFER. DENSITY kg/Nm^3					
操作密度 OPER. DENSITY kg/m^3					
分子量 MOLECULAR WEIGHT					
动力黏度 DYNAMIC VISCOSITY mPa·s					
相对湿度 RELATIVE HUMIDITY					
压缩系数 COMPRESS FACTOR					
等熵指数 ISENTROPIC EXPONENT					
允许压力损失 ALLOW. PRESS. LOSS					
地区平均大气压 LOCAL AVER. ATM. PRESS.					
节流装置规格 PRIMARY ELEMENT SPECIFICATION					
节流元件形式 ELEMENT. TYPE					
取压方式 TAPING TYPE					
型号 MODEL					
计算标准 CALCULATION STANDARD					
刻度流量 SCALE FLOW					
计算最大差压 CALC. DIFF. PRESS.					
节流孔直径 BOR. DIAM.（mm）					
节流元件材料 ELEMENT MATERIAL					
法兰标准及等级 FLANGE STD. &. RATING					
法兰尺寸及密封面 FLANGE SIZE&SEALING					
法兰材质 PLANGE MATERIAL					
安装图号 HOOP-UP DWG. NO.					
取压短管及截止阀 NIPPLE&VALVE					

INST.202—401

修　改 REV.	说　明 DESCRIPTION	设计 DESD	日期 DATE	校核 CHKD	日期 DATE	审核 APPD	日期 DATE

表 13-5 自控专业工程设计表格示例 5

(设计单位)	仪表数据表 INSTRUMENT DATA SHEET 容积式流量计(涡轮·椭圆齿轮·腰轮) POSITIVE-DISPLACEMENT FLOWMETER (TURBINE,OVAL GEAR,ROOTS)		项目名称 PROJECT		
			分项名称 SUBPROJECT		
			图号 DWG. NO.		
	合同号 CONT. NO.		设计阶段 STAGE		第 张共 张 SHEET OF

位号 TAG NO.			
用途 SERVICE			
P&ID 号 P&ID NO.			
管道编号 LINE NO.			
操作条件 OPERATING CONDITIONS			
工艺介质 PROCESS FLUID			
操作压力 OPER. PRES. MPa(G)			
操作温度 OPER. TEMPER. ℃			
最大流量 MAX. FLOW			
正常流量 NOR. FLOW			
最小流量 MIN. FLOW			
操作状态黏度 VISC. AT OPER. mPa·s			
操作状态密度 DENS. AT OPER. kg/m³			
分子量 MOLECULAR WEIGHT			
变送器规格 TRANSMITTER SPECIFICATION			
型号 MODEL			
测量范围 MEAS. RANGE			
公称通径 NOMINAL DIAMETER(mm)			
精度 ACCURACY			
本体材质 BODY MATERIAL			
内件材质 INTER. PARTS MATERIAL			
法兰标准及等级 FLANGE STD. &RATING			
法兰尺寸及密封面 FLANGE SIZE & FACING			
电气接口尺寸 ELEC CONN.SIZE			
防爆等级 EXPLOSION—PROOF CLASS			
防护等级 ENCLOSURE PROOF			
过滤器 FILTER			
转换器(显示仪表)规格 CONVERTER(DISPLAY)SPECIFICATION			
型号 MODEL			
输出信号 OUTPUT SIGNAL			
积算 TOTALIZER			
精度 ACCURACY			
电源 POWER SUPPLY			
制造厂 MANUFACTURER			
备注 REMARKS			

修 改 REV.	说 明 DESCRIPTION	设计 DESD	日期 DATE	校核 CHKD	日期 DATE	审核 APPD	日期 DATE

INST.202—203

表 13-6 自控专业工程设计表格示例 6

<table>
<tr><td rowspan="4">（设计单位）</td><td colspan="2" rowspan="3">仪表数据表
INSTRUMENT DATA SHEET
差压变送器（液位）
D/P TRANSMITTER-LEVEL</td><td>项目名称
PROJECT</td><td colspan="2"></td></tr>
<tr><td>分项名称
SUBPROJECT</td><td colspan="2"></td></tr>
<tr><td colspan="3">图号 DWG. NO.</td></tr>
<tr><td>合同号
CONT. NO.</td><td></td><td>设计阶段
STAGE</td><td></td><td>第　张共　张
SHEET　OF</td></tr>
<tr><td colspan="2">位号 TAG NO.</td><td></td><td></td><td></td></tr>
<tr><td colspan="2">用途 SERVICE</td><td></td><td></td><td></td></tr>
<tr><td colspan="2">P&ID 号 P&ID NO.</td><td></td><td></td><td></td></tr>
<tr><td colspan="2">设备位号 EQUIP. NO</td><td></td><td></td><td></td></tr>
<tr><td colspan="5">操作条件 OPERATING CONDITIONS</td></tr>
<tr><td colspan="2">工艺介质 PROCESS FLUID</td><td></td><td></td><td></td></tr>
<tr><td colspan="2">操作压力 OPER. PRES. MPa(G)</td><td></td><td></td><td></td></tr>
<tr><td colspan="2">操作温度 OPER. TEMPER℃</td><td></td><td></td><td></td></tr>
<tr><td colspan="2">操作密度 DENSITY AT OPER. kg/m³</td><td></td><td></td><td></td></tr>
<tr><td colspan="2">液位起始范围 INIT.LEVEL RAN.mm</td><td></td><td></td><td></td></tr>
<tr><td colspan="2">法兰间距 DISTAN.BETWEEN FLANGES mm</td><td></td><td></td><td></td></tr>
<tr><td colspan="5">变送器规格 TRANSMITTER SPECIFICATION</td></tr>
<tr><td colspan="2">型号 MODEL</td><td></td><td></td><td></td></tr>
<tr><td colspan="2">测量范围 MEAS. RANGE</td><td></td><td></td><td></td></tr>
<tr><td colspan="2">精度 ACCURACY</td><td></td><td></td><td></td></tr>
<tr><td colspan="2">输出信号 OUTPUT SIGNAL</td><td></td><td></td><td></td></tr>
<tr><td colspan="2">测量原理 MEAS.PRINCIPLE</td><td></td><td></td><td></td></tr>
<tr><td colspan="2">测量元件材质 MEASURING ELEMENT MATERIAL</td><td></td><td></td><td></td></tr>
<tr><td colspan="2">壳体材质 BODY MATERIAL</td><td></td><td></td><td></td></tr>
<tr><td colspan="2">终端接头规格 END CONN.SIZE</td><td></td><td></td><td></td></tr>
<tr><td colspan="2">电气接口尺寸 ELEC.CONN. SIZE</td><td></td><td></td><td></td></tr>
<tr><td colspan="2">防爆等级 EXPLOSION-PROOF CLASS</td><td></td><td></td><td></td></tr>
<tr><td colspan="2">防护等级 ENCLOSURE PROOF</td><td></td><td></td><td></td></tr>
<tr><td colspan="2">安装形式 MOUNTING STYLE</td><td></td><td></td><td></td></tr>
<tr><td colspan="2">隔离介质密度 DENS.OF SEAL MED.kg/m³</td><td></td><td></td><td></td></tr>
<tr><td colspan="2">密封膜片材质 DIAPHRAGM MATERIAL</td><td></td><td></td><td></td></tr>
<tr><td colspan="2">法兰标准及等级 FLANGE STD. &RATING</td><td></td><td></td><td></td></tr>
<tr><td colspan="2">法兰尺寸及密封面 FLANGE SIZE & FACING</td><td></td><td></td><td></td></tr>
<tr><td colspan="2">正负迁移范围 ELEVATION&SUPPRESSION</td><td></td><td></td><td></td></tr>
<tr><td colspan="2">附件 ACCESSORIES</td><td></td><td></td><td></td></tr>
<tr><td colspan="2">输出指示表 OUTPUT INDICATOR</td><td></td><td></td><td></td></tr>
<tr><td colspan="2">毛细管长度 CAPILLARY LENGTH</td><td></td><td></td><td></td></tr>
<tr><td colspan="2">制造厂 MANUFACTURER</td><td></td><td></td><td></td></tr>
<tr><td colspan="2">备注 REMARKS</td><td></td><td></td><td></td></tr>
</table>

修 改 REV.	说 明 DESCRIPTION	设计 DESD	日期 DATE	校核 CHKD	日期 DATE	审核 APPD	日期 DATE

INST.202—302

表 13-7 自控专业工程设计表格示例 7

（设计单位）	仪表数据表 INSTRUMENT DATA SHEET 一体化温度变送器 INTEGRATIVE TEMPERATURE TRANSMITTER		项目名称 PROJECT		
			分项名称 SUBPROJECT		
			图号 DWG. NO.		
	合同号 CONT. NO.		设计阶段 STAGE		第　张共　张 SHEET　OF

位号 TAG NO.			
用途 SERVICE			
P&ID 号 P&ID NO.			
管道编号/设备位号 LINE NO. /EQUIP.NO.			
操作条件 OPERATING CONDITIONS			
工艺介质 PROCESS FLUID			
操作压力 OPER. PRES. MPa(G)			
操作温度 OPER. TEMPER. ℃			
变送器规格 TRANSMITTER SPECIFICATION			
型号 MODEL			
测量范围 MEAS. RANGE			
测温元件类型 THERMO ELEMENT TYPE			
分度号 MARK GRADUATION			
精度 ACCURACY			
电源 POWER SUPPLY			
输出信号 OUTPUT SIGNAL			
输出指示表 OUTPUT INDICATOR			
电气接口尺寸 ELEC.CONN.SIZE			
防爆等级 EXPLOSION-PROOF CLASS			
测温元件规格 THERMO ELEMENT SPECIFICATION			
测量元件数量 THERMO-ELEMENT QNTY.			
结构形式 CONSTRUCTION STYLE			
保护管直径 THERMOWELL DIAMETER(mm)			
全长 OVERALL LENGTH(mm)			
插入深度 INSERT LENGTH(mm)			
接线盒防护等级 ENCLOSURE PROOF			
安装形式 MOUNTING STYLE			
法兰标准及等级 FLANGE STD. &RATING			
法兰尺寸及密封面 FLANGE SIZE&FACING			
接线盒材料 TERMINAL BOX MATERIAL			
保护管材料 THERMO-WELL MATERIAL			
套管材料 WELL MATERIAL			
断偶保护输出 BREAKING PROTEC.OUTPUT			
制造厂 MANUFACTURER			
备注 REMARKS			

修　改 REV.	说　明 DESCRIPTION	设计 DESD	日期 DATE	校核 CHKD	日期 DATE	审核 APPD	日期 DATE

INST.202—506

表 13-8 自控专业工程设计表格示例 8

(设计单位)	仪表数据表 INSTRUMENT DATA SHEET 调节阀 CONTROL VALVE		项目名称 PROJECT		
			分项名称 SUBPROJECT		
			图号 DWG. NO.		
	合同号 CONT. NO.		设计阶段 STAGE		第 张共 张 SHEET OF

项目			
位号 TAG NO.			
用途 SERVICE			
P&ID 号 P&ID NO.			
管道编号 LINE NO.			
管道材质 PIPE MATERIAL			
管道规格 PIPE SPECIFICATION			
操作条件 OPERATING CONDITIONS			
工艺介质 PROCESS FLUID			
操作温度 OPER. TEMPER. ℃			
阀前压力 UPSTREAM PRESSURE MPa(G)			
阀后压力 DOWNSTREAM PRESSURE MPa(G)			
阀关闭差压 SHUT—OFF DIFF.PRESSURE MPa			
流量 FLOW	气体 GAS Nm^3/h	最大 MAX.	
	蒸汽 VAPOR kg/h	正常 NOR.	
	液体 LIQUID m^3/h	最小 MIN.	
操作密度 OPER. DENSITY kg/m^3			
动力黏度 DYNAMIC VISCOSITY MPa·s			
密度(空气=1)SPEC.GRAV.(AIR=1)			
压缩系数 COMPRESS FACTOR K			
气化压力 VAPOR PRESSURE MPa			
临界压力 CRITICAL PRESS MPa			
噪音声级 NOISE LEVEL			
空气故障时阀位置 AIR FAIL.VALVE POSITION			
阀体/阀芯规格 BODY/PLUG SPECIEICATION			
阀型号 VALVE MODEL			
阀型式 VALVE TYPE			
流开/流关 FLOW TO OPEN/CLOSE			
阀座数量 NO.OF SEATS			
阀芯型式 PLUG TYPE			
阀口径 PORT SIZE			
流量特性 FLOW CHARACTENSTIC			
散热片/延伸杆 FIN/EXTENTION			
阀体材质 BODY MATERIAL			
阀芯材质 PLUG MATERIAL			
阀座材质 SEAT MATERIAL			

项目	
计算 Cv CALC.Cv	
选择 Cv RATED Cv	
连接形式 CONNECTION TYPE	
法兰标准及等级 FLANGE STD.&RATING	
法兰尺寸及密封面 FLANGE SIZE&SEAL.	
法兰材质 FLANGE MATERIAL	
执行机构 ACTUATOR	
型号 MODEL	
形式 TYPE	
作用形式 ACTION	
弹簧范围 SPRING RANGE	
相对行程 TRAVEL	
手轮 HAND WHEEL	
供气压力 AIR SUPPLY PRESS.	
气源接头 AIR CONN.SIZE	
定位器 POSITIONER	
型号 MODEL	
输入信号 INPUT SIGNAL	
输出信号 OUTPUT SIGNAL	
气源压力 AIR SUPPLY PRESS.	
作用形式 ACTION	
电气接口尺寸 EIEC.CONN.SIZE	
气信号接口尺寸 PNEU.CONN.SIZE	
气源接口尺寸 AIR SUPP.CONN SIZE	
防爆等级 EXPLOSION-PROOF CLASS	
附件 ACCESSORY	
过滤器减压阀 REGULATOR	
阀位开关 POSITION SWITCH	
电磁阀 SOLENOID	
制造厂 MANUFACTURER	
备注 REMARKS	

修 改 REV.	说 明 DESCRIPTION	设计 DESD	日期 DATE	校核 CHKD	日期 DATE	审核 APPD	日期 DATE

INST.202—701

表 13-9 仪表数据表（中文版）示例 1

（设计单位）	仪表数据表 节流装置	项目名称	
		分项名称	
		图号	
		设计阶段	第 页共 页

1	孔 板	□法兰与孔板	□带直管段孔板							
2	计算方法	□ISO 5167	□	□______						
3										
4	数量—位号									
5	配管	尺寸—等级 —材料								
6		外径/厚度 mm			/		/		/	
7	操作条件	介质 —介质状态								
8		正常温度 —正常压力(绝压)			℃	MPa	℃	MPa	℃	MPa
9		重度								
10		分子量 —动力黏度				mPa·s		mPa·s		mPa·s
11		压缩系数 —C_p/C_v								
12		相对湿度								
13		流量	最 小	单位		□kg/h		□kg/h		□kg/h
14			正 常			□m^3/h		□m^3/h		□m^3/h
15			满刻度			□Nm^3/h		□Nm^3/h		□Nm^3/h
16		允许压力损失								
17		满刻度差压								
18		固体含量 —类型			%		%		%	
19	孔板	$d/D(\beta)$								
20		20℃时孔板直径(d)				mm		mm		mm
21		型式	同心	标准						
22				材料	□316 SS□		□316 SS□		□316 SS□	
23			偏心	图号						
24				材料	□316 SS□		□316 SS□		□316 SS□	
25			1/4 圆	图号						
26				材料	□316 SS□		□316 SS□		□316 SS□	
27										
28										
29	法兰	尺寸 —20℃时管内径(D)				mm		mm		mm
30		标准								
31										
32	直管段	尺寸 —20℃时管内径(D)				mm		mm		mm
33		标准								
34										
35	采购数据 —备注									
36	备 注：									

修改	说 明	设 计	日 期	校 核	日 期	审核	日 期

INST.202—201(C)

表 13-10 仪表数据表（中文版）示例 2

(设计单位)	仪表数据表 漩涡流量计	项目名称		
		分项名称		
		图号		
		设计阶段		第 页共 页

1	电气连接	□ZG1/2inF	□____	
2	变送器输出信号	□模拟	□____	最大负荷____Ω
3		□脉冲____		
4	供电	□24 V. DC	□____	
5	外壳	保护等级 □IP54 □___	电气结构 □Exi___□___组___温度等级___ 合格证____No.____标准____	
6	精度	□±1%F. S.	□____	
7				
8	其他	A—输出信号指示器 (刻度:0～100%)	B—成套工具	
9		C—	D—	

10	数量 —位号									
11	配管: —尺寸 —等级 —材料									
12	操作条件	介质								
13		介质状态			□液体□气体□蒸气		□液体□气体□蒸气		□液体□气体□蒸气	
14		温度:正常—最大			℃	℃	℃	℃	℃	℃
15		压力:正常—最大			MPa	MPa	MPa	MPa	MPa	MPa
16		标准状态重度								
17		分子量 —动力黏度				mPa·s		mPa·s		mPa·s
18		压缩系数 $—C_p/C_v$								
19		相对湿度								
20		流量:	最 小	单位		□kg/h		□kg/h		□kg/h
21			正 常			□m³/h		□m³/h		□m³/h
22			满刻度			□		□		□
23	流量计本体	公称尺寸—内径				mm		mm		mm
24		测量范围								
25		压力等级—压力损失								
26		本体型式			□法兰的	□	□法兰的	□	□法兰的	□
27		连接			尺寸__ 压力等级__ 法兰面__		尺寸__ 压力等级__ 法兰面__		尺寸__ 压力等级__ 法兰面__	
28										
29										
30		材料			□316 SS	□	□316 SS	□	□316 SS	□
31	转换器	"K"系数								
32		安装			□一体	□支架	□一体	□支架	□一体	□支架
33	其他									
34	型号 —采购数据 —备注									
35	备 注:									

修改	说 明	设 计	日 期	校 核	日 期	审核	日 期

INST.202—205(C)

表 13-11　仪表数据表（中文版）示例 3

（设计单位）	仪表数据表 整体孔板流量变送器	项目名称		
		分项名称		
		图号		
		设计阶段		第　页共　页

1	测量元件	型式：□膜片		温度极限：　℃	
2	材料	本体：□碳钢镀铬	□316 SS□____	测量元件：	□316L SS□____
3		孔板：□316 SS	□____	其他接液部件：	□316L SS□____
4		垫片：□PTFE	□____		
5	连接	过程：□1/2in NPT	□____		
6		电气：□ZG 1/2in	□____	气动：□1/4 NPT	
7	连接	电气：□4～20mA	□____	气动：□0.02～0.1MPa	
8		测量原理：____			
9	动力	供电：□24V.DC　□____　最大负荷____Ω		供气：□0.14MPa	
10	外壳	保护等级：□IP 54	电气结构：　□Ex.i____　□____组____　温度等级____		
11		□____	合格证____　No.____　标准____		
12	安装	□支架　□____			
13	精度	□变送器　□±0.5%F.S.　□____		测量：□±2.5%F.S.　□____	
14	孔板计算	□制造厂			
15	其他	A—输出信号指示器　（刻度：0～10 √　）		B—过滤减压器及压力表　（刻度：0　—MPa）	
16		C—三阀组件　□316 SS□____		D—	
17		E—		F—	

18	数量　—位号								
19	操作条件	介质—介质状态							
20		介质状态	□液体　□气体		□液体　□气体		□液体　□气体		
21		正常温度　—正常入口绝压	℃	MPa	℃	MPa	℃	MPa	
22		标准状态重度							
23		分子量　—动力黏度		mPa·s		mPa·s		mPa·s	
24		压缩系数　—C_p/C_v							
25		相对湿度							
26		流量 最　小　单位		□kg/h		□kg/h		□kg/h	
27		流量 正　常		□m³/h		□m³/h		□m³/h	
28		流量 满刻度		□		□		□	
29		允许压力损失	kPa		kPa		kPa		
30		满刻度差压	kPa		kPa		kPa		
31	20℃时孔板孔径		mm		mm		mm		
32	测量范围		kPa		kPa		kPa		
33	标定范围		kPa		kPa		kPa		
34	最大静压		MPa		MPa		MPa		
35	其他								
36	型号　—采购数据　—备注								
37	备　注：								

修改	说　明	设　计	日　期	校　核	日　期	审核	日　期

INST.202—209(C)

表 13-12 仪表数据表（中文版）示例 4

（设计单位）	仪表数据表 质量流量计	项目名称		
		分项名称		
		图号		
		设计阶段		第 页共 页

行	类别	项目	细项						
1	电气连接			□ZG 1/2in □____					
2	转换器输出			□4～20mA □____ 最大负荷____Ω					
3	供电			□115V—50Hz □220V—50Hz □____					
4	外壳	流量管 保护等级：		□IP 65	电气结构： □Ex. s □___组___温度等级___				
5				□___	合格证____ No.___ 标准___				
6		转换器 保护等级：		□IP 65	电气结构： □___组___温度等级___				
7				□___	合格证____ No.___ 标准___				
8	精度			□±0.5%F. S. □____					
9	数量 —位号								
10	管道：尺寸 —等级 —材料								
11	操作条件	介质 —介质状态							
12		固体含量 —类型		%		%		%	
13		温度 正常—最大		℃	℃	℃	℃	℃	℃
14		压力 正常—最大		MPa	MPa	MPa	MPa	MPa	MPa
15		操作状态下重度		kg/m³		kg/m³		kg/m³	
16		流量	最 小 单位		□kg/h		□kg/h		□kg/h
17			正 常		□m³/h		□m³/h		□m³/h
18			满刻度		□		□		□
19		操作状态黏度—真空可能性		mPa・s	□有	mPa・s	□有	mPa・s	□有
20	流量管	压力降 MPa							
21		法兰连接		尺寸_额定压力_法兰面_		尺寸_额定压力_法兰面_		尺寸_额定压力_法兰面_	
22		材料	流量管	□304 SS	□	□304 SS	□	□304 SS	□
23			法兰	□304 SS	□	□304 SS	□	□304 SS	□
24			电极	□316 SS	□	□316 SS	□	□316 SS	□
25			衬里	□PTFE	□	□PTFE	□	□PTFE	□
26		内部电缆 长度		□有		□有		□有	
27		衬里保护环 材料		□有		□有		□有	
28		接地环 材料		□有		□有		□有	
29		型号							
30	转换器	安装	现场	□内置	□支架	□内置	□支架	□内置	□支架
31			盘后	□机架	□	□机架	□	□机架	□
32									
33	零点稳定性								
34	采购数据 —备注								
35	备 注：								

修改	说 明	设 计	日 期	校 核	日 期	审核	日 期

INST.202—210(C)

表 13-13 仪表数据表（中文版）示例 5

（设计单位）	仪表数据表 浮筒液位计	项目名称		
		分项名称		
		图号		
		设计阶段		第 页共 页

行			
1	测量 □液位	□密度	□界面
2	连接电气：□ZG1/2in	□＿＿＿＿＿	气动：□1/4inNPT
3	型式电动：□4～20mA	□＿＿＿＿＿	气动：□
4	供电变送器：□24V. DC	□＿＿＿＿＿	最大负荷＿＿＿＿＿Ω
5	供气变送器 —控制器	□＿＿＿＿＿	
6	外壳 保护等级：□IP 54	电气结构： □Ex. i □Ex. d ＿＿组＿＿温度等级＿＿	
7	□＿＿	合格证＿＿＿＿＿ No.＿＿＿＿＿ 标准＿＿＿＿＿	
8	精度□±1%F. S.	□＿＿＿＿＿	
9	其他 A—过滤器减压阀	B—输出信号指示器 （刻度：0～100%）	
10	C—	D—	

行								
11		数量 —位号						
12	操作条件	上部介质 —重度		kg/m³		kg/m³		kg/m³
13		下部介质 —重度		kg/m³		kg/m³		kg/m³
14		压力 正常—最大	MPa	MPa	MPa	MPa	MPa	MPa
15		温度 最小—最大	℃	℃	℃	℃	℃	℃
16	仪表	功能	□变送器	□控制器	□变送器	□控制器	□变送器	□控制器
17		测量范围		mm		mm		mm
18		控制方式	□ON—OFF□比例□积分		□ □比例□积分		□ □比例□积分	
19	本体	连接方位—长度“A”（图 1）		mm		mm		mm
20		吊钩伸出件 “N”（图 1）		mm		mm		mm
21		扭力管伸出件	□标准□翅片□延伸杆		□标准□翅片□延伸杆		□标准□翅片□延伸杆	
22		法兰连接	尺寸_压力等级_法兰面_		尺寸_压力等级_法兰面_		尺寸_压力等级_法兰面_	
23		蒸汽夹套 —连接	□有		□有		□有	
24	材料	本体	□C. S.		□C. S.		□C. S.	
25		浮筒	□316 SS	□	□316 SS	□	□316 SS	□
26		扭力管	□因康镍合金	□	□因康镍合金	□	□因康镍合金	□
27		其他接液部件	□S. S.	□	□S. S.	□	□S. S.	□
28	法兰和仪表方位 （图 2）		□有	□无	□有	□无	□有	□无
29			□A1（标准）	□	□A1（标准）	□	□A1（标准）	□
30	其他							
31	型号 —采购数据 注							

标准测量范围
300mm
500mm
800mm
1200mm

图1

TB SS TS SB SV A N

图2

A5 B5 A1 B1 A3 B3

32 备 注：

修改	说 明	设 计	日 期	校 核	日 期	审核	日 期

INST.202—301(C)

表 13-14　仪表数据表(中文版)示例 6

<table>
<tr><td rowspan="4">(设计单位)</td><td rowspan="4">仪表数据表
热电偶和热电阻</td><td>项目名称</td><td colspan="2"></td></tr>
<tr><td>分项名称</td><td colspan="2"></td></tr>
<tr><td>图号</td><td colspan="2"></td></tr>
<tr><td>设计阶段</td><td></td><td>第　页共　页</td></tr>
</table>

<table>
<tr><td>1</td><td rowspan="6">□测量元件带连接头</td><td rowspan="3">□热电阻</td><td>□隔　爆　—标准:□______　□______</td></tr>
<tr><td>2</td><td>□密　封　—标准:□______　□______</td></tr>
<tr><td>3</td><td>□连接尺寸　□固定接头______　□可动接头______</td></tr>
<tr><td>4</td><td rowspan="3">□热电偶</td><td>□隔　爆　—标准:□______　□______</td></tr>
<tr><td>5</td><td>□密　封　—标准:□______　□______</td></tr>
<tr><td>6</td><td>□连接尺寸　□固定螺纹接头______　□可动螺纹接头______</td></tr>
<tr><td>7</td><td>□套管标准□</td><td>□______</td><td>测温体尾长______mm</td></tr>
<tr><td>8</td><td colspan="2"></td><td>测温体直径______mm</td></tr>
</table>

<table>
<tr><td rowspan="3"></td><td rowspan="3">位号</td><td colspan="4">操作条件</td><td colspan="4">带连接头测温元件</td><td colspan="4">套管</td><td rowspan="3">备注</td></tr>
<tr><td rowspan="2">介质</td><td rowspan="2">压力
最大
/MPa</td><td colspan="2">温度</td><td rowspan="2">标准号
或图号</td><td rowspan="2">长度
“H_e”
/mm</td><td rowspan="2">采购
数据</td><td rowspan="2">分度号</td><td rowspan="2">型式</td><td rowspan="2">标准号
或图号</td><td rowspan="2">长度“U”
/mm</td><td rowspan="2">采购
数据</td></tr>
<tr><td>正常
/℃</td><td>最大
/℃</td></tr>
<tr><td>9</td><td></td><td></td><td></td><td></td><td></td><td></td><td></td><td></td><td></td><td></td><td></td><td></td><td></td><td></td></tr>
<tr><td>10</td><td></td><td></td><td></td><td></td><td></td><td></td><td></td><td></td><td></td><td></td><td></td><td></td><td></td><td></td></tr>
<tr><td>11</td><td></td><td></td><td></td><td></td><td></td><td></td><td></td><td></td><td></td><td></td><td></td><td></td><td></td><td></td></tr>
<tr><td>12</td><td></td><td></td><td></td><td></td><td></td><td></td><td></td><td></td><td></td><td></td><td></td><td></td><td></td><td></td></tr>
<tr><td>13</td><td></td><td></td><td></td><td></td><td></td><td></td><td></td><td></td><td></td><td></td><td></td><td></td><td></td><td></td></tr>
<tr><td>14</td><td></td><td></td><td></td><td></td><td></td><td></td><td></td><td></td><td></td><td></td><td></td><td></td><td></td><td></td></tr>
<tr><td>15</td><td></td><td></td><td></td><td></td><td></td><td></td><td></td><td></td><td></td><td></td><td></td><td></td><td></td><td></td></tr>
<tr><td>16</td><td></td><td></td><td></td><td></td><td></td><td></td><td></td><td></td><td></td><td></td><td></td><td></td><td></td><td></td></tr>
</table>

U　H_e

1

U

2

U

3

17　备注:

INST.202—503(C)

修改	说　明	设　计	日　期	校　核	日　期	审核	日　期

表 13-15 仪表数据表（中文版）示例 7

（设计单位）	仪表数据表 分析器：工艺数据	项目名称		
		分项名称		
		图号		
		设计阶段		第　页共　页

1	位号：______		用途：______	
2	取样口：	管道或设备______	取样口和分析器间距离______m	
3	操作条件		介质特性	
4	介质		液相：沸点	大气压下___℃　最小压力下___℃
5	介质状态		气相：露点	大气压下___℃　最大压力下___℃
6	温度：最小/最大	___/___℃	固体含量	颗粒大小___μ　含量___%重量
7	压力：最小/最大	___/___MPa	组分可能有：	□聚合　□分解　□反应　□___
8	重度	kg/m³	pH—电导	pH　μs/cm
9	动力黏度	mPa·s		

行		组分	输出信号位号	浓度 □%摩尔□%体积 □%质量□___ 最小	最大	正常	测量范围	精度%F.S.	信号 存储	至计算机	报警触点 联锁点 1·	2·	备注
10	分析数据	1							□	□	□↑ □↓	□↑ □↓	
11		2											
12		3											
13		4											
14		5											
15		6											
16		7											
17		8											

18	取样系统	□在接管上　□减压　□过滤　□汽化　□______		
19		□快作用回路	状态：□液态□气态	排放：□大气　□最大背压下返回______MPa
20			流量：______m³/h	与预处理装置一体　□是
21		□最终的处理：□减压　□过滤　□汽化　□______		
22		示意图：______	滞后时间：______min	过程连接：□1/4inNPT□___
23		材料：□316 SS　□______		
24	备注：			

修改	说　明	设　计	日　期	校　核	日　期	审核	日　期

INST.202—602B(C)

表 13-16　仪表数据表(中文版)示例 8

(设计单位)	仪表数据表 阀	项目名称		
		分项名称		
		图号		
		设计阶段		第　页共　页

1	数量　—位号			
2	管理	尺寸　—等级		
3		材料　—厚度		mm
4	作用条件	介质　—介质状态		
5		宽度　—分子量	kg/m³	
6		温度最大/最小　—动力黏度	/℃	mPa·s
7		Cp/Cv　—压缩系数		
8		蒸汽压　—临界区		
9		气化量　—固体含量		%
10		阀关闭时最大 ΔP　—汇漏等级		
11		气源故障时　直通阀	□开　□关　□锁定	
12		三通阀	开　自__至__(图 1)	

操作条件

流量 □kg/h □____	绝对压力 上游/MPa	绝对压力 下游/MPa	ΔP/MPa	上游温度	密度	□Cv □—	声级/dB(A)
最小							
最大							
正常							

阀门技术特性

□Cv □_	FL	Xt	量程比	温度 Max/℃	ΔPMax(关阀)/MPa	泄漏等级

13	阀	阀体	型式　—型号	□球心阀　□________
14			端部连接	□法兰　尺寸____压力等级____法兰面____
15				□螺纹　尺寸___额定压力___　□________
16			流体作用	□开　□关
17			阀盖型式	□标准　□散热片　□延伸颈　□波纹管密封
18			注油器　—夹套	□有　________　□有　________
19		内件	阀座数　—型式	□1□2　□V 形口　□异型的　□笼形　□____
20			阀芯　—流体特性	□满口　□缩径______　□线性　□等百分比□______
21			柱塞导向装置	□顶部　□底部　□阀座　□________
22			平衡　—阀座/阀芯密封	□有　□金属　□弹性　________
23		材料	本体和上阀盖　—波纹管密封	□C. S.　□________　□316 SS　□______
24			阀芯　—阀座	□316 SS　□________　□316 SS　□______
25			柱塞导向装置　—填料	□440C SS　□________　□TPFE　□______
26	执行器		型式　—型号	□气动　□薄膜　□________
27			作用　—可容许的空气压力	□正　□反　最小____最大____
28			尺寸　—面积—行程—弹簧量程	cm²·　mm□0.02～0.1kPa□____
29			手轮　—行程锁定	□侧部　□项部　□MIN □MAX Cv____%行程____
30			支架材料	□铸铁　□________
31	定位器		型式　—型号	□气　□电—气　见规格书________
32			输入信号范围　—供气—作用	□0.02～0.1MPa　□______　□0.14MPa□______　□正　□反
33			气动连接	□标准　□不使用铜及其合金　□______
34	其他		继动器　□有________	过滤减压器　□有________
35			限位开关　□有________	空气锁定阀　□有________
36	备注:			合流　分流

A　AB　AB　A
B　B

图 1

INST.202—701(C)

修改	说　明	设　计	日　期	校　核	日　期	审核	日　期

表 13-17 仪表数据表(英文版)示例 1

(Design Department)	Instrument Data Sheet Positive displacement Flowmeters	Project		
		Sub.Project		
		Dwg No.		
		Stage		Sheet of

1		Measuring element Type □Helix □Turbine □B—rotor □____						
2		Connections Electrical □ZG 1/2in □________				Pneumatic □1/4in NPT		
3		Supply Electrical □115V~50Hz □220V~50Hz□___				Pneumatic □0.14MPa		
4	Housing	Degree of □IP 54	Electrical construction □Ex. i_□Ex. d□_GR_Temp class_					
5		Protect □___	Certificate_______ No. _______ Standard_______					
6		Accuracy rating □________						
7		Quantity —Tag No.						
8		Piping Size—Class—Material						
9	Operation conditions	Liquid						
10		Normal temperature—Normal pressure	℃	MPa	℃	MPa	℃	MPa
11		Mass density—Dynamic viscosity	kg/m^3	mPa·s	kg/m^3	mPa·s	kg/m^3	mPa·s
12		Volume of flow.Minimum—Maximum	m^3/h	m^3/h	m^3/h	m^3/h	m^3/h	m^3/h
13		Expans.coeff.—Max.press.drop		MPa		MPa		MPa
14		Operation	□Continuous	□Discontinuous	□Continuous	□Discontinuous	□Continuous	□Discontinuous
15	Measuring head	Measuring range						
16		Measuring unit l'digit-l'pointer	/Digit	/Rev	/Digit	/Rev	/Digit	/Rev
17		Register — Roller—Pointers	Digits No.	Pointers No.	Digits No.	Pointers No.	Digits No.	Pointers No.
18		Register — Reset—Preset	□Yes	□Yes	□Yes	□Yes	□Yes	□Yes
19		Roller totalizer	Digits No.		Digits No.		Digits No.	
20		Dial	□Horiz.□Vertic.□		□Horiz.□Vertic.□		□Horiz.□Vertic.□	
21		Execution	□Closed	□Extractable	□Closed	□Extractable	□Closed	□Extractable
22		Movement transmission	□Mechanical	□Magnetic	□Mechanical	□Magnetic	□Mechanical	□Magnetic
23		Impulse emitter	□Yes		□Yes		□Yes	
24		Body rating						
25	Conn.	Threaded						
26		Flanged □	Size_Rating_Facing_		Size_Rating_Facing_		Size_Rating_Facing_	
27	Materials	Body	□316 SS □___		□316 SS □___		□316 SS □___	
28		Rotating element	□S.S □___		□S.S □___		□S.S □___	
29		Pins and bearings	□S.S □___		□S.S □___		□S.S □___	
30		Packing	□PTEE □___		□PTEE □___		□PTEE □___	
31		Flow direction	□→ □←	□↑ □↓	□→ □←	□↑ □↓	□→ □←	□↑ □↓
32		Model No.—Purchasing data—Notes						
33	Options	Strainer—Model	□Yes		□Yes		□Yes	
34		Air eliminator	□Yes		□Yes		□Yes	
35								
36		Notes:						

Rev.	Description	Design	Date	Chkd	Date	Appd	Date

INST.202—203(E)

表 13-18 仪表数据表（英文版）示例 2

(Design Department)	Instrument Data Sheet Vortex flowmeters	Project		
		Sub.Project		
		Dwg No.		
		Stage		Sheet of

1	Electrical connections		□ZG 1/2in F	□______	
2	Converter output signal		□Analog 4～20mA	□______	Max load ______Ω
3			Pulse		
4	Power supply		□24 V.DC	□______	
5	Housing	Degree of	□IP 65	Electrical construction □Exi_ □_ GR_ Temp class_	
6		Protect	□___	Certificate______ No.______ Standard______	
7	Accuracy rating		□=1% Span	□______	
8					
9	Options		A—Output signal indicator(Scale 0～100)	B—Calibration kit	
10			C—Centering mounting kit	D—	

11	Quantity—Tag No.								
12	Piping Size—Class—Material								
13	Operation conditions	Fluid							
14		Fluid state	□Liguid□Gas□Vapor		□Liguid□Gas□Vapor		□Liguid□Gas□Vapor		
15		Temperature：Normal—Maximum	℃	℃	℃	℃	℃	℃	
16		Pressure：Normal—Maximum	MPa	MPa	MPa	MPa	MPa	MPa	
17		Mass density at STD conditions	kg/Nm³		kg/Nm³		kg/Nm³		
18		Mol.mass—Dynamic viscosity		mPa·s		mPa·s		mPa·s	
19		Compressibility factor C_p/C_v							
20		Relative humidity							
21		Flow rate：Minimum Unit		□kg/h		□kg/h		□kg/h	
22		Flow rate：Normal Unit		□m³/h		□m³/h		□m³/h	
23		Flow rate：Full scale Unit		□		□		□	
24	Meter body	Nominal size—Internal diameter		mm		mm		mm	
25		Measuring range							
26		Rating—Pressure loss							
27		Type body	□WAFER □Flanged		□WAFER □Flanged		□WAFER □Flanged		
28		WAFER—connection	Size_ Rating_ Facing_		Size_ Rating_ Facing_		Size_ Rating_ Facing_		
29		Material	□316 SS □		□316 SS □		□316 SS □		
30	Converter	—K—Factor(Cicies per volume unit)							
31		Mountiong	□Built—in□Yoke		□Built—in□Yoke		□Built—in□Yoke		
32	Options								
33	Model No.—Purchasing data—Notes								
34	Notes：								

Rev.	Description	Design	Date	Chkd	Date	Appd	Date

INST.202—205(E)

表 13-19 仪表数据表（英文版）示例 3

(Design Department)	Instrument Date Sheet Variable area flowmeters	Project		
		Sub. Project		
		Dwg No.		
		Stage		Sheet of

1	Function	□Indicator	□Transmitter	Measuring tube:	□Glass	□Metallic	
2	Connections	Electrical	□ZG 1/2in □____		Pneumatic	□1/4inNPT	
3	Type	Electronic	□4～20mA □____		Pneumatic	□0. 02～0. 1MPa	
4	Supply	Electrical	□24 V. DC□____ Max. load ____ Ω		Pneumatic	□0. 14MPa	
5	Housing	Degree of	□IP 54	Electrical construction□Ex. i ____□____ GR ____ Temp class ____			
6		Protect	□____	Certificate ____ No. ____ Standard ____			
7	Accuracy rating		□=2% Span	□____			
8	Options	A-Filter regulator			B—		

9		Quantity-Tag No.								
10		Piping Size-Class-Material								
11	Operation conditions	Fluid								
12		Fluid state		□Liguid □Gas		□Liguid □Gas		□Liguid □Gas		
13		Temperature: Normal-Maximum		℃	℃	℃	℃	℃	℃	
14		Pressure: Normal-Maximum		MPa	MPa	MPa	MPa	MPa	MPa	
15		Mass density at operating conditions			kg/m^3		kg/m^3		kg/m^3	
16		Mol mass-Dynamic viscosity			mPa · s		mPa · s		mPa · s	
17		Flow rate:	Minimum	Unit	□kg/h		□kg/h		□kg/h	
18			Normal		□m^3/h		□m^3/h		□m^3/h	
19			Full scale		□		□		□	
20		Max. allowable pressure drop kPa								
21	Measuring head	Scale: Graduat. -Unit-Length			mm		mm		mm	
22		Float		□Standard□Guided		□Standard□Guided		□Standard□Guided		
23		Max pressure at ____ ℃			MPa		MPa		MPa	
24		Connection	Connections position(see figure)	□TB □TS □SB □SS		□TB □TS □SB □SS		□TB □TS □SB □SS		
25			Threaded							
26			Flanged	Size _ Rating _ Facing _		Size _ Rating _ Facing _		Size _ Rating _ Facing _		
27		Materials	Measuring tube	□Glass □		□Glass □		□Glass □		
28			Float	□316 SS □		□316 SS □		□316 SS □		
29			Connections	□C. S. □		□C. S. □		□C. S. □		
30			Other welted parts	□316 SS □		□316 SS □		□316 SS □		
31			Gaskets	□PTFE □		□PTFE □		□PTFE □		
32		Protection: Type		□Yes		□Yes		□Yes		
33		Jacketed execution		□Yes		□Yes		□Yes		
34		Built-in control valve: Material		□Yes		□Yes		□Yes		
35	Options									
36	Model No. -Purchasing data-Notes									
37	Notes:					Connections position TB TS SB SS				

Rev.	Description	Design	Date	Chkd	Date	Appd	Date

INST.202—206(E)

表 13-20 仪表数据表（英文版）示例 4

(Design Department)	Instrument Data Sheet Pilot Tube Flowelement	Project		
		Sub. Project		
		Dwg No.		
		Stage		Sheet of

1	Type	□Hemispherical Head □Sharp ended □Reversibel □With venturi tube						
2		□						
3								
4	Quantity-Tag No.							
5	Piping: Size-Class-Material							
6	Internal pipe diam. at 20℃(D)		mm		mm		mm	
7	Operating conditions: Fluid							
8	Fluid state		□Liquid□Gas□Vapor		□Liquid□Gas□Vapor		□Liquid□Gas□Vapor	
9	Normal temperture-Normal pressure		℃	MPa	℃	MPa	℃	MPa
10	Mass density at operating conditions		kg/m³		kg/m³		kg/m³	
11	Mol. mass -Dynamic viscosity			mPa·s		mPa·s		mPa·s
12	Compressibility facctor- C_p/C_v							
13	Relative humidity							
14	Flow rate: Minimum	Unit		□kg/h		□kg/h		□kg/h
15	Flow rate: Normal	Unit		□m³/h		□m³/h		□m³/h
16	Flow rate: Full scale	Unit		□		□		□
17	Full scale differential pressure		kPa		kPa		kPa	
18								
19	Dwg. No.							
20	Model No.							
21	Calibration certificate		□Yes		□Yes		□Yes	
22	Process connection		□1in NPT	□	□1in NPT	□	□1in NPT	□
23	Connections		□1/4in NPT	□	□1/4in NPT	□	□1/4in NPT	□
24	Material		□316 SS	□	□316 SS	□	□316 SS	□
25	E. D. /Thickness mm		/		/		/	
26	Purchasing data-Notes							
27	Notes:							

Rev.	Description	Design	Date	Chkd	Date	Appd	Date

INST.202—207(E)

表 13-21 仪表数据表（英文版）示例 5

(Design Department)	Instrument Date Sheet Water flow meter	Project		
		Sub. Project		
		Dwg No.		
		Stage		Sheet of

1		Quantity-Tag. No.							
2		Piping. size-Class-Material							
3		Internal pipe diam, at 20℃							
4	Operating conditions	Fluid							
5	Operating conditions	Fluid state		□Liquid□Gas	□Vapor	□Liquid□Gas	□Vapor	□Liquid□Gas	□Vapor
6	Operating conditions	Normal temperture-Normal pressure		℃	MPa	℃	MPa	℃	MPa
7	Operating conditions	Minimum	Unit		□kg/h		□kg/h		□kg/h
8	Operating conditions	Flow rate Normal	Unit		□m^3/h		□m^3/h		□m^3/h
9	Operating conditions	Full scale	Unit		□Nm^3/h		□Nm^3/h		□Nm^3/h
10	Water meter specifications	Nominal size			inch		inch		inch
11	Water meter specifications	Min. scale	Unit		□kg/h		□kg/h		□kg/h
12	Water meter specifications	Max. scale	Unit		□m^3/h		□m^3/h		□m^3/h
13	Water meter specifications	Case meterial	Unit		□Nm^3/h		□Nm^3/h		□Nm^3/h
14	Water meter specifications	Conn. thread size		□1/2NPT	□	□1/2NPT	□	□1/2NPT	□
15	Water meter specifications	Flange std. &Size		□-ANSI150RF	□	□-ANSI150RF	□	□-ANSI150RF	□
16	Water meter specifications	Installation type		□Horizontal	□Vertical	□Horizontal	□Vertical	□Horizontal	□Vertical
17	Water meter specifications	Model No. -Purchasing data							
18	Water meter specifications	Accuracy							
19		Quantity-Tag. No.							
20		Piping. size-Class-Material							
21		Internal pipe diam, at 20℃							
22	Operating Conditions	Fluid							
23	Operating Conditions	Fluid state		□Liquid□Gas	□Vapor	□Liquid□Gas	□Vapor	□Liquid□Gas	□Vapor
24	Operating Conditions	Normal temperture-Normal pressure		℃	MPa	℃	MPa	℃	MPa
25	Operating Conditions	Minimum	Unit		□kg/h		□kg/h		□kg/h
26	Operating Conditions	Flow rate Normal	Unit		□m^3/h		□m^3/h		□m^3/h
27	Operating Conditions	Full scale	Unit		□Nm^3/h		□Nm^3/h		□Nm^3/h
28	Water meter specifications	Nominal size			inch		inch		inch
29	Water meter specifications	Min. scale	Unit		□kg/h		□kg/h		□kg/h
30	Water meter specifications	Max. scale	Unit		□m^3/h		□m^3/h		□m^3/h
31	Water meter specifications	Case meterial	Unit		□Nm^3/h		□Nm^3/h		□Nm^3/h
32	Water meter specifications	Conn. thread size		□1/2NPT	□	□1/2NPT	□	□1/2NPT	□
33	Water meter specifications	Flange std. &size		□-ANSI150RF	□	□-ANSI150RF	□	□-ANSI150RF	□
34	Water meter specifications	Installation type		□Horizontal	□Vertical	□Horizontal	□Vertical	□Horizontal	□Vertical
35	Water meter specifications	Model No. -Purchasing data							
36	Water meter specifications	Accuracy							
37	Notes:								

Rev.	Description	Design	Date	Chkd	Date	Appd	Date

INST.202—208(E)

表 13-22　仪表数据表（英文版）示例 6

(Design Department)	Instrument Date Sheet Flow transmitter with intergral orifice	Project		
		Sub. Project		
		Dwg No.		
		Stage		Sheet of

1	Measuring element	Type □diaphragm		Temperature limit ℃
2	Materials	Body □Gadmium plated C. S. □316 SS □____		Measuring elem. □316L SS □____
3		Orifice	□316 SS □____	Other wetted parts □316 SS □____
4		Gaskets	□PTFE □____	
5	Connections	Process	□1/2inNPT □____	
6		Electrical	□ZG1/2in □____	Pneumatic □1/4in NPT
7	Type	Electronic	□4～20mA □____	Pneumatic □0. 02～0. 1MPa
8		Measuring principle ____		
9	Supply	Electrical	□24 V. DC□____ Max. load ____ Ω	Pneumatic □0. 14MPa
10	Housing	Degree of	□IP 54	Electrical construction □Ex. i ____ □____ GR ____ Temp class ____
11		Protect	□____	Certificate ____ No. ____ Standard ____
12	Mounting	□Yoke	□____	
13	Accuracy rating	□Transmitter □＝0. 5％ Span □____		Measuring □＝2. 5％ Span □____
14	Orifice calculation	□By manufacturer		
15	Options	A—Output signal indicator(Scale：)		B—Filter—regulator with gauge(Scale：)
16		C—Manifold □316 SS □____		D—
17		E—		F—

18	Quantity-Tag No.							
19	Operating conditions	Fluid						
20		Fluid state	□Liguid□Gas		□Liguid□Gas		□Liguid□Gas	
21		Norm temp. -Norm inlet abs. press.	℃	MPa	℃	MPa	℃	MPa
22		Mass density at operating conditions		kg/m^3		kg/m^3		kg/m^3
23		Mol. mass-Dynamic viscosity		mPa・s		mPa・s		mPa・s
24		Compressibility factor- C_p/C_v						
25		Relative humidity						
26		Flow rate： Minimum (Unit)		□kg/h		□kg/h		□kg/h
27		Flow rate： Normal (Unit)		□m^3/h		□m^3/h		□m^3/h
28		Flow rate： Full scale (Unit)		□		□		□
29		Differential pressure of full scale		kPa		kPa		kPa
30								
31	Orifice bore diameter at 20℃			mm		mm		mm
32	Measruing range			kPa		kPa		kPa
33	Calibration			kPa		kPa		kPa
34	Max. static pressure			MPa		MPa		MPa
35	Options							
36	Model No. -Purchasing data-Notes							

37 Notes：

Rev.	Description	Design	Date	Chkd	Date	Appd	Date

INST.202—209(E)

表 13-23 仪表数据表（英文版）示例 7

(Design Department)	Instrument Date Sheet Displacer type Level meter	Project		
		Sub. Project		
		Dwg No.		
		Stage		Sheet of

1	Measure	□Level	□Density	□Interface	
2	Connections	Electrical:	□ZG 1/2in	□______	Pneumatic: □1/4in NPT
3	Type	Eletronic	□4～20mA	□______	Pneumatic: □
4	Power supply	Transmitter	□24 V. DC	□______	Max. load ______ Ω
5	Air supply	Transmitter—Controller		□______	
6	Housing	Degree of protect:	□IP 54	Electrical construction: □Ex. i _□Ex. d□_ GR _ Temp. class _	
7			□____	Certificatie ______ No. ______ Standard ______	
8	Accuracy rating:	□±1%Span		□______	
9	Options	A—Filter—regulator		B—Output signal indicator(Scale 0～100%)	
10		C—		D—	

11		Quantity-Tag No.						
12	Operating Conditions	Upper fluid-Mass density		kg/m^3		kg/m^3		kg/m^3
13		Lower fluid-Mass density		kg/m^3		kg/m^3		kg/m^3
14		Pressure: Normal-Maximum	MPa	MPa	MPa	MPa	MPa	MPa
15		Temperature: Minimam-Maximum	℃	℃	℃	℃	℃	℃
16	Instrument	Function	□Transmitter	□Controller	□Transmitter	□Controller	□Transmitter	□Controller
17		Measuring range		mm		mm		mm
18		Control modes	□ON—OFF□Prop. □Reset		□ON—OFF□Prop. □Reset		□ON—OFF□Prop. □Reset	
19	Body	Execution-Length"A"(FIG. 1)		mm		mm		mm
20		Hanger extension"N"(FIG. 1)		mm		mm		mm
21		Torgue tube extension	□STD. □Finned□Extended		□STD. □Finned□Extended		□STD. □Finned□Extended	
22		Flanged connections	Size _ Rating _ Facing _		Size _ Rating _ Facing _		Size _ Rating _ Facing _	
23		Steam jacketing-Connections	□Yes		□Yes		□Yes	
24	Measuring	Body	□C. S.	□	□C. S.	□	□C. S.	□
25		Displacer	□316 SS	□	□316 SS	□	□316 SS	□
26		Torque tube	□INCONEL	□	□INCONEL	□	□INCONEL	□
27		Other wetted parts	□S. S.	□	□S. S.	□	□S. S.	□
28		Flanges and instrument orientation	□Yes	□No	□Yes	□No	□Yes	□No
29		(FIG. 2)	□Al(STD.)	□	□Al(STD.)	□	□Al(STD.)	□
30		Options						
31		Model No. Purchasing data-Notes						

measuring range Standard
355. 6mm(14in)
812. 8mm(32in)
1219. 2mm(48in)
1828. 8mm(72in)
2438. 4mm(96in)

FIG.1

A N

TB SS TS SB SV

FIG.2

A5 B5 A1 B1 A3 B3

32 Notes:

Rev.	Description	Design	Date	Chkd	Date	Appd	Date

INST.202—301(E)

表 13-24 仪表数据表（英文版）示例 8

(Design Department)	Instrument Data Sheet Level transmitter(differential pressure type)	Project		
		Sub. Project		
		Dwg No.		
		Stage		Sheet of

No.			
1	Measuring element Type:□Internal diaphragm □External diaphragm □Ext. diaphragm with extension		Tem. limit ℃
2	Materials	Body and flange: □cadmium plated C. S □316 SS □______	
3		Measuring element: □316 SS □______	Extension and wetted parts:□316 SS□__
4		Gaskets □PTFE □______	
5	Connections	Side process(−): □1/2in NPT □1/4in NPT □______	
6		□1/2in NPT □1/4in NPT □______	
7		Side process(+): □Flanged DN PN	
8		Size ______ Rating ______ Facing ______	
9		□Extension Diameter □______ mm Length □______ mm	
10		Electrical: □ZG1/2in □______	Pneumatic:□1/4in NPT□__
11	Type	Electronic: □4～20mA □______	Pneumatic:□0.02～0.1MPa□__
12		Measuring principle: ______	
13	Supply	Electrical: □24 V. DC□______ Max. load ______	Pneumatic:□0.14MPa□____
14	Housing	Degree of Protection: □IP 65	Electrical construction:□Ex. i __□Ex. d□__ GR. __ Temp. class __
15		□______	Certificate ______ No. ______ Standard ______
16	Mounting	□Yoke □On tank □______	
17	Accuracy rating	□±0.5% Span □______	
18	Options	A—Output singal indicator(Scale:0～100L)	Flange Flange with extension
19		B—Filter-regulator with gauge(Scale:)	
20		C—Zero elevator(Figure 1～2)	
21		D—Range suppressor(Figure 3)	
22		E—PTFE filter sleeve on extension	
23		F—	

No.	Tag No	Operating conditions Fluid	Tem. Norm. C	Press. Max. MPa	Mass Density kg/m³	Figure	"X" mm	"E" or "S" mm	"E" or "S" kPa	Measuring range kPa	Calibration kPa	Max static pressure MPa	Options	Model No.	Purch. data	Notes
24																
25																
26																
27																

28 Notes:

x=Measure

E=Y+Z Elevation

S=Suppression

Fig.1 Fig.2 Fig.3

Rev.	Description	Design	Date	Chkd	Date	Appd	Date

INST.202—302(E)

表 13-25　温度、压力、分析监控条件表

提条件专业：工艺/系统

接受条件专业：仪表

仪表条件表	工程名称		温度、压力、分析监控条件表	提出人			编号	
	设计项目			校核				
	设计阶段			审核			第　页	共　页

序号	控制点			被测介质				控制要求		报警值或联锁值				检测点位置				备注
	位号或回路号	用途	数量	名称或成分	温度/℃	压力/MPa(G)	密度 液/(kg/m³) 气/(kg/m³)(标)	(1)集中 (2)就地 (3)就地集中	I 指示 R 记录 C 调节 A 报警 S 联锁 K 遥控	最高	次高	次低	最低	管段号或设备号	管段规格或设备规格/mm	材质	绝热或伴热厚度/mm	
1	2	3	4	5	6	7	8	9	10	11	12	13	14	15	16	17	18	19

说明：

分析：应填写全组分及百分数含量，含水量，含尘量及尘粒大小等

压力：应提黏度，是否易结晶、凝固，以便自控专业选用不同形式的压力表。

（单位名称）						
	修改	修改说明	日期	修改人	校核	审核

表 13-26　流量监控条件表

提条件专业：工艺/系统

接受条件专业：仪表

仪表条件表	工程名称		流量监控条件表	提出人			编号	
	设计项目			校核				
	设计阶段			审核			第　页	共　页

序号	控制点			被测介质													安装位置			控制要求			备注
	位号或回路号	用途	数量	名称或成分	温度及变化范围/℃	压力及变化范围/MPa(G)	分子量	密度		黏度		流量			相对湿度/%	允许压力损失/kPa	管道规格 ϕ×××	管道材质	垂直/水平	(1)集中 (2)就地 (3)就地集中	I 指示 R 记录 C 调节 A 报警 S 联锁 K 遥控	报警值及联锁值	
								标准状态/(kg/m³)(标)	操作状态/(kg/m³)	动力黏度/mPa·s	运动黏度/×10⁻⁶ m²/s	气体/(m³/h)(标) 蒸汽/(kg/h) 液体(m³/h)											
												最大	正常	最小									
1	2	3	4	5	6	7	8	9	10	11	12	13	14	15	16	17	18	19	20	21	22	23	24

注：标准状态指的是 0℃，760mmHg，若为其他状态则需注明。

（单位名称）						
	修改	修改说明	日期	修改人	校核	审核

INST.214—102

表 13-27 液位监控条件表

提条件专业：工艺/系统

接受条件专业：仪表

仪表条件表	工程名称		液位监控条件表	提出人			编号
	设计项目			校核			
	设计阶段			审核			第 页 共 页

序号	控制点			被测介质				控制要求									设备			备注
											报警和联锁值									
	位号或回路号	用途	数量	名称或成分	温度/℃	压力/kPa(G)	密度/(kg/m³)	正常液位 H_n/mm	液位测量范围/mm	仪表接口距离 H/mm	最高 H_{HH}/mm	高 H_H/mm	低 H_L/mm	最低 H_{LL}/mm	(1)集中 (2)就地 (3)就地集中	I 指示 R 记录 C 调节 A 报警 S 联锁 K 遥控	名称	规格(高×直径)/mm	材料	
1	2	3	4	5	6	7	8	9	10	11	12	13	14	15	16	17	18	19	20	21

注：仪表上下接口若在顶、底位置时，应在备注栏内注明。

仪表接口(上)
最高液位(HH)
高液位(H)
正常液位(n)
低液位(L)
最低液位(LL)
仪表接口(下)

说明：

（单位名称）						
	修改	修改说明	日期	修改人	校核	审核

INST.214—103

表 13-28　控制阀条件表

提条件专业：工艺/系统

接受条件专业：仪表

仪表条件表	工程名称		控制阀条件表	提出人			编号	
	设计项目			校核				
	设计阶段			审核			第　页	共　页

序号	控制点			调节介质													控制要求				初算 C_V 值	控制阀位置			备注
	位号	名称	数量	介质或成分	密度 液/(kg/m³) 气/(kg/m³)(标)	温度/℃	调节阀/kPa(A)			流量 液体/(m³/h) 蒸汽/(kg/h) 气体/(m/h)(标)			压缩系数	运动黏度/(mPa·s)	临界压力 P_c/kPa	饱和蒸气压 P_V/kPa	气(电)源故障时阀的状态			泄漏量		管段号	管道规格	材质	
							关闭时压差	阀前压力	阀后压力	最大	正常	最小					开	关	保持						
1	2	3	4	5	6	7	8	9	10	11	12	13	14	15	16	17	18	19	20	21	22	23	24	25	26

说明：用于切断阀时应在备注栏注明阀开启或关闭时间。

（单位名称）						
	修改	修改说明	日期	修改人	校核	审核

INST.214—201

表 13-29 联锁条件表

提条件专业：工艺/系统

接受条件专业：仪表

仪表条件表	工程名称		联锁条件表	提出人			编号	
	设计项目			校核				
	设计阶段			审核			第 页	共 页

联锁表			输出	联锁动作说明															
输入																			
序号	位号	联锁说明	设定值																

说明：

（单位名称）						
	修改	修改说明	日期	修改人	校核	审核

表 13-30 压缩空气条件表

提条件专业：仪表

接受条件专业：工艺/系统

仪表条件表	工程名称		压缩空气条件表	提出人			编号	
	设计项目			校核				
	设计阶段			审核			第　页	共　页

序号	用气装置或工段名称	控制温度（露点）/℃	用气压力/MPa(G)	使用班数	储气罐备用时间	需用量/(Nm^3/h)				质量要求	备注
						Ⅰ期		Ⅱ期			
						平均	最大	平均	最大		
1	2	3	4	5	6	7	8	9	10	11	12

（单位名称）						
	修改	修改说明	日期	修改人	校核	审核

表 13-31 孔板安装条件图

提条件专业：仪表

接受条件专业：管道

仪表条件表	工程名称		孔板安装条件图	提出人			编号	
	设计项目			校核				
	设计阶段			审核			第 页	共 页

序号	位号	型号	公称口径 DN	数量	所在管道代号	要求工艺管段上直管段长度/mm		管道规格 $\phi\times\delta$/mm	质量 /kg	仪表配对法兰			管道配管留空隙长度 L/mm	备注
						节流装置前 A	节流装置后 B			标准	规格	材质		
1	2	3	4	5	6	7	8	9	10	11	12	13	14	15

L

工艺主管

B A

说明：

1. 节流装置一般安装于水平工艺管上，如果必须安装在垂直段上，则液体流向必须由下向上，气体流向必须由上向下。

2. 节流装置应尽量安装在维修方便的地方，要求的直管段长度内不应有焊缝，阀门、管件、支管和大小头等。

（单位名称）						
	修改	修改说明	日期	修改人	校核	审核

INST.214—301

表 13-32　带直管段及连接法兰孔板安装条件图

提条件专业：仪表
接受条件专业：管道

仪表条件表	工程名称		带直管段及连接法兰孔板安装条件图	提出人			编号	
	设计项目			校核				
	设计阶段			审核			第　页	共　页

序号	位号	型号	公称口径 DN	数量	所在管道代号	管道配管留空隙长度		质量 /kg	配对法兰			备注
						L_1/mm	L_2/mm		法兰标准	法兰规格	法兰材质	
1	2	3	4	5	6	7	8	9	10	11	12	13

工艺管　孔板带直管段　孔板带直管段　工艺管　DN　L_1　L_2

带直管段及连接法兰孔板安装尺寸图

说明：
1. 尽量装于水平管段上，如果必须装于垂直管道，液体介质应由下而上，气体介质应由上而下。
2. 尽量安装在维护方便的地方。

(单位名称)						
	修改	修改说明	日期	修改人	校核	审核

INST.214－301

国产调节阀简介

一、概述

调节阀包括执行机构和阀体两部分组成。根据用户需要，阀体组件可以用气动、电动或电液等执行机构组合，组合后分别成为气动、电动或电液等执行器。

本附录主要介绍以阀体结构形式分类的系列产品型号、系列参数、技术数据、生产厂等内容。由于20世纪80年代调节阀行业的迅速发展，引进技术的不断增加，因此目前国内调节阀产品类型繁多，生产厂也增加不少。限于篇幅，在此不能一一涉及，没能提到的，请用户查阅其他资料。

二、型号名称

（一）国内开发产品

（1）阀体组件

①VP单座阀；②JP单座阀（精小型）；③VN双座阀；④JM套筒阀（精小型）；⑤VM套筒阀；⑥VZ偏心旋转阀；⑦VS角形阀；⑧VW蝶阀；⑨VO球阀；⑩VV球阀；⑪VT隔膜阀；⑫VU阀体分离阀；⑬VX（分流）、VQ（合流）三通阀；⑭VK高压差阀；⑮VF食品阀。

（2）执行机构

① ZM气动薄膜执行机构；

② ZH气动薄膜多弹簧执行机构；

③ ZN气动深波纹执行机构；

④ ZS气动活塞执行机构；

⑤ ZSL气动长行程执行机构；

⑥ ZAZ电动执行机构（可逆电机式、直行程）；

⑦ ZAJ电动执行机构（可逆电机式、角行程）；

⑧ ZKZ电动执行机构（DDZ Ⅱ型系列、直行程）；

⑨ ZKJ电动执行机构（DDZ Ⅱ型系列、角行程）；

⑩ ZFD电动执行机构（多转型）。

（3）调节阀型号编制法

以电动调节阀为例：

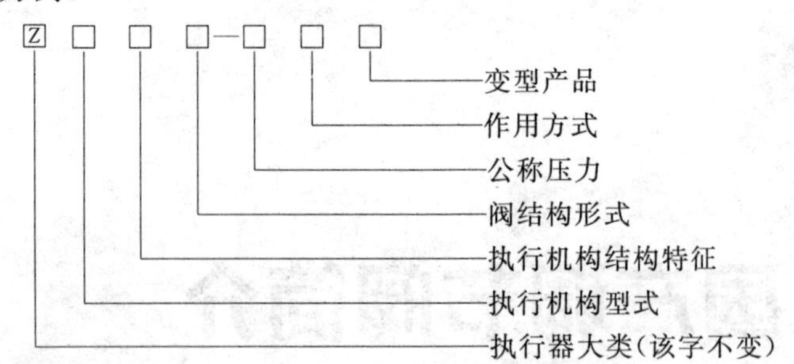

注：1. 执行机构结构特征：A 正作用；B 反作用。

2. 作用方式：K 气开；B 气关。

3. 变型产品：G 高温；D 低温；W 波纹管密封。

例　ZMAN-1.6KG，表示气动薄膜正作用双座阀，公称压力为 1.6MPa，作用方式为气开、高温型。

(二) 引进技术产品

① 吴忠仪表厂引进日本山武·霍尼韦尔公司技术。

a. Vu 系列：VDC 笼式阀，VDN 低噪声阀，VBY 重型蝶阀，VBS 软阀座蝶阀，VST 单座阀，VSL 小流量阀，VSM 微小流量阀，VFR 凸轮挠曲阀，VAH 高压角阀，VTD（分流)、VTM（合流）三通阀等。

b. Cv3000 系列（带多弹簧薄膜执行机构)。

c. HA 多弹簧薄膜执行机构，VA6 气缸活塞执行机构。

② 天津自动化仪表四厂引进美国桑达斯公司技术隔膜阀。

③ 上海自动化仪表七厂引进美国梅索尼兰公司技术。

a. 41000 系列套筒阀；

b. 21000 系列单座阀；

c. 35002 系列偏心旋转阀；

d. $\sum F$ 执行机构。

④ 无锡仪表阀门厂引进日本密封蝶阀。

⑤ 天津仪表专用设备厂引进日本 ZJM 带保护装置气动长行程执行机构。

⑥ 大连仪表三厂引进（原）联邦德国 M 系列电动执行机构。

⑦ 天津自动化仪表七厂引进美国 SD 系列电动执行机构。

⑧ 鞍山热工仪表厂与日本工装公司合资生产 3610L 系列电动执行机构。

三、系列参数及技术数据

附表 1　VP 单座阀　R：30；X_T：流开 0.58 流关 0.46　F_L：流开 0.93 流关 0.75

公称通径 DN/mm	$G\frac{3}{4}''$						20				25	32
流量系数 C	0.08	0.12	0.20	0.32	0.50	0.80	1.20	2.00	3.20	5.00	8.00	12
流量特性	直线						直线、等百分比					
公称通径 DN/mm	40	50	65	80	100	125	150	200	250	300		
流量系数 C	20	32	50	80	120	200	280	450	700	1100		
流量特性	直线、等百分比											
公称压力 PN/MPa	1.6,4.0,6.4											
工作温度范围/℃	低温型：−60～−250；常温型：−20～200，−40～250；高温型：−60～450											

注：主要生产厂：吴忠仪表厂、鞍山热工仪表厂、天津自动化仪表七厂、四川仪表十一厂等。

附表 2 JP 单座阀 R: 50； F_L: 流开0.92 流关0.85

公称通径 DN/mm		20				25	40		50	65	80	100	150		200
流量系数	直线	1.8	2.8	4.4	6.9	11	17.6	27.5	44	69	110	176	275	440	690
	等百分比	1.6	2.5	4.0	6.3	10	16	25	40	63	100	160	250	400	630
公称压力 PN/MPa		0.6,1.6,4.0,6.4													
工作温度范围/℃		常温型：−20～200，−40～250；高温型：−60～450													

注：主要生产厂：无锡仪表阀厂、鞍山热工仪表厂、四川仪表十一厂等。

附表 3 VN 双座阀 R: 30； X_T: 0.61 F_L: 0.84

公称通径 DN/mm	25	32	40	50	65	80	100	125	150	200	250	300
流量系数 C	10	16	25	40	63	100	160	250	400	630	1000	1600
流量特性	直线、等百分比											
公称压力 PN/MPa	1.6,4.0,6.4											
工作温度范围/℃	低温型：−60～−250；常温型：−20～200，−40～250；高温型：−60～450											

注：主要生产厂：吴忠仪表厂、鞍山热工仪表厂、天津自动化仪表七厂、四川仪表十一厂等。

附表 4 VM 套筒阀 R: 30； X_T: 0.69 F_L: 0.91

公称通径 DN/mm	25	40		50	65	80	100	150		200		
流量系数 C	10	16	25	40	63	100	155	250	370	580		
流量特性	直线、等百分比											
公称压力 PN/MPa	1.6,4.0,6.4											
工作温度范围/℃	常温型：−20～200，−40～250；高温型：−60～450											
备注	① 本表系列 C 值为行业统设产品； ② 上海自动化仪表七厂将该产品修改阀体通道，因此 C 值提高，X_T、F_L 值也有变化； ③ 吴忠厂生产引进产品 VDC 套筒阀											

注：主要生产厂：鞍山热工仪表厂、上海自动化仪表七厂、四川仪表十一厂、中山调节阀厂等。

附表 5 JM 套筒阀 R: 50； F_L: 0.84

公称通径 DN/mm		25	40		50	65	80	100	150		200
流量系数	直线	11	17.6	27.5	44	69	110	176	275	440	690
	等百分比	10	16	25	40	63	100	160	250	400	630
流量特性		直线、等百分比									
公称压力 PN/MPa		1.6,4.0,6.4									
工作温度范围/℃		常温型：−20～200，−40～250；高温型：−60～450									

注：主要生产厂：无锡仪表阀厂、鞍山热工仪表厂、四川仪表十一厂等。

附表 6 VZ 偏心旋转阀 R: 100； X_T: 流开0.56 流关0.40 F_L: 流开0.88 流关0.62

公称通径 DN/mm	25	32	40	50	65	80	100	125	150	200	250	300
流量系数 C	12	19	30	48	75	120	190	300	480	750	1200	1900
流量特性	直线											
公称压力 PN/MPa	6.4											
工作温度范围/℃	常温型：−40～250；高温型：−40～450											
备注	可更换定位器反馈凸轮变换流量特性											

注：主要生产厂：上海自动化仪表七厂等。

附表 7　VS 角形阀　R：30；X_T：流开0.56　流关0.53　F_L：流开0.93　流关0.80

公称通径 DN/mm	20			25	40	50	65	80	100	125	150	200	
流量系数 C	1.6	2.5	4.0	6.3	10	25	40	63	100	160	250	400	630
流量特性	直线、等百分比												
公称压力 PN/MPa	6.4												
工作温度范围/℃	常温型：－40～250；高温型：－60～450												

注：主要生产厂：上海自动化仪表七厂、四川仪表十一厂等。

附表 8　VS 高压角形阀　R：30

公称通径 DN/mm	6			10			15				25		
流量系数 C	0.04,0.063,0.10,0.16,0.25,0.40			0.10,0.16,0.25,0.40,0.63,1.0,1.6,2.5			0.40,0.63,1.0,1.6,2.5,4.0				1.0,1.6,2.5,4.0,6.3,8.0		
公称通径 DN/mm	32			40		50		65		80		100	
流量系数 C	6.3	8.0	16	8.0	25	16	40	25	63	40	100	63	160
流量特性	DN6～25（C：0.04～4.0）为直线；DN25～100（C：6.3～160）为直线、等百分比												
公称压力 PN/MPa	22,32												
工作温度范围/℃	常温型：－30～200；高温型：－40～450												

注：主要生产厂：无锡仪表阀厂、上海自动化仪表七厂、四川仪表十一厂等。

附表 9　VW 蝶阀　R：20；X_T：0.27（90°）　0.52（70°）　F_L：0.61（90°）　0.72（70°）

公称通径 DN/mm	50	80	100	125	150	200	250	300	350	400	450	500
流量系数 C	85	220	340	530	770	1360	2130	3060	4130	5450	6900	8500
公称通径 DN/mm	600	700	800	900	1000							
流量系数 C	12200	16600	21700	27100	34000							
流量特性	近似等百分比											
公称压力 PN/MPa	0.6											
工作温度范围/℃	常温型：－20～250；高温型：－40～450											

注：主要生产厂：无锡仪表阀厂、四川仪表十一厂等。

附表 10　VV 球阀　R：300

公称通径 DN/mm	25	32	40	50	65	80	100	125	150	200	250	300	350	400
流量系数 C	25	40	63	100	160	250	400	630	1000	1600	2500	4000	6300	10000
流量特性	近似等百分比													
公称压力 PN/MPa	1.6,6.4													
工作温度范围/℃	－40～180													

注：主要生产厂：吴忠仪表厂等。

附表 11　VT 隔膜阀

公称通径 DN/mm			15	20	25	32	40	50	65	80	100	125	150	200
流量系数 C	国内	铸铁阀体	8	12	16	38	60	68	90	160	300	500	600	1200
		陶瓷阀体	5	7	9		25	33		93				
	引进	无衬里		9.8	19		48	63	108	158	270	360	513	1114
		带衬里		7.8	17		41	55	87	127	240	311	415	1121
流量特性			近似快开											
公称压力 PN/MPa	国内		0.6,1.0											
	引进		DN20～50 为 1.6；DN65～200 为 1.0											
工作温度范围/℃	国内		－20～60；－20～80；－20～150											
	引进		－10～85；－10～175；－40～60；－40～175；－20～150；－10～105；－10～120；－40～100；－50～100											

注：主要生产厂：天津自动化仪表四厂等。

附表 12 YU 阀体分离器 R：30

公称通径 DN/mm	20	25	32	40	50	65	80	100	150
流量系数 C	0.08,0.12,0.20,0.32,0.50,0.80,1.2,2.0,3.2,5.0	8	12	20	32	50	80	120	280
流量特性	直线、等百分比								
公称压力 PN/MPa	1.0								
工作温度范围/℃	−40～150								

注：主要生产厂：天津自动化仪表四厂等。

附表 13 VX（分流）、VQ（合流）三通阀 R：10

公称通径 DN/mm		25	32	40	50	65	80	100	125	150	200	250	300
流量系数 C	合流	8.5	13	21	34	53	85	135	210	340	535	800	1360
	分流						85	135	210	340	535	800	1360
流量特性		直线、抛物线											
公称压力 PN/MPa		4.0,6.4											
工作温度范围/℃		常温型：−40～250；高温型：0～450											

注：主要生产厂：吴忠仪表厂、鞍山热工仪表厂、无锡西塘自动化仪表厂等。

附表 14 VK 高压差阀（多级式）

公称通径 DN/mm	15	25	40	50	65	80	100
流量系数 C	0.25 0.40 0.63	1.0 1.6 2.5	4.0 6.3 10	10 16	16 25	25 40	40 63
流量特性	直线						
公称压力 PN/MPa	16,32						
工作温度范围/℃	−30～200						

注：主要生产厂：上海自动化仪表七厂、上海光辉自动化仪表厂等。

附表 15 VF 食品饮料阀

公称通径 DN/mm				25	32	40	50	65	80
流量系数 C	比例式	角形、直通	直线	10	16	25	40	63	100
			等百分比	8	12	20	32	50	80
	两位式	角形、直通		12	16	28	48	76	120
		三通		12,16	18,25	30,40	48,63	80,100	120,160
流量特性				直线、等百分比、快开					
公称压力 PN/MPa				0.6					
工作温度范围/℃				0～150					
备注				型号：VFS 角形，VFX 三通，VFP 直通，VFD 多通					

注：主要生产厂：武汉热工仪表厂、鞍山热工仪表厂、上海工业自动化仪表所、无锡西塘自动化仪表厂等。

附表 16 ZM$\frac{A}{B}$气动薄膜执行机构

型号	ZM$\frac{A}{B}$-1	ZM$\frac{A}{B}$-2	ZM$\frac{A}{B}$-3	ZM$\frac{A}{B}$-4	ZM$\frac{A}{B}$-5	ZM$\frac{A}{B}$-6
有效面积/cm^2	200	280	400	630	1000	1600
行程/mm	10	10,16	16,25	25,40	40,60	60,100
弹簧范围/kPa	20～100,40～200,20～60,60～100					

注：20～100kPa 为标准弹簧范围。主要生产厂：上海自动化仪表七厂、上海光辉自动化仪表厂等。

附表 17　ZH$\frac{A}{B}$气动多弱簧薄膜执行机构

型号	ZH$\frac{A}{B}$-22	ZH$\frac{A}{B}$-23	ZH$\frac{A}{B}$-34	ZH$\frac{A}{B}$-45
有效面积/cm²	350	350	500	900
行程/mm	16	25	40	60
弹簧范围/kPa	20～100,40～200,20～60,60～100			

注：20～100kPa 为标准弹簧范围。主要生产厂：无锡仪表阀厂、四川仪表十一厂、鞍山热工仪表厂等。

附表 18　ZNA 气动深波纹薄膜执行机构

型号	ZNA(F)	ZNA-1
有效面积/cm²	55	
行程/mm	16,25,40	
弹簧范围/kPa	60～300	
最大输出力/N	320	
备注	① ZNA(F)是与食品阀配组的执行机构,主要生产厂与 VF 阀相同 ② ZNA-1 是与偏心旋转阀配组的执行机构,主要生产厂与 VZ 阀相同	

附表 19　ZM$\frac{A}{B}$气动活塞执行机构

型号	ZM$\frac{A}{B}$-1	ZM$\frac{A}{B}$-2	ZM$\frac{A}{B}$-3	ZM$\frac{A}{B}$-4	ZM$\frac{A}{B}$-5	ZM$\frac{A}{B}$-6
活塞直径 D/mm	100	150	200	250	300	350
有效面积 A_e/cm²	71	170	307	484	700	955
行程 L/mm	10,16,25	16,25	40,60	40,60	60,100	60,100
最大输出力 F/N	3200	7650	13800	21800	31500	43000
最大操作压力 p/kPa	500					

注：主要生产厂：吴忠仪表厂、上海自动化仪表七厂、鞍山热工仪表厂、天津自动化仪表四厂等。

附表 20　ZSL、ZSLD 长行程执行机构

行程系列 L/mm	160,250,400,630,1000
转角范围	0°～90°
最大输出力 F/N	2000,3150,5000,8000,12500,20000
公称力矩 M/N·m	250,400,600,1000,1600,2500,4000,(6000),6300,(8000),10000
备注	① ZSL 为气动系列,包括直行程和角行程;ZSLD 为电动系列,包括直行程和角行程 ② 最大操作压力 p 为 500kPa

注：主要生产厂：西安仪表机床厂、天津仪表专用设备厂、常州电力机械厂等。

附表 21　ZAZ、ZAJ 电动执行机构

型号	ZAZ-25	ZAZ-26	型号	ZAJ-1	ZAJ-3
出轴推力/N	250	600	出轴力矩/N·m	6	16
出轴移动速度/(mm/s)	0.5	0.5	全行程(90°)时间/s	25	25
行程/mm	10,16,25		出轴有效角位移	0°～90°	

注：主要生产厂：杭州富阳电动仪表厂等。

附表 22　ZKZ、ZKJ 电动执行机构

型号	ZKZ-310	ZKZ-410	ZKZ-510	型号	ZKJ-210	ZKJ-310	ZKJ-410	ZKJ-510
行程/mm	10,16,25	40,60	60,100	出轴力矩/N·m	100	250	600	1600
出轴推力/N	4000	6400	16000	出轴每转时间/s	100±20%			
全行程时间/s	8,12.5,20	32,48	38,63					

注：主要生产厂：上海自动化仪表十一厂、四川自动化仪表十厂、大连仪表三厂、武汉热工仪表厂、天津自动化仪表七厂、西安自动化仪表二厂等。

附表 23　ZFD 电动执行机构

型号	ZFD-010 020 030 040 050 060	ZFD-110 120 130 140 150 160	ZFD-210 220 230 240 250 260	ZFD-310 320 330 340 350 360	ZFD-410 420 430 440 450 460
输出轴转速/(r/min)	5,7,10,15,20,30	5,7,10,15,20,30	5,7,10,15,20,30		
额定输出转矩/N·m	16	40	100	160	250
型号	ZFD-510 520 530 540 550 560	ZFD-610 620 630 640 650 660	ZFD-710 720 730 740 750	ZFD-810 820 830 840	ZFD-910 920 930
输出轴转速/(r/min)		5,7,10,15,20,30	5,7,10,15,20	5,7,10,15	5,7,10
额定输出转矩/N·m	400	600	1000	1600	2500

参考文献

[1] HG/T 20636～20639—1998 化工装置自控工程设计规定（上、下卷）.
[2] HG 20505—92 过程检测和控制系统用文字代号和图形符号.
[3] HG 20507—92 自动化仪表选型规定.
[4] HG 20508—92 控制室设计规定.
[5] HG 20509—92 仪表供电设计规定.
[6] HG 20510—92 仪表供气设计规定.
[7] HG 20511—92 信号报警、联锁系统设计规定.
[8] HG 20512—92 仪表配管、配线设计规定.
[9] HG 20513—92 仪表系统接地设计规定.
[10] HG 20514—92 仪表及管线伴热和绝热保温设计规定.
[11] HG 20515—92 仪表隔离和吹洗设计规定.
[12] HG 20516—92 自动分析器室设计规定.
[13] GB/T 2624—93 流量测量节流装置，用孔板、喷嘴和文丘里管测量充满圆管的流体流量.
[14] SY/T 6143—1996 天然气流量的标准孔板计量方法.
[15] CD50A12—84 调节阀口径计算设计规定.
[16] 周庆海，翁维勤. 过程控制系统工程设计. 北京：化学工业出版社，1992.
[17] 奚文群，谢海维. 调节阀口径计算指南. 化工部自控设计技术中心站，1991.
[18] 蔡式昌等. 流量测量方法和仪表选用指南. 中国仪器仪表学会过程测控仪表分会，1994.
[19] ISO-5167-1（91）用安装在充满流体的圆形截面管道中的孔板、喷嘴和文丘里管测量流量.